中学生语文配套阅读经典

昆虫记

名师导读 ✚ 阅读测评

〔法〕亨利·法布尔　著　梁守锵等　译

中小学生阅读素养提升研究小组　主编

执行主编：弓延红　编委：梁文菁　李婷婷　黄海丹　朱　莹

扫码收听有声版

南方出版传媒

花城出版社

中国·广州

图书在版编目（ＣＩＰ）数据

昆虫记 /（法）亨利·法布尔著；梁守锵等译. --
广州：花城出版社，2017.8（2020.8重印）
　ISBN 978-7-5360-8421-6

　Ⅰ. ①昆… Ⅱ. ①亨… ②梁… Ⅲ. ①昆虫学－青少
年读物 Ⅳ. ①Q96-49

中国版本图书馆CIP数据核字（2017）第182581号

出 版 人：肖延兵
总 策 划：李希希
责任编辑：陈宾杰　邓　如　黎　萍　徐　治
技术编辑：薛伟民　凌春梅
封面绘图：王　希
装帧设计：李玉玺

书　　　名　昆虫记
　　　　　　KUNCHONG JI
出版发行　花城出版社
　　　　　　（广州市环市东路水荫路 11 号）
经　　销　全国新华书店
印　　刷　佛山市浩文彩色印刷有限公司
　　　　　　（广东省佛山市南海区狮山科技工业园 A 区）
开　　本　787 毫米×1092 毫米　16 开
印　　张　16.25　1 插页
字　　数　302,000 字
版　　次　2017 年 8 月第 1 版　2020 年 8 月第 4 次印刷
定　　价　36.00 元

如发现印装质量问题，请直接与印刷厂联系调换。
购书热线：020－37604658　37602954
花城出版社网站：http://www.fcph.com.cn

2017年9月秋季开学，由国家教育部统编、温儒敏主编、人民教育出版社出版的义务教育语文教科书（习惯称为统编本或统编版）在全国范围内投入使用。新教材在框架体例、选文等诸多方面都做了较大幅度的调整。名著阅读在新教材中已经被纳入"教读—自读—课外阅读"三位一体的阅读教学体系之中，成为语文课程的有机组成部分。

阅读是学好语文的源头活水，在中小学语文教学中具有不可替代的作用。统编教材主编温儒敏教授曾在多个场合强调，名著阅读是为学生人生"打底子"的需要，提高学生阅读兴趣是语文教学的"牛鼻子"，提倡要引导学生"连滚带爬"地读书。

为了帮助学生用好新教材，扎实提高阅读素养，我们组织了几十位语文教育专家和名师，精心打造了这套丛书。我们精心编写的这套丛书具有以下特点：

紧扣新版语文教材，全力服务语文教学

选入本丛书的均为国家统编语文教科书指定阅读作品。新编教科书每册各安排两次名著导读，每次主推一部名著，推荐课外自主阅读两部。本丛书与教材同步，比如七年级上学期我们推出的是《朝花夕拾》《西游记》等书的导读，七年级下学期我们推出的是《骆驼祥子》《海底两万里》等书的导读，与教材无缝衔接，服务于语文教学，也力求激发学生阅读整本书的兴趣，培养阅读整本书的能力，形成良好的阅读习惯。所选名著以课程标准推荐书目为主，并尽量与课内阅读相配合。

精心打造助读系统，让名著阅读零障碍

文学名著往往是学生阅读体验中"可爱的陌生人"，因为文学名著一般有一定的阅读门槛，如果没有得到有效帮助，即使是脍炙人口的《西游

记》，现在的孩子也未必能够读完全篇。有鉴于此，我们在丛书中提供了一整套助读系统，给不同阅读能力的学生提供各种贴心的帮助。篇前的作品导读，介绍作家生平、创作背景以及文学特色；精心设计的思维导图，有助于学生提纲挈领，理顺文本脉络或人物关系；简明的注释和精要的旁批，进一步扫清学生阅读与理解的障碍；每一个章节后，我们会让学生盘点一下收获，"精华点评"让学生有机会回味及总结精彩片段，同时引导学生深入思考。

阅读测评促能力，牢牢抓住"牛鼻子"

作为本丛书特色之一，我们特意在每一本名著后附赠一本《阅读测评》小册子，这一部分内容重在阅读实践的训练。有道是"操千曲而后晓声，观千剑而后识器"。理论再通透，方法再高明，如果不以实践来进行巩固和磨砺，无异于"临渊羡鱼"。而《阅读测评》正是为"退而结网"提供了一个实践的平台，让学生通过大量选文的阅读和练习，将阅读能力之"网"织得又结实又漂亮。

我们在小册子里安排了"知识积累""情节梳理""阅读感悟"等环节，对名著涉及的必须要掌握的知识点、情节脉络、理解难点做了全面梳理。作为小册子的重点，我们精心编制了分级阅读能力的检测题，让学生通过做题的方式，迅速检测阅读的效果。而读后感的样文展示及探究写作题，则是让学生学以致用，启发学生进行创意写作。

苏霍姆林斯基在《课堂教学与课外阅读》中说："学校教育的缺点之一就是没有那种占据学生全部理智和心灵的真正阅读。没有这样的阅读，学生就没有学习的愿望，他们的精神世界就会变得狭窄和贫乏。"但愿我们这套丛书，能够不断丰富青少年的精神世界，让学生学会在书的海洋里畅游，获得语文综合素养及身心的成长。

作品导读

作家生平

法布尔（1823 — 1915）

著名的法国昆虫学家、动物行为学家、作家。

法布尔多才多艺。他半生坚持自学，先后取得了业士学位（法国高中学业结束的学位）、数学学士学位、自然科学学士学位和自然科学博士学位。他精通拉丁语和希腊语，喜爱古罗马作家贺拉斯和诗人维吉尔①的作品。在绘画、水彩方面他几乎是自学成才，他按实际尺寸画下的几百幅精致逼真的菌类图鉴，能让乡亲们一眼就辨认出来！

拥有多重身份的法布尔的作品种类繁多：作为博物学家，他留下了许多动植物学术论著；作为教师，他曾编写过多册化学物理课本；作为诗人，他用法国南部的普罗旺斯语写下了许多诗歌；闲暇之余，他曾用自己的小口琴谱过一些小曲……然而，法布尔作品中篇幅最长、地位最重要、最为世人所知的仍是十卷本的《昆虫记》。这部作品充分展现了他科学观察研究方面的才能和文学才华，更表现了他对世界的强烈好奇与对生命的无比热爱。

创作背景

1823年，法布尔出生于法国普罗旺斯的一户农家。童年时候的他已被乡间的鸟儿、蘑菇和昆虫们所吸引。那段几乎和昆虫彼此不分的欢乐岁月深深铭刻在他心中，影响了他的一生。

19岁时，法布尔开始了他的教师生涯，所教授的课程就是自然科学史。

26岁时，他被任命为科西嘉岛阿雅克肖的物理教师。岛上绮丽的自然风光和丰富的物种，燃起了他研究植物和动物的热情。

---

① 维吉尔：古罗马最伟大的诗人，他的史诗《埃涅阿斯纪》长达十二册，是代表着罗马帝国文学最高成就的巨著。

作品导读

了解作家生平、创作背景及文学特色

导　读　提前把握作品主旨

旁　批　加深理解精彩段落

注　释　扫清字词理解障碍

精华点评　回味及总结阅读收获

延伸思考　深化从作品到现实的思考

知识链接　横向学习文中相关知识

导　读 ▶▶

　　我们会用"寄生虫"来形容一些仅靠父母给予，而没有凭自己努力去生活的人，反射出的是人类的懒惰。其实这个词源于昆虫界的"寄生理论"。然而，昆虫界的寄生虫却并非懒惰，而是凶狠无情，近乎强盗一般。

> 消除偏见的最有效办法就是：事实！事实！还是事实！

　　以一畦萝卜地为标准来衡量事物的重要性，这是不好的方法，不能为了无足轻重的细节而忘了根本的东西。目光短浅的人为了保存几只李子而要打乱整个宇宙的秩序。如果要他去处理昆虫，那么他谈的只有消灭。

　　幸亏他没有，也永远没有这种能力。看看吧，比如说，被指控偷走了田地上的一点点东西的蝗虫消失了，会给我们造成什么样的后果。

　　九十月间，小孩子拿着竹竿赶着火鸡群来到收割后的田里。火鸡发出"咕噜咕噜"的声音漫步走过的地方，干旱、光秃，被太阳晒焦，顶多只有一簇零落的矢车菊长着最后的几个绒球。这些火鸡在沙漠般的地方，饿着肚子干什么？

　　它们要在这里喂得肥肥的好被端到圣诞节的家庭餐桌上，它们在这里长出了结实美味的肉。那么请问，它们吃什么？吃蝗虫。圣诞之夜，人们吃的美味烤火鸡，部分就是靠这种不费分文面味道鲜美的天赐食物饲养长大的。

① 饕餮之徒：比喻贪吃的人。

阅读札记 ▶▶▶

精华点评

　　关于寄生理论，法布尔在开篇就提出反对寄生源于懒惰这种说法，接下来他细心观察、不轻言弃，依次列举暗蜂、石蜂、壁蜂、土蜂，一路见招拆招，最后却无法拨开这环环相扣的迷雾（他称其为"伊西丝神的面纱"）。但读完这一章的我却并不失望，因为我跟随法布尔的脚步，得以近距离观察这昆虫界的"面纱"——热诚工作的暗蜂，珍视当下的石蜂、患躁狂症的壁蜂……这张"面纱"的美是以人类不断追求真理为保证，一旦我们选择简单得出局限于当下的结论，我想"面纱"就会崩坏。

延伸思考

　　在你的经历中，有没有类似撩起"面纱"的时刻？你的心情是怎样的？

知识链接

　　"恶棍""懒王""以卵还卵、以屋还屋""狂躁症患者"……一篇本以为会枯燥的理论解读，却在昆虫先生法布尔的笔下，变得精彩生动、令人捧腹。一方面是他对于世界的细致观察，另一方面则是他一贯幽默的文风。遣词造句的技巧，拟人手法的使用，都对这种幽默起到推波助澜的作用。那么，善于观察生活的你学会了吗？

作家生平

法布尔（1823 — 1915）

著名的法国昆虫学家、动物行为学家、作家。

法布尔多才多艺。他半生坚持自学，先后取得了业士学位（法国高中学业结束的学位）、数学学士学位、自然科学学士学位和自然科学博士学位。他精通拉丁语和希腊语，喜爱古罗马作家贺拉斯和诗人维吉尔①的作品。在绘画、水彩方面也几乎是自学成才，他按实际尺寸画下的几百幅精致逼真的菌类图鉴，能让乡亲们一眼就辨认出来！

拥有多重身份的法布尔的作品种类繁多：作为博物学家，他留下了许多动植物学术论著；作为教师，他曾编写过多册化学物理课本；作为诗人，他用法国南部的普罗旺斯语写下了许多诗歌；闲暇之余，他还曾用自己的小口琴谱下一些小曲……然而，法布尔作品中篇幅最长、地位最重要、最为世人所知的仍是十卷本的《昆虫记》。这部作品充分展现了他科学观察研究方面的才能和文学才华，更表现了他对世界的强烈好奇与对生命的无比热爱。

创作背景

1823年，法布尔出生于法国普罗旺斯的一户农家。童年时候的他已被乡间的鸟儿、蘑菇和昆虫们所吸引。那段几乎和昆虫彼此不分的欢乐岁月深深铭刻在他心中，影响了他的一生。

19岁时，法布尔开始了他的教师生涯，所教授的课程就是自然科学史。

26岁时，他被任命为科西嘉岛阿雅克肖的物理教师。岛上旖旎的自然风光和丰富的物种，燃起了他研究植物和动物的热情。

---

① 维吉尔：古罗马最伟大的诗人，他的史诗《埃涅阿斯纪》长达十二册，是代表着罗马帝国文学最高成就的巨著。

34岁时，他发表了《节腹泥蜂习性观察记》，这篇论文修正了当时昆虫学祖师莱昂·杜福尔的错误观点，由此赢得了法兰西研究院的赞誉，被授予实验生理学奖。

37岁时，他辞去了工作，携全家在奥朗日定居下来，并一住就是十余年。在这十余年里，法布尔完成了后来长达十卷的《昆虫记》中的第一卷。

56岁时，他买下了塞利尼昂的荒石园。这是一片荒芜不毛、乱石遍布、百里香滋生的土地，但这里的昆虫的确是既多又齐全。法布尔在这儿安静地集中精力思考，全身心地投入到各种观察与实验中去，可以说，荒石园是他一直以来梦寐以求的天地。就是在这儿，法布尔一边进行观察和实验，一边整理前半生研究昆虫的观察笔记、实验记录和科学札记，用三十多年的光阴，完成了《昆虫记》的后九卷。

文学特色

两百多万字的《昆虫记》，精确地记录了法布尔进行的科学试验，是严谨的科学著作，但它并不晦涩枯燥。法布尔用散文的笔法，以活泼的笔触揭开了昆虫生命与生活习惯中的许多秘密，读来真是趣味盎然。人们不仅能从中获得知识和思想，阅读本身也是一次独特的审美过程。正如鲁迅先生所说，这本书是"讲昆虫故事"的楷模。

《昆虫记》是一般文学家无法企及的，因为没有哪位作家能具备如此博大精深的昆虫学造诣；它也是一般科学家无法企及的，因为它有着让文学家也拍案叫绝的形象和生动，没有哪位昆虫学家具备如此高明的文学表达才能。著名的戏剧家罗丹说的话可以作为这本书风格特点的概括："像哲学家一般的思，像美术家一般的看，像文学家一般的创作和抒写。"

《昆虫记》是谱写昆虫的诗篇，被誉为"昆虫的史诗"。法布尔，也被世人称为"昆虫界的荷马①""昆虫界的维吉尔"。

---

① 荷马：古希腊的诗人、语言大师，由他搜集、整理而成的《荷马史诗》被誉为欧洲文学史上最早的优秀文学巨著。

　　本书收录了《昆虫记》中的二十五个章节，方便同学们从法布尔的童年、法布尔所观察的昆虫、法布尔的研究与思考三个角度品读。法布尔对他的"昆虫朋友们"倾注了热情与关爱、理解与尊重，所以法布尔笔下的昆虫活灵活现，妙趣横生，充满"人性"的色彩。同学们在阅读时要注意作者对昆虫的不同称呼。

法布尔的童年
《童年的回忆》

法布尔的观察
《螳螂》——"埋伏的恶魔""田野的霸王"
《螽斯》——"歌手""仪表堂堂的昆虫"
《蟋蟀》——"万象更新时的歌手的首位""草丛里的歌唱家"
《蝗虫》——"饕餮之徒"
《金步甲》——"凶残的恶魔""荒唐愚蠢的刽子手""灭杀菜青虫和鼻涕虫的勇士""园丁""警察"
《花金龟》——"贪食者""热情的美食家"
《圣甲虫的粪球》——"物主"与"强盗"的合作
《圣甲虫的梨形粪球》——"几何学家"
《圣甲虫的幼虫》——"黑暗之子"
《萤火虫》——"猎取野味的猎人""麻醉师"
《黄足飞蝗泥蜂》——"凶杀者"
《砂泥蜂》——"幼虫捕猎者"
《大头泥蜂》——"凶杀者""贪婪的劫掠者"
《黄斑蜂》——"鞣毛大师"
《红蚂蚁》——"捕捉奴隶的亚马孙人""好战的黑奴贩子""愚蠢的强盗"
《蝉》——"勤劳生产者""宽厚的庞然大物"
《圆网蛛》——"精打细算的家庭主妇"
《黑腹狼蛛》——"热情的猎人"

《燕子和麻雀》——"热情的侨民"

《天牛》——"可以爬行的小肠""笨手笨脚的木匠"

《绿蝇》——"殡葬工""高级净化器""骁勇善战的战士"

《麻蝇》——"肢解者""勤劳而全面的卫生突击手""畸形的脑积水患者"

法布尔的研究与思考

《寄生理论》——质疑"寄生理论"

《昆虫的几何学》——介绍昆虫建筑师们令人惊叹的技艺

导 读 ▶ ▶ ▶

　　午后的山坡，一个充满好奇心的孩子陶醉在自然的大世界：脆弱可爱的鸟蛋、丰富多彩的蘑菇……那时的他，可能没有想到，对自然的爱与探索，将会是自己一生最大的成就！

童年的回忆

　　在几乎和昆虫彼此不分的欢乐的童年时代，我热衷于用山楂树当床，把鳃金龟和花金龟放在一个扎了孔的纸盒里，然后搁在那张床上喂养。我几乎和鸟类一样，无法克制自己对鸟巢、鸟蛋和张着黄色鸟喙①的雏鸟的渴望。蘑菇也很早就以丰富多彩的颜色吸引了我。当那个天真的小男孩第一次穿上吊带裤，开始沉迷于难以理解的书籍时，我觉得自己仿佛像第一次发现鸟窝和第一次采到蘑菇时那样着迷。我就来说说这些重大的事情吧，老年人总爱回忆过去。

　　我的好奇心开始苏醒，并且从无意识的朦胧中摆脱出来，多么幸福的时光啊，对你的久远回忆又将我重新带回了那美好的岁月。在阳光下午休的一窝小鹑受到一位路人的惊吓，迅速地四下散开。像漂亮的小绒球似的小鸟各自夺路而逃，消失在荆棘②丛

① 鸟喙：鸟兽的嘴。
② 荆棘：泛指山野丛生的带刺小灌木。

中；恢复平静后，随着第一声呼唤，所有的小鸟又都跑回来躲到妈妈的翅膀下。

此情此景唤起了我童年的记忆，往事就好比一群雏鸟，它们被生活中的荆棘粘掉了羽毛。其中有些从灌木中逃出来时头被碰疼了，走路摇摇晃晃；还有些不见了，闷死在荆棘丛的某个角落里；还有些仍然气色很好。然而摆脱了岁月的利爪的记忆中，最富生气的是那些最早发生的事。这些事情在儿时记忆的软蜡膜上留下的印迹，已变成了青铜般永恒不变的记忆。

那一天，我真走运，不仅有一个苹果做点心，而且还有自由活动的时间。我打算到附近那座被我当成世界边缘的小山顶上去看看，山坡上有一排树，它们背对着风，弯腰鞠躬并且不停地摇摆，就像要被连根拔起飞走似的。

从我家的小窗户望去，不知多少次我看到它们在暴风雨中频频点头，不知多少次我看见它们被从山坡上划过的北风卷起的滚滚雪暴撼动而绝望地摇摆。这些饱受蹂躏①的树正在山顶上做什么呢？

我对它们柔软的脊背感兴趣，今天它们静静地屹立在蓝天下，明天当云飘过时便会摆动起来。我欣赏它们的冷静，也为它们惊恐不安的样子感到难过。它们是我的朋友，我时时都能见到它们。早晨太阳从淡淡的天幕后升起，放出耀眼的光芒。太阳是从哪里出来的？登上高处，也许我就会知道。

我向山坡上爬去。脚下是被羊群啃得稀稀拉拉的草地，没有一簇荆棘，否则我的衣服说不定会被挂得尽是口子，回家还得为此承担后果；坡上也没有大岩石，否则攀登时还可能出危险。除了一些稀稀疏疏的扁平大石头之外什么也没有，只要在平坦的道路上一直往前走就行了。但是这里的草地像屋顶一样有斜度，斜坡很长很长，可我的腿却很短，我不时地往上看。我的朋友们，也就是山顶上的树木，看起来并没有靠近。勇敢些，小伙子！坚持往上爬。唉，那是什么从我脚边经过？原来是一只美丽的鸟刚刚从藏身的大石板下飞出来。真幸运，这里有一个用羽毛和细草筑的鸟窝。这是我发现的第一个鸟窝，也是鸟类第一次给我带来

---

① 蹂躏：践踏，比喻用暴力欺压、侮辱、侵害。

欢乐。在鸟窝里有六个蛋，一个挨一个聚在一起很好看，蛋壳蓝得那么好看，就像在天蓝色的颜料中浸过似的。完全陶醉在幸福感之中的我，索性趴在草地上，观察起来。

　　然而就在这时，雌鸟的嗓子里一边发出塔克塔克的声响，一边惊慌地从一块石头飞到不远处的另一块石头上。我在那个年龄时还不懂得什么是同情，十足是个大笨蛋，我甚至无法理解母亲焦虑不安的心情。我的脑子里盘算着一个计划，那是抓小动物的计划。我想两周后再回到此地，趁鸟飞走之前掏鸟窝。在此之前，先拿走一个鸟蛋，就一个，以证明我有了了不起的发现。我害怕把蛋打破，便把那个脆弱的蛋用一些苔藓垫着放在一只手心里。

　　童年时没有体验过第一次找到鸟窝时那种狂喜的人们，你们来指责我好了。

　　我小心翼翼地握着鸟蛋，生怕一脚踩空会把它捏烂。干脆不再向上爬了，改天再去看山上太阳升起处的树木，我走下山坡，在山脚下遇到了边散步边看《日课经》的牧师。他见我走路时那严肃的模样，就像一个搬运圣物者似的，他发现我的手里藏着什么东西。

　　"孩子，你手里拿着什么？"牧师问道。

　　我局促不安地张开手，露出那个躺在苔藓上的蓝色的蛋。

　　"啊！是'岩生'，"牧师说道，"你是从哪儿弄来的？"

　　"山上，一块石头底下。"

　　在他的连连追问下，我招认了自己的小过失。我很偶然地发现了一个鸟窝，我并不是特意去掏鸟窝的，那里面有六个蛋，我只拿了一个，就是这个，我等着其他的蛋孵化，等到小鸟的翅膀上长出粗羽毛管时，再去掏那个窝。

　　"我的小朋友，"牧师说道，"你不可以那么做，你不该从母亲那里抢走它的孩子，你应该尊重那个无辜的家庭，你应该让上帝的鸟长大，从鸟窝里飞出来。它们是庄稼的朋友，它们清除害虫。如果你想做个乖孩子，以后别再去碰那个鸟窝了！"

　　我答应了，牧师继续散步去了。我回到家里，那时两颗优良的种子播进了我孩童时稚嫩的头脑中，刚才牧师一席威严的话语告诉我，糟蹋鸟窝是一种坏行为。我还不明白鸟如何帮助我们消

生命都是平等的，爱与尊重就是对生命的敬畏。

灭虫子，消灭破坏收成的害虫，但是在心灵深处，我已经感到使母亲悲伤是不对的。

"岩生"，牧师看到我找到的这个东西时是这么说的。瞧！我心想，动物也像我们人类一样有名字。是谁给它们起的名字？在牧草上和树林里，我所认识的其他一些东西都叫什么呢？"岩生"是什么意思？

几年过去了，我才知道拉丁语"岩生"是生活在岩石中的意思。当年我正出神地盯着那窝鸟蛋看时，那只鸟的确是从一块岩石飞向另一块岩石的。它的家，也就是那个巢，是用突出的大石板做屋顶的。我从一本书中进一步了解到，这种喜欢多石山岗的鸟也叫土坷垃鸟，在耕种季节它从一块泥土飞到另一块泥土上，搜索犁沟里挖出的虫子。后来我又知道普罗旺斯语称它为白尾鸟。这个非常形象的名称让人一听就想到，它突然起飞在休耕田上做特技飞行表演时，展开的尾巴就像白蝴蝶。

如此产生的词汇有一天也将使我能够用它们的真实姓名，与田野这个舞台上成千上万个演员和小径旁千千万万朵小花打招呼。牧师未加任何特别说明，随口说出的那个词，向我展示了一个世界，一个有自己真实名称的草木和动物的世界。还是把整理浩如烟海的词汇的事留到将来去做吧，今天我来回忆一下"岩生"这个词。

我们村子西面的山坡上层层分布的果园里，李子和苹果成熟了，看上去宛如一片鲜果瀑布。鼓凸的矮墙围起层层梯田，墙上布满了密密麻麻的地衣和苔藓。在斜坡下有一条小溪，几乎从任何一个地方都能一步横跨到对岸。在水面开阔的地方，有一些半露出水面的平坦石头可供人们踩着过溪，不存在当孩子不见时，母亲们担心孩子跌落深水涡流的焦虑，最深的地方也不会没过膝盖。

亲爱的溪水，你是那么清新，那么明澈，那么安详。此后我见过一些浩瀚的河流，也见过无垠的大海，但在我的记忆中，没有什么能比得上你那涓涓细流。你之所以能在我的心目中有这样的地位，就在于你是第一个在我的头脑中留下印象的神圣诗篇。

一位磨坊主竟然利用这条穿过牧场的欢快溪流，在半山坡上依着坡的斜度开出一条沟渠，使一部分水分流，将溪水引进一个蓄水池，为磨盘提供动力。这个坐落在一条人来人往的小径边的水池，被围墙围了起来。

一天，我骑在一位伙伴的肩膀上，从那堵脏兮兮长着蒴草胡须的围墙高处向里张望，看到的是深不见底的死水，上面漂浮着黏糊糊的绿色种缨。滑腻腻的绿毯露出一些空洞，空洞里一种黑黄色的蜥蜴在懒洋洋地游动，现在我应该称它为蝾螈。那时我觉得它像眼镜蛇和龙的儿子，就是我们夜里睡不着时讲的恐怖故事里的那种怪物。我的妈呀，我可看够了，赶快下去吧。

再往下走一段，水汇成溪流，两岸的赤杨和白蜡树弯下腰，枝叶相互交织，形成了绿荫穹隆①。盘根错节的粗根构成了门厅，门厅往里是幽暗的长廊，成了水生动物的藏身所。在藏身所的门口，透过树叶缝隙照射下来的光线，形成了椭圆形的光点，不停地晃动。在洞里住着红脖子鳑鱼。我们悄悄往前移动，趴在地上观察。那些喉部鲜红的小鱼多美啊！它们成群结队肩并肩头朝着逆流方向，腮帮子一鼓一瘪，没完没了地漱口，它们只要轻轻地抖动尾巴，就能在流动的水里保持不动。一片树叶落入了水中，唰！那群鱼消失了。小溪的另一边是一片山毛榉小树林，树干光滑笔直，像柱子似的。在它们伟岸的树冠的枝叶间，小嘴乌鸦呱呱叫着，从翅膀上拔下一些被新羽毛替换下来的旧羽毛。地上铺着一层苔藓，我在柔软的地毯上才走了几步，就发现了一朵尚未开放的蘑菇，看起来像随地下蛋的母鸡丢下的一个蛋。这是我采到的第一朵蘑菇，我第一次用手拿着蘑菇翻来覆去地看，带着好奇心观察它的构造，正是这种好奇心唤起了我观察的欲望。

好奇心是一切创造之源。

不多会儿，我又找到了别的蘑菇。它们的形状不同，大小不一，颜色各异，让我这个新手眼界大开。它们有的像铃铛，有的像灯罩，有的像平底杯，有的长长的像纺锤，有的凹陷像漏斗，也有的圆圆的像半球。我看到一些蘑菇即刻变成了蓝色，还看到一些烂掉的大蘑菇上有虫子在爬。

还有一种蘑菇像梨子，干干的，顶上开了一个圆孔，像一个烟囱，当我用手指尖弹它们的肚子时，从烟囱里冒出一缕烟来。这是我见到的最奇怪的蘑菇，我装了一些在兜里，有空时可以拿

---

① 穹隆：指天空。

来冒烟玩，当里面的烟散发完以后，只剩下一团像火绒的东西。

这片欢快的小树林给我带来了多少乐趣啊！自从第一次发现蘑菇以后，我又去过好几次。就是在那里，在小嘴乌鸦的陪伴下，我获得了关于蘑菇的基本知识。我不知不觉地采了好多蘑菇，然而我的收获物没有被家人采用。被我们称作"布道雷尔"的那种蘑菇，在我家人那里名声很坏，说是吃了它会中毒，母亲将它们从餐桌上清除了。我不明白为什么外表那么可爱的"布道雷尔"，竟会那么险恶，但是最终我还是相信了父母的经验，尽管我冒失地和这种毒物打过交道，却从不曾发生什么意外。

我继续光顾山毛榉树林，最后我把我发现的蘑菇归成三类。第一类最多，这类蘑菇的底部带有环状叶片；第二类底面衬着一层厚垫，带有许多难以看见的洞眼；第三类有小尖头，颇像猫舌头上的乳突。为了便于记忆需要找出规律，促使我发明了一种分类法。

很久以后，我得到了一些小册子，从书上我得知我归纳的三种类型早就有人知道了，而且还有拉丁语名称；然而，我并未因此而扫兴。为我提供了最初的法文和拉丁文互译练习的拉丁文名称，使蘑菇变得高贵；教区牧师颂弥撒时所用的那种语言，给蘑菇带来了荣耀，蘑菇在我心目中的形象高大起来。想必它真的重要，才配得上有名字。

这些书还告诉我，那种曾经以冒烟的烟囱引起我兴趣的蘑菇，它叫狼屁。这个名称使我不悦，让人觉得挺粗俗。旁边还有一个更体面的拉丁文名称——"丽高释东"，但也只是一种表面现象，因为有一天我根据拉丁语词根弄清了，原来"丽高释东"正是狼屁的意思，植物志里存在着大量并不总是适宜翻译的名称。古时候遗留下来的东西不如我们今天的那么严谨，植物学常常不顾文明道德，保留了粗鲁直率的表达方式。

对有关蘑菇的知识表现出独特好奇心的美好童年时代，已经离我多么遥远啊！贺拉斯曾感叹，岁月如梭啊！的确如此，岁月在飞快地流逝，特别是当岁月快到尽头时。岁月曾经是欢快的溪流，悠然地穿过柳林，顺着感觉不出的坡面流淌；而今却成了荡涤着无数残骸、奔向深渊的急流。光阴转瞬即逝，还是好好地利用它吧。

当夜暮降临时，樵夫急忙捆好最后几捆柴火。同样，已是风烛残年的我，作为知识森林中一名普通的樵夫，也想着要把粗柴捆整理好。对昆虫的本能所做的研究中，我还有哪些工作要做呢？看起来没有什么大事，充其量也不过剩下几个打开的窗口，窗口朝向的那个世界尚待开发，它值得我们给予充分的关注。

我自童年起就钟爱的蘑菇，将有着更糟的命运。我从未割断过与它们的联系，至今依然如故。我拖着沉重的脚步，在秋日晴朗的下午去看望它们。我总也看不够从红色的欧石楠地毯上冒出来的大脑袋牛肝菌、柱形伞菌和一簇簇红色的珊瑚菌。

塞利尼昂是我最后的一站，那里的蘑菇争奇斗艳让我眼花缭乱。周围长着繁茂的圣栎、野草莓树和迷迭香的山上遍地都是蘑菇。这几年，那么多的蘑菇使我产生了一个荒诞的计划，我要把那些无法按原样保存在标本集里的蘑菇，画成模拟图收集起来。我开始按照实际的尺寸，把附近山坡上各种各样的蘑菇绘制下来。我不懂水彩画的技法，不过没关系，不曾学过的事，也可以探索着去做，开始做不好，慢慢就会越做越好，与每日爬格子写散文那份费神工作相比，画画肯定能消烦解闷。

最后我终于拥有了几百幅蘑菇图，图画上的蘑菇，大小尺寸和颜色都和自然的一样。我的收藏有一定的价值，也许在艺术表现手法上有些欠缺，可是它至少具有真实的优点。这些画引来了一些参观者，一到周日就有人前来观赏，来的尽是些乡亲。他们天真地看着这些画，不敢相信不用模子和圆规竟能用手画出这么美丽的图画来。他们一眼就认出了我画的是什么蘑菇，还能叫出它们的俗名，证明我画得很逼真。

然而，这一大摞水彩画，花费了那么多劳动才得来的成果，将会变成什么呢？也许我的家人在最初的一段日子里会将我的这份遗物珍藏起来，但是迟早它会变成累赘，从一个柜子搬到另一个柜子里，从一个阁楼搬到另一个阁楼上，不断被老鼠光顾，沾上污渍。最后，它会落入一个远房外孙的手中，那孩子会将图画裁成方纸用来折纸鸡。这是必然的事。我们抱着幻想以最挚爱的方式爱抚过的东西，最终总是会遭到现实无情的践踏。

（鲁京明　译）

这个昆虫知识森林中的樵夫，到底给我们带来多少智慧之火？

对自己的劳动成果，能够坦然地想象它最后的去处，也是一件了不起的事。

精华点评

童年对法布尔的成长到底有什么影响？在这一章里可以找到明确的回答。大自然的神奇、发现的乐趣、观察的欲望、生命的奥秘、人应有的美德……它们悄无声息地走进"我"的生命。当"我"走到了生命的暮年，回头整理自己的记忆，才发现童年的体验仍然是如此鲜明，才明白在生命之初，一切已经在"我"身上烙下不可磨灭的烙印，它们原来是人生之本。冥冥之中，"我"的人生已经注定。这样有趣的事还有很多：3岁的伏尔泰就能背诵拉·封丹的《寓言》，童年的诺贝尔喜欢陪父亲待在实验室里做小实验，小学的达·芬奇喜欢在木板上、地面上画出蝴蝶、蚱蜢……也许，童年就是一个人生命的底色！

延伸思考

读完了法布尔的童年，是否也勾起你对童年的记忆？

知识链接

蘑菇，是法布尔一生未曾放弃的爱好。蘑菇虽美，但有毒的蘑菇却是"魔鬼"。面对美丽的蘑菇，我们可要擦亮眼睛哦！

有些人表面看起来总是善良虔诚。但如果告诉你，他其实是一个冷面杀手，是个嗜肉成性的恶魔，你会相信吗？

螳螂

一　捕捉猎物

南方有一种昆虫，同蝉一样令人感兴趣，但它不会唱歌，所以没有蝉那么出名。它的形状和习性都很不寻常，如果上天赐给它一副音钹，那么蝉那位著名歌手的声誉便会黯然失色。这种昆虫叫螳螂。

古希腊人把它称为预言者、先知。农夫们在被太阳灼烤的草地上，发现这种昆虫仪态万方。它庄严地半立着，宽大的绿色薄翼摇曳在地，犹如面纱；前腿像手臂似的伸向天空，好像在做祷告。仅此便足以让人们大大发挥想象力了。于是自古以来，荆棘中便布满了发布神谕①的预言者、正在祷告的修女，而在科学上也把它命名为"祈祷的螳螂"。

幼稚无知的人们啊，你们犯了多大的错误！在这种虔诚的

①　神谕：神的吩咐。

可怜的蝗虫挣扎也无用，它的大颚咬不到螳螂，它的腿绝望地在空中踢蹬

神态下，它隐藏着残酷的习性；这些向天祈祷的手臂并不拨动念珠，而是可怕的劫掠工具，用来捕杀任何从身旁经过的昆虫。螳螂孔武有力，嗜肉成性，捕猎手段完善，专吃活食，它是昆虫世界凶恶的猛虎，是埋伏着的恶魔，是田野的霸王。

除了置人于死地的工具外，螳螂毫不令人望而生畏。它身体轻盈，衣着标致，色彩淡绿，长翼如纱，外表优雅。它没有张开如剪刀般的大颚，相反，它小嘴尖尖，仿佛是用来啄食似的。它颈部柔软，头可左右摆动，俯仰自如。螳螂是唯一能随意四处张望的昆虫。它仔细观察，几乎具有面部表情。

身段优雅，面貌温和，与此形成强烈对比的是被形容为凶器的前腿。螳螂的腰部异常长而有力，其作用在于扑向猎物，而不是坐等落入陷阱的牺牲品。它的大腿更长，呈扁平状，装备着两排锋利的锯齿。后排十二个锯齿，或长而黑，或短而绿，彼此相间，锯齿长短不同，增加了啮合点，使捕食的武器更加有效。前排只有四个锯齿。两排锯齿后面有三个更长的锯齿。总之，大腿像一把有两排平行刀刃的锯，两排之间有一道沟，小腿折叠起来时就放在沟中间。

胫节也是一把有两排刀刃的锯子，锯齿比腿节的小，但更多更密，末端有一硬钩，尖锐如针，钩的下部有双刃刀，像修枝剪。这硬钩给我留下了有趣的回忆。好几次，我在捉螳螂时被它钩住了，我双手抓着螳螂，腾不出手来，只好请人帮我从钩里解脱出来。没有比螳螂更难捉的昆虫了。它用钩抓你，用锯齿刺你，用钳子夹你，如果你想捉活的，简直无法招架。

休息时，它折起捕捉器，放置胸前，表面上似乎和平慈祥与世无争，此时它像个正在祈祷的天使。可是一有猎物经过，祈祷的姿势立即消失，捕捉器的三个部分突然张开，末端的硬钩伸向远处，抓住俘虏，把它拖到两把锯子之间，夹紧钳子，便完成了捕猎大业。不管是蝗虫、蝉，还是更强壮的昆虫，一旦落入这四排尖齿下，就会彻底丧命。

要对螳螂的习性做系统的研究，在野外是不可能的，必须在室内进行。我把螳螂放在瓦钵里，罩上金属网罩，钵里装着沙土，放一簇百里香、一块平石头，好让它以后在上面产卵。只要每天给它新鲜的优质食物，它就会无忧无虑地在钵里生活。

八月下旬，我开始在路边的枯草、灌木丛中发现成年的螳螂，雌螳螂肚子已经大了，而它们瘦弱的伴侣则很少见。有时我好不容易才能给我的雌螳螂找到配偶。

螳螂食量很大，要喂养几个月，给它们提供食物可不容易。它们在野外时，把抓到的昆虫吃得一干二净；可在我的笼子里，它们却很浪费，往往尝了几口就把食物扔掉了，也许它们是以此来排遣囚居的无聊和苦闷吧！为了看看螳螂的胆量和力气，我供给它优质的食物，如体积超过螳螂的大灰蝗，大颚有力、牙齿坚利的白额螽斯和当地最大的蜘蛛。且看看螳螂是怎样进攻这样一些对手，与一切放进笼里的昆虫交战的吧。这些充满危险的捕猎，不会是临时仓促上阵，必定是日常的习惯，值得予以叙述。

看到大蝗虫轻率地走近，螳螂痉挛①地颤动一下，突然比触电更快地摆出可怕的姿势，转变是如此突如其来，架势是如此咄咄逼人。蝗虫立即犹豫起来，缩回前腿，以防万一。螳螂展开鞘翅，斜搁在一旁，翅膀完全张开，如两片船帆平行竖在背上，身体上端弯起如曲柄的杖子，抬起，落下，随着一种喘气似的猛烈抖动而放松，同时发出像受惊毒蛇喷气的"噗噗"声。

螳螂骄傲地靠后腿支撑，身体的前部几乎垂直竖起。原先折曲叠放在胸前的前腿完全张开，交叉成十字形伸出来，露出黑白斑点的腿窝。

螳螂一动不动地保持着这种奇怪的姿势，蝗虫稍有移动，它

---

① 痉挛：肌肉紧张，不自主地收缩。

便转头来瞪着它。这种举动的目的显然是威慑这个强大的对手，使它不敢动弹。螳螂很少使用恐吓手段，只是把够得着的猎物抓住就是了；但如果猎物进行剧烈的抵抗，它就摆出恐吓、迷惑猎物的姿势，以便它的弯钩能抓住对手。

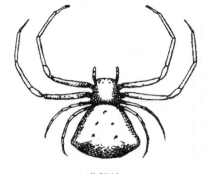

满蟹蛛

小鸟被蛇张开的大嘴吓得不敢动弹，被蛇的目光威慑得呆住了，听任自己被抓住而无法飞掉。蝗虫大致也是这样。螳螂等到能够得着猎物时，两把弯钩猛击下来，两足抓住蝗虫，两把锯子闭合夹紧。这只可怜虫挣扎也无用，它的大颚咬不到螳螂，它的腿绝望地在空中踢蹬。螳螂是从颈部开始进攻猎物的，螳螂一只前腿拦腰抓住猎物，另一只腿压住它的头，掰着它的颈部，从这块没有护甲的地方开始咬，打开一个大口。蝗虫的腿不动了，猎物成了尸体，螳螂随意选择想吃的部位，然后收起翅膀，恢复正常姿势，开始休息。

这种首先咬颈部的做法不是没有道理的，我们离题片刻，就会明白这究竟是为什么。我曾见到两种小蟹蛛，因为它们吐的丝只够给卵做丝袋，不可能结网捕猎，所以它们的捕猎战术就是埋伏在花朵上，出其不意地扑向停在花上的昆虫。它们最喜欢的野味是蜜蜂。我做了一个实验。我在罩里放上三四只活蜜蜂、一只蟹蛛、一束薰衣草，在花上滴几滴蜜。蜜蜂并不在意这个可怕的邻居，有时飞到花上吃一口蜜，有时爬到离蟹蛛不到半厘米处，似乎完全不知道有危险。蟹蛛在花蕊上一动不动，伸出前面四只步足，稍稍抬高，准备出击。一只蜜蜂来饮蜜，蟹蛛扑了上去，用足抓住冒失鬼的翅缘，用腿把蜜蜂勒紧，把毒螯按在蜜蜂的脖子上，蜜蜂就死了，蟹蛛饱饮了蜜蜂的血。颈部的血吸完了，再随便换个部位，直至最后把尸体抛弃。这样一只小小的蟹蛛就能捕捉比它大、比它强、比它动作更敏捷的昆虫，螳螂也具有小蟹蛛所擅长的这种迅速置敌手于死地的战术。当然它可以把猎物一块一块地肢解开来，但这样花的时间会长一些，而且有危险。可它了解颈部的解剖学秘密，找到了更好的办法。它首先从后面攻击俘虏的颈部，啃咬颈部的淋巴结，从最主要部位消灭其肌肉的活力，于是俘虏就无力活动，停止了一切挣扎反抗；那么再大的野味，螳螂都可以安然无恙地吃掉了。

如果想要找寻答案，那么，动手吧！

这样的情景还不是最悲惨的。螳螂对它的同类也同样凶残。我在同一个笼里放了若干只雌螳螂。为了避免因饥饿而自相残杀，我放了足够多的蝗虫，而且每天换两次。开始它们相安无事，但和平的时期很短。当雌螳螂腹部鼓起，卵巢成熟，交配和产卵的时期接近了，虽然笼里没有雄螳螂可以让雌螳螂为争夺异性而产生敌对行为，可是相互间仍然产生了疯狂的妒忌。雌螳螂互相残杀，胜利者品尝姊妹的美味，就像吃蝗虫一样，围观者不但没有反对的表示，而且希望一有机会自己也这么干。雌螳螂甚至还吃它的配偶。我把一对对螳螂分别放在不同的笼里。交配完后，在当天，至迟第二天，雌螳螂就把它的伴侣抓住，按照习惯，先啃颈部，然后一小口一小口地把它吃掉，直至只剩下两片翅膀。我放了第二、第三只雄螳螂，交配后同样都被吃掉了。两周内，同一只雌螳螂吃了七只雄螳螂。

啊！这些凶残的昆虫！据说狼是不吃同类的，可螳螂却根本没有这种顾忌。即使四周满是它所喜爱的野味——蝗虫，它也把同类作为美餐。

二　泡沫小窝

现在我们来看看螳螂的窝，它的窝非常漂亮。

几乎朝阳的地方到处都有螳螂的窝：石头、木块、葡萄树根、树枝、干草，甚至砖块、破布、旧皮鞋的破皮上，任何东西只要凹凸不平能够把窝粘住，都可以成为它的选择。

窝通常长四厘米，宽两厘米，颜色像金黄的麦粒，用多沫的材料凝固做成，烧起来有微焦的丝味。窝如果固着在树枝上，底部便包住邻近的小枝，形状随支架的形状而不同；如果是固着在一个平面上，底部总是与支持物紧粘在一起，呈半椭圆形，一端圆钝，一端尖细。但不管怎样，表面总是凸起的。整个窝可分成三个很明显的纵向区。中间部分较窄，由两行并排的小鳞片组成，像屋瓦似的重叠。小片的边缘留下两行平行的裂缝，小螳螂

孵化后就从这里出来，其他地方的窝壁都不能穿过。侧面的两个区贮卵。所有的卵沿窝的轴线分层排列，组成海枣核的形状，十分坚实，外面包着一个多孔的用来保护的厚皮层，像凝固的泡沫，只有在与中区连接处，泡沫状皮层才为一些重叠的薄壳所代替。卵的头部一端朝着出口区，每层卵有两行出口，一半若虫①从左门，另一半从右门出来。

雌螳螂怎么建造出这么复杂的窝的呢？原来它在产卵时，从生殖器官里会排出一种黏质物，像幼虫排出的丝液，它腹部末端张开一条裂缝，一闭一张，这两把小勺就像我们打鸡蛋那样，动作迅速地搅拌黏质物，使之与空气混合后产生有点黏性的如肥皂泡似的灰白色泡沫。雌螳螂腹部末端在张合时像钟

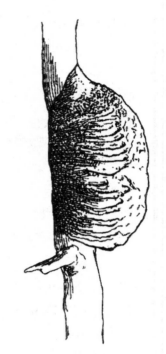

螳螂的窝

摆似的左右摆动，每摆动一次就在窝里产下一层卵，再在外面盖上一层泡沫，泡沫很快便变成了固体。

在新窝的出口区抹着一层多孔、纯白无光的涂料，和整个窝的灰色形成对照。它好像糕点师把蛋白、糖、淀粉掺和起来，做成糕点皮一样。这雪白的涂层很容易破裂脱落，脱落后就与出口区相通了。乍一看，螳螂似乎使用了两种材料，其实不然，材料还是一种。螳螂用尾部的那两把勺扫泡沫的表面，撇出浮皮，覆盖在窝的表面，而把剩下尚未凝固的泡沫摊在窝的侧面。这样窝面上的黏性泡沫就成了最薄最轻的部分，光的反射力较强，所以显得白些。

多么巧妙的机器啊！它非常有条不紊②而且迅速地排出黏性物质、保护沫、卵、大量的液体，同时还能建造重叠的薄片和通

---

① 若虫：不完全变态的昆虫的幼体被称为若虫。它不是某种昆虫，而是一类昆虫发育至某一段时期的称谓。

② 有条不紊：说话做事有条理，丝毫不乱。

道！连我们都会茫然无措①的，可对于螳螂来说，这工作却多么轻松！它一动不动，对于身后造起的建筑物连看都不看一眼，它的足丝毫不给予任何协助，一切都是自动进行的。

产卵和造窝，全部工程约需两个小时。母螳螂一产完卵便漠不关心地走掉了。我希望看到它回转身来，对婴儿的摇篮表示一点温情，可它没有任何母爱欢乐的表示。产完卵了，一切都与它没有关系了。一些蝗虫走近，有一只甚至爬到了窝上。如果这些蝗虫对这窝卵有危险，要把窝捅破，它会不会把它们赶走呢？它的无动于衷②告诉我，它不会这么做。这窝从此已经跟它没有关系了，它已不知道这是孩子的窝了。

三　可怕的天敌

螳螂卵的孵化通常都在阳光灿烂的六月中旬，大约上午十点。

螳螂窝里只有由小鳞片组成的中央区可以让若虫出来。我看到在每个鳞片下先钻出一个半透明的圆块，接着是两个大黑点，那就是眼睛。新生的若虫在薄片下滑动，一半已经解脱。头部圆肿，乳色，身体淡黄带红。嘴贴在胸前，腿向后贴在身体的前部。除了这些腿之外，一切都令人想到蝉的若虫初出壳时那种像无鳍小鱼的样子。

小螳螂要通过弯曲狭窄的通道走出窝十分困难。细长的腿没有地方伸展，只好弯曲着形成高跷，用来杀戮的弯钩、纤细的触角，会阻碍它出来，于是若虫身上包着一层襁褓③，状如一只船。

> 要成长，就要付出努力，打破束缚和保护。

若虫在薄片下出现后，头部逐渐充满汁液，鼓胀起来，形成半透明的水泡。它摇动着，一进一缩，每摇动一下，头就大了一些。然后前胸背部的外皮破裂。它扭动、摇摆、弯身、挺直，结果腿和触角先得到解放，全身只由一根碎碎的细带和窝连在一起，最后再摇动几下便脱身了。

---

① 茫然无措：完全不知道要做什么。

② 无动于衷：指对令人感动或应该关注的事情毫无反应或漠不关心。

③ 襁褓：包裹婴儿的被子和带子。

但是窝里所有的卵并不是同时孵化的，而是一部分一部分、一群群地孵出来，通常是最后产在尖端的卵先孵化，这是由于窝的形状之故。逐渐变细的末端容易接受阳光的刺激，卵比在圆钝那一端苏醒得早，后者因体积较大，不能迅速得到足够的热量。

但有时整个出口区的卵都一群群地孵化了，上百只小螳螂争先恐后地挤出来，场面煞是动人。一只若虫刚刚露出黑眼睛，其他许许多多也突然出现在眼前，仿佛一只若虫的摇动像信号似的逐步传给了其他若虫，于是所有的卵都迅速孵化，顷刻间窝的中部挤满了小螳螂。它们乱哄哄地爬动，脱掉外衣，然后跌落在地或者爬到附近的树叶上，这一切还不到二十分钟。过几天后，又出来一群若虫，直至所有的卵都孵化完。

我曾多次观察若虫的孵化，我曾想更好地保护初生的若虫，可是我看到的总是若虫惨遭杀戮的情景。螳螂产卵虽多，但还是不足以抵御若虫一出卵就把它们吞食掉的杀戮者。

蚂蚁特别热衷于消灭螳螂的若虫。它们每天都来到螳螂的窝边。因为无法在堡垒上打开缺口，便窥伺着若虫出窝。小螳螂一出现，立即被蚂蚁抓住，拉出外壳，咬成碎片。可怜娇嫩的新生儿只能乱踢乱蹬做抵抗，而凶恶的强盗衔着残骸，满载而归。这场对无辜者的屠杀转眼便结束，这个大家族能够幸免一死的为数寥寥。

昆虫界未来的屠夫，令蝗虫丧魂落魄的可怕肉食者，在幼小时，却被小小的蚂蚁吃掉。但这种被屠杀的情况为时不长，若虫与空气接触后不久就强壮了，不再受攻击了。这时候的螳螂，当它从蚂蚁群中快步走过时，蚂蚁退避三舍，不敢再攻击它了。它那杀戮的前腿收在胸前，像是准备拳击的样子。蚂蚁被它傲慢的举止吓倒了。

另外一个喜欢吃嫩肉的敌人被此架势所威胁，那就是小蜥蜴。它用舌尖把逃脱蚂蚁虎口的若虫一个个舔①入嘴里。虽然一口只吃那么一点点，可是味道却十分鲜美，它半闭起眼皮，显得深深满足的样子。

① 舐：舔。

螳螂的天敌仅此而已吗？不。在蜥蜴和蚂蚁之前，就有另一个掠夺者来了，它个子最小但十分可怕，它就是身上有刺针的小叶蜂。它用针刺穿螳螂的窝，把卵产在窝里。这个寄生虫孵化得早，便攻击螳螂的胚胎，吃掉它的卵。螳螂的子孙遭到了与蝉一样的命运。

螳螂吃蝗虫，蚂蚁吃螳螂的若虫，野鸡吃蚂蚁，而人则吃野鸡。但愿我至少能够对最微不足道的昆虫的价值说一次公道话。每天晚餐后，我的身体暂时摆脱了饥饿，在安静的环境中，我的脑子里时不时地会闪现出一些思想的火花。大概螳螂、蝗虫、蚂蚁，甚至其他更小的昆虫都会对人的思想起到这种促进作用，可我不知道为什么，也不知道怎么做到这一点。通过说不清道不明的曲折途径，它们各自以自己的方式给我们的思想之灯添上一滴油。它们的能量通过慢慢的加工、贮藏、传送而注入我们的血管，在我们精力不足时滋养着我们。我们靠它们的死亡而活着。世界在周而复始地循环：有结束才有重新开始，有死亡才有生命。

自然界中，每一个生命都有它的使命，无论是生存，还是死亡。

（梁守锵　译）

精华点评

我们总是有种错觉：如果一样事物是美好的，那么它的一切都应该是美丽的。因此当我们看到螳螂那优雅的身段和温和的面貌时，你也许会幻想它的习性如外表般美好吧？当看到它捕食时的凶狠、交配后的残忍时，是不是一下子觉得难以接受？其实，这才是生命原本的样子：丑陋与美丽并存。螳螂不完美，也不可能完美。对这个渺小的生命来说，这是大自然赋予它的天性，也是它繁衍的需要。能够客观认识和坦然接受这种丑陋，也是对这些小生命的一种爱。人也是如此，不完美，也不可能完美，与螳螂不一样的是，我们在不断地追求完美。这也是"微不足道"的昆虫用生命带给我们的思考吧，你说是吗？

延伸思考

螳螂、蝗虫、蚂蚁……都是我们思想的导师，在生活中，还有哪些看似渺小的生命，曾经给予你教导？

知识链接

如果不明白雌螳螂怎么建造出复杂的窝，那么把它当作是两把小勺打鸡蛋，最终搅拌出带黏性的肥皂泡似的泡沫，你是否会好接受一些？如果不清楚螳螂窝出口的涂料到底是怎样的，把它比喻成糕点师做成的糕点皮，你是否马上就豁然开朗？当想跟别人说明一些比较难理解的知识时，不妨用日常形象的事物打个比方；或许，马上就能收获对方恍然大悟的一声："哦，原来这样！"

　　电闪、风吼、虫鸣……大自然一直用自己的方式跟人类沟通，而我们也在努力，动用我们的智慧与才能，用科学去破解当中的密码，用心灵来倾听自然的声音。

螽斯

一　白额螽斯

　　在我们地区，白额螽斯作为歌手和仪表堂堂的昆虫，在螽斯类中是首屈一指的。它虽不多见，却易于捕捉。它身体呈灰色，大颚强健有力，面孔宽阔，呈象牙色。盛夏时节，它跳跃在草禾上，尤其是在长着笃香树的石子堆下。

　　七月末，我把白额螽斯关在金属网罩里，一共十二只，雌雄都有。我给它们最美味、最嫩的生菜叶等，可它们连碰都不碰。我试着供给禾本植物，它们吃黍子，但只吃穗，而且是吃未熟的嫩籽粒。

　　这种对嫩籽粒的爱好使我感到惊讶。白额螽斯（Dectique）一词源于希腊语Dectikos，意思是"咬""喜欢咬"，这个名字起得好，白额螽斯确实是喜欢咬的昆虫。你要小心，如果指头被这种强壮的螽斯咬住了，会咬出血来的。我在捉它时总是提防它那强有力的大颚，难道这大颚只起咀嚼不硬的小细粒的作用？我肯定是疏忽了某些事情。白额螽斯既然有如钳般的大颚和使双颊鼓起的咀嚼肌，一定

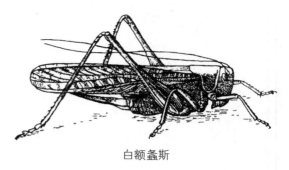

白额螽斯

能够咬碎某种难啃的猎物。我终于发现蝗虫、蝉等任何新鲜美味的肉食，它们都喜欢，而最常吃的是蓝翅蝗虫。这些野味一放进笼里，白额螽斯便一阵骚动①，特别是在它们饥饿的时候。它们受长腿的阻碍，笨拙地向前扑。有些蝗虫立即被捉住了，有些绝望地跳到笼子的罩顶上钩在那里，而螽斯过于笨重，爬不上去；但这不过是稍微推迟等待着它们的命运而已，过不了一会儿或者因为疲乏，或者是受下面绿色植物的诱惑，它们爬了下来，立即就被螽斯抓住了。

蝗虫生命力顽强，即使被咬掉一半身子，还会奋力一挣逃开，如果是在灌木丛中它们就可能逃脱了。螽斯似乎懂得它这一手，为了尽快地使善于迅速逃窜的猎物无法动弹，它总是首先咬伤蝗虫颈部的淋巴结。这是对待精力充沛的猎物的好办法。如果蝗虫已经衰竭，奄奄一息②，无力自卫，那就随便攻击某个部位，只有在困难的情况下才首先咬颈部。

螽斯食量很大，两三只蓝翅蝗虫还不够它一天的口粮，它还要再吃一些嫩籽粒，它既吃动物，也吃植物。所以如果螽斯多一些，它对农业可能还有一点小小的益处，它吃蝗虫和某些对庄稼有害的植物的嫩籽粒。虽然它对保存土地产物的帮助微乎其微，可它的歌唱、婚配和习性，却为我们保存了远古时代的活化石。在地质时期昆虫是如何生活的？幸亏还有白额螽斯，我们才能对古代昆虫的习性有所了解。

白额螽斯的歌唱是庆祝婚礼的祝婚诗吗？我根本不能肯定，

科学小锦囊1：人类是通过这种方式去探索远古时代的自然的。

---

① 骚动：秩序紊乱，动荡不安。

② 奄奄一息：形容气息微弱。

即使是这样，收效也甚微，因为在那一群女听众中，没有一只雌螽斯移动位置，也看不到任何注意倾听的迹象。有时独唱变为两三人的合唱，而邀请众人却没有一次成功。从雌螽斯无动于衷的面孔，我看不出有什么亲密的感情。但是清脆的歌声继续激情昂扬地升高，直至变成像纺车摇动那样连续不断的响声。当太阳被云彩遮住时，歌声停止了；当太阳又露出时，歌声又重新响起，可四周的雌螽斯依然不理不睬。休息的照旧休息，触角一动也不动；啃蝗虫的照啃不误，一口也不丢下。看来的确可以说，歌手的鸣叫只是抒发自己生活的欢趣而已。

八月末，我看到婚礼开始进行。一对螽斯在没有任何激情的前奏下，偶然地面对面地聚在一起，一动不动，几乎脸靠着脸，彼此用细如发丝的长触角互相抚摸。雄螽斯似乎比较拘束，擦擦脸孔，搔搔脚板，不时发出一声"蒂克"的声音。此时似乎本应是发挥它歌唱天才的最佳时刻，可它为什么不以温柔的歌声来表白它的爱情呢？它没有唱歌，而它的配偶也没有任何表情，雄螽斯也没有显得很兴奋。结婚是令人激动的事，会不会发生像螳螂那样的婚姻悲剧呢？眼下什么事还没有，我们还是耐心点看看吧！

几天后，事情稍露端倪。强有力的雌螽斯抬起产卵管，后腿高高翘起，把它的丈夫打翻在沙地上，压在下面，紧紧地勒住它。雄螽斯不像是胜利者。两者中谁占主动？通常的被挑逗者如今成了挑逗者。角色不是颠倒了吗？被打翻在地者乱踢蹬，似乎想反抗，它挣脱出来，想逃走。过了一段时间，我们终于看到了这样的情景：雄螽斯被翻倒仰卧在地上，雌螽斯与它交配。雄螽斯排出了一个乳白色的精液泡，其中分四个口袋，下面两个大，上面两个小，有时口袋的数目要多点。雌螽斯带着这个不同寻常的精液泡走开了。这种精液泡对于卵子来说是生命之源，现在它要到适当的地方去寻找胚胎发育所需的补充成分。

这样的精液泡在当今世上是非常罕见的。据我所知，如今只有章鱼和蜈蚣还使用这种奇怪的器官。章鱼和蜈蚣都属于远古时代遗留下来的动物。白额螽斯这个早期世界的另一代表似乎告诉我们，在今天看似奇怪的例外，在太初时期很可能是相当普遍的。

随着卵的逐步成熟，雌螽斯开始产卵。它不像蝗虫和螳螂把卵装在硬沫做成的窝里或者产在树枝的孔穴里，而是将卵像植物种子一样种在土壤里。

它腹部末端有一尖刀般的器官垂直钻入土中，产卵管插入后，它就一动不动地产卵；然后它把产卵管提高一些，腹部左右剧烈摆动，刮下一些土把洞填起来，再把上面的土扫清弄平，一切有条不紊。雌螽斯休息一会儿，然后四周兜一圈，很快又回到原先产卵的地方，在附近又将尖刀般的工具插入，重新开始产卵。它就这样产卵，休息；再产卵，再休息，在不到一小时内要进行五次。产卵全部结束后，我挖开白额螽斯的贮藏室，卵产在土中，没有鞘壳，没有小室做保护。通常一母产下六十来枚卵，卵呈淡灰色，排列成梭状，椭圆形，长五六毫米。

卵的孵化值得考察。我在八月底把许多卵放在铺着一层沙土的玻璃瓶中，受不到寒霜暴雨、烈日烧烤。可是过了八个月，瓶里还没有任何变化；而在六月，我就已经在田野里看到小螽斯了，有的已有成年螽斯一半大小。是什么原因使瓶中的卵推迟孵化了呢？

于是我产生了这样的揣测：螽斯的卵像植物的种子一样种在土中，没有任何阻挡，接受了阳光雨露的滋润。可我瓶中的卵，一年有三分之二的时间是在干旱的沙土上度过的，也许它们缺乏种子萌芽所绝对必需的东西，它们的孵化也需要潮湿。于是我决定试一试。

我把迟迟未孵化的卵取了一些放在玻璃管里，上面撒了一层潮湿的细沙。管口用湿棉花塞住以保持管内的湿度不变。我的推测是正确的。由于夏至的高温，卵很快就开始孵化了，它们渐渐胀大，前部出现两个大黑点，是眼睛的雏形；外壳不久就要裂开了。我在两个星期中时时刻刻都在监视，我要看到小螽斯出卵时的情形，以解决我脑子里长久以来一直都在思索的一个问题。

螽斯的卵是埋在土里的，根据产卵管或挖穴器的长短而深度不等，一般是三厘米深。夏初时在草地上笨拙地跳跃的小螽斯，同成年的螽斯一样，有细如发丝的长触角，后身有两条用来跳跃的长腿，平常走起来都十分不方便，那么这个纤弱的小昆虫是怎么钻出土的呢？它靠什么办法，在坚硬的土地中开辟出一条通道的呢？一粒细沙就会折断它的触角，稍稍用力就会碰断它的长

科学小锦囊2：当有所发现时，不妨大胆揣测和求证。

腿，这一切都可以肯定它是不可能从地底解放出来的。

矿工下井要穿保护衣。小蟊斯在土中从反向钻洞出来，一定也得穿一件比较简单、比较紧身的外套，就像蝉从枝头、螳螂从窝里钻出来时披着外套一样。这个逻辑推理是符合事实的，小蟊斯的确穿着外套。这个细嫩的肉白色的小家伙包在一个套筒里，六条小腿紧贴腹部往后伸。为了在土里更好地滑动，它的腿按身体轴线的方向裹在一起，另一个碍事的器官触角也一动不动地贴在这个包裹上。

科学小锦囊3：在没有得到答案之前，尝试进行逻辑推理吧。

头深深地弯到胸前，眼睛像个大黑点，有点浮肿的面孔模糊不清，令人想到潜水员的面罩。颈部因头弯曲的关系而大大暴露出来，脖子慢慢地一张一缩，依靠颈部张缩，小蟊斯才能前进。当脖子收缩时，身体的前部就扒开一点潮湿的沙，挖开一个小洞，钻进去；然后颈部鼓起来，变成小圆球，紧紧塞在洞里，这时后身收缩，这样就爬行了一步。每爬一步约一毫米。

看到这新生的昆虫，身上还没有颜色，就用膨胀的颈部钻掘坚硬的泥土，真是令人生怜。它的蛋白还未凝固长成肌肉，就要与石块搏斗。但是它的努力没有白费，一个上午的工夫，它打开了一条或直或弯的巷道，这个精疲力竭的昆虫，终于来到了地面。

在离开出口井之前，它先休息一会儿，养精蓄锐，然后做最后一次努力：它鼓胀起脑袋，竭力挣破迄今为止还保护着它的外壳，蜕掉它的外衣。

现在蟊斯终于成形了，虽然它还是苍白的，但第二天，它变黑了，只在后腿的腿节上还留有一条狭窄的白斑带，这是它成熟的标志。

在我眼前孵化出来的小蟊斯啊！对于你来说，你要经受多大的艰难才能开始你的生命啊！在你获得自由以前，你的许多同类就因精疲力竭而死去了。在我的玻璃管中，我看到许多小蟊斯被一粒沙阻挡住，半途就死了，身上长出绒毛，尸体发霉。如果没有我的照料，它们要来到阳光下一定更危险得多，因为屋外的泥土已被太阳晒干，十分粗硬。除非下一场阵雨，否则这些被压在如砖一般硬的地下的囚犯们该怎么办呢？

白额蟊斯的歌声刚开始时是尖锐而干巴巴的，几乎像是金属般的声响，这一声声"蒂克""蒂克"，中间间隔很久；然后声音逐渐升高，变成快速的清脆奏鸣，除"蒂克""蒂克"外还配有连续不断的低音；最后结束时，上升调中金属音符变弱了，变成了单纯的摩擦音，成了非常快速的"弗鲁""弗鲁"声。歌手这样唱唱停停，停停唱唱，连续几小时。在宁静的时刻，最响亮的歌声在二十步外都能够听到。

它是怎么唱歌的呢？

螽斯的前翅底部膨胀开来，在背上形成一个长三角形的平的凹陷，这便是音场。左前翅在此处与右前翅部分重叠，就把右前翅的乐器遮住了。在这个乐器中，人们早就已经看得很清楚、了解得很透彻的，就是"镜膜"；称它为镜，是因为嵌在翅脉上的这个椭圆形的薄膜闪闪发光的缘故。这是蒙在鼓和扬琴上的皮，所不同的是，它无需敲击就能鸣响。当螽斯歌唱时，没有任何东西与镜膜发生接触，而是其他地方的振动传到膜上来而引起的。那它是怎么传送的呢？

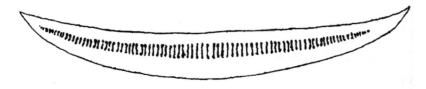

非常大的雄螽斯的琴弓

镜膜的边缘通过一个圆钝形的大齿延长到翅脉底部的内角上，大齿的末端有一个比其他翅脉更突出、更粗壮的褶皱①，我称之为摩擦脉，正是在这里发出的振动使镜膜鸣响。当我们了解了发音器的其余部分时，对这一点就会清楚了。

这其余部分便是发音机构，它位于左前翅上。从外表上看，丝毫没有任何引人注目之处。它不过是一种略微歪斜的鼓出来的肉，人们会以为这只是一条比较粗的翅脉而已。但是我用放大镜观察它的下面，就会看到这块肌肉正是高精度的乐器，一条杰出的带齿条的琴弓，形状像纺锤，从一端到另一端刻有约八十个三角形琴齿，间隔均匀，材料坚硬耐磨，深栗棕色。这个琴弓的用途是显而易见的。如果我们在死螽斯身上掀开这两个前翅平平的

---

① 褶皱：皱纹。

边缘，把琴弓放置在前翅奏鸣时所处的位置，会看到琴弓的齿条咬合在我刚才称之为摩擦脉的那个末端翅脉上；当我们灵巧地弹着这齿条时，这死螽斯唱歌了，我们会听到螽斯鸣唱的几个音符。

螽斯发音已没什么秘密了。左前翅带齿的琴弓是发音器，右前翅的摩擦脉是振动点，镜膜是共鸣器，它通过受振动的边框而发生共鸣。我们的乐器里使用了许多发出响亮声音的膜，但总是通过直接打击而发音。螽斯比我们的弦乐器商更大胆，把琴弓与扬琴结合在一起。

二　绿色蝈蝈儿

现在是七月中旬，村里今晚在庆祝国庆。当孩子们围着欢乐的篝火跳跳蹦蹦，当鼓声随着每支烟花的上升而庄严地响起时，我独自一人，在阴暗的角落里，倾听田野的节日音乐会，田野上的节目比此时在村庄广场上上演的节目更要庄严。

夜晚九点的天气较凉爽，蝉已不再鸣叫。它白天唱了一整天，夜晚来临，也该休息了，但它的休息常常被扰乱。在梧桐树浓密的树枝里，突然发出了像哀鸣似的短促而尖锐的叫声，这是蝉在安静的休息中被夜间狂热的狩猎者绿色蝈蝈儿捉住而发出的绝望哀号。

我们远离喧嚣去倾听，去沉思吧。当被开膛破肚的蝉还在挣扎的时候，梧桐树梢上的节目还在进行，但合唱队已经换了人，现在轮到夜晚的艺术家上场了。耳朵灵敏的人能听到在弱肉强食之地四周的绿叶丛中，蝈蝈儿在窃窃私语。那像滑轮的响声，非常不引人注意，又像是干皱的薄膜隐隐约约地窸窣作响。在这暗哑而连续不断的低音声中，时不时发出一阵非常尖锐而急促、近乎金属碰撞般的清脆响声，这便是蝈蝈儿的歌声和乐段，其余的则是伴唱。尽管歌声的低音得到了加强，这个音乐会不管怎么说还是不起眼，十分不起眼的。虽然在我的耳边，就有十来只蝈蝈儿在演唱，可它们的声音不强，我耳朵的鼓膜并不都能捕捉到这微弱的声音。然而当四野蛙声和其他虫鸣暂时沉寂时，我所能听到的一点点歌声则是非常柔和的，与夜色苍茫中的静谧气氛吻合。绿色的蝈蝈儿啊，如果你拉的琴再响亮一点，那你就是比蝉更胜一筹的歌手了。在我国北方，人们却让蝉篡夺^①了你的名字和声誉啊！

六月，我捉了不少雌雄的蝈蝈儿关在金属网罩里。这种昆虫非常漂亮，浑身嫩绿，侧面有两条淡白色的丝带，身材优美，苗条匀称，两片大翼轻盈如纱。关于食物，我遇到了喂养白额螽斯时同样的麻烦。我给它们生菜叶，它们吃了一点，但不喜欢，必须另找食物，大概是要鲜肉吧，但究竟是什么呢？

清晨，我在门前散步，突然旁边的梧桐树上落下了什么东西，同时还有刺耳的吱吱声，我跑了过去，那是一只蝈蝈儿正在啄处于绝境的蝉的肚子。我明白了，这场战斗发生在树上，发生在清晨，此时蝉还在休息。不幸的蝉被活活咬伤，猛地一跳，进攻者和被进攻者一道从树上掉了下来。有时我甚至还看到蝈蝈儿非常勇敢地纵身追捕蝉，而蝉则惊慌失措地飞起逃窜，就像鹰在天空中追捕云雀一样。但是这种以劫掠为生的鸟比昆虫低劣，它是进攻比它弱的东西；而蝈蝈儿则相反，它进攻比自己大得多、强壮有力得多的庞然大物。而这种身材大小悬殊的肉搏，其结果是毫无疑问的。蝈蝈儿有有力的大颚、锐利的钳子，不能把它的俘虏开膛破肚的情况极少出现，因为蝉没有武器，只能哀鸣踢蹬。

笼里的囚犯的食物找到了，我用蝉来喂养它们。它们吃得津津有味，乃至于两三个星期间，这个笼子里到处都是肉被吃光后剩下的头骨和胸骨、扯下来的羽翼和断肢残腿。腹部全部都被吃掉了，这是好部位，虽然肉不多，但似乎味道特别鲜美。因为在这个部位，在嗉囊里，堆积着蝉用喙从嫩树枝里汲取的糖浆甜汁。是不是由于这种甜食，蝉的腹部比其他部位更受欢迎呢？很可能正是如此。

科学小锦囊4：实验是获得真知的最有效方法。

为了变换食物的花样，我还给蝈蝈儿吃很甜的水果：几片梨子、几颗葡萄、几块西瓜。它们都很喜欢吃。绿色蝈蝈儿就像英国人一样，酷爱吃用果酱做作料的带血的牛排。也许这就是它抓到蝉后首先吃腹部的原因，因为腹部既有肉，又有甜食。

---

① 篡夺：用不正当的手段夺取。

不是在任何地方都能吃到蘸糖的蝉肉的，因此它一定还吃别的东西。对于鞘翅目的昆虫，它毫不犹豫地都接受，吃得只剩下鞘翅、头和爪。给它吃鳃金龟，结果也一样。

　　这一切都说明蝈蝈儿喜欢吃昆虫，尤其是没有过于坚硬的盔甲保护的昆虫。它十分喜欢吃肉，但不像螳螂一样只吃肉。蝉的屠夫在吃肉喝血之后，也吃水果的甜浆，有时没有好吃的，它甚至还吃一点草。

　　蝈蝈儿也存在着同类相食的现象。诚然，在笼子里，我从来没见到过像螳螂那样捕杀姊妹、吞吃丈夫的残暴行径，但是如果某个蝈蝈儿死了，活着的一定不会放过品尝其尸体的机会的，就像吃普通的猎物一样。它并不是因为食物缺乏，而是因为贪婪才吃死去的同伴。

　　撇开这一点不谈，蝈蝈儿彼此可以十分和平地生活在一起，它们之间从不争吵，顶多面对食物有点敌对行为而已。我扔入一片梨，一只蝈蝈儿立即霸占住它；谁要是来咬这块美味的食物，出于妒忌，它便踢腿把对方赶走。自私心是到处都存在的。吃饱了，它便让位给另一只蝈蝈儿，这时它变得宽容了。这样一个接着一个，所有的蝈蝈儿都能品到一口美味。嗉囊装满后，它用喙尖抓抓脚底心，用沾着唾汁的爪擦擦脸和眼睛，然后闭着双眼或者躺在沙上消化食物。它们一天中大部分时间都在休息，最炎热时尤其如此。

　　到了傍晚，太阳下山后，它们开始兴奋起来。九点左右兴奋达到了高潮，它们突然纵身一跃，爬上网顶，又匆匆忙忙下来，然后又爬上。它们乱哄哄地来回走动，在圆形的笼子里跑着、跳着，遇到好吃的东西就吃，但并不停下来。雄蝈蝈儿在一旁鸣叫，用触角挑逗从旁边走过的雌蝈蝈儿。对于这些激动而狂热的雄蝈蝈儿来说，当前的大事就是交配。但是就像白额螽斯一样，蝈蝈儿的婚礼前奏延续的时间很长，到了第三天，我才看到序幕的结束。雄蝈蝈儿小心翼翼地钻到雌蝈蝈儿的身下，伸直身子仰卧，紧紧抱住雌蝈蝈儿的产卵管。交配完成了，它也产出了一个巨大的精子袋，这种情况我在白额螽斯那里见到过，如今在蝈蝈儿的笼子里又见到了。

（梁守锵　译）

精华点评

与前两章相比，这一章的"我"，一如既往地对小昆虫充满好奇与热爱，除此之外，还展现了严谨的科学求证精神。带着愉悦游走在山野丛林，怀着疑惑守在金属网前，大胆假设、逻辑推理、动手求证、收获结论、科学说明，这样的"我"，既热情又冷静，把螽斯身上的密码逐步解密，生动有趣地展现在读者面前。字里行间，让读者仿佛看到"我"穿着休闲服在树下倾听虫鸣，又仿佛看到"我"穿着白大褂端坐案前。其实，科学并不是冷冰冰的客观求证，它不仅仅有客观的刻度，也有真切的温度。《昆虫记》，是一部充满温情的昆虫百科全书！

延伸思考

你怎样看待蝈蝈儿同类相食但又和平共存这样的特性呢？

知识链接

在自然科学领域，不乏像"我"这样痴迷的人。例如奥地利的动物行为学家康拉德·劳伦兹。他对动物行为的忘我专注和热爱，让他的生活充满着哭笑不得的趣事。如果你也想感受这种乐趣，不妨阅读他的著作《所罗门王的指环》。

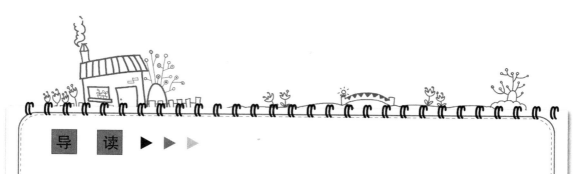

自然界中不乏高超的演奏家，蟋蟀就是其中声名显赫的一位。翅膀是它随身携带的乐器，自家门前是它的最佳演奏厅。在凉爽的秋夜，嘘——你听，演奏开始了！

蟋蟀

一　遮风避雨的家

在昆虫中，只有蟋蟀在成年后有固定的住所，这是它心灵手巧的结果。在气候不好的秋冬季节，其他昆虫蜷缩躲藏于临时的隐蔽所深处，这种隐蔽所，得来不费工夫，丢掉也不可惜。有些昆虫，为了安家，创造了奇妙的东西，如用棉花做成的袋、树叶做成的篮子、水泥塔等。有些靠捕获猎物维生的昆虫，隐居在长期埋伏地等待野味的到来，如虎甲，挖了一个垂直的井，用扁平的青铜色的头塞住洞口。有哪个昆虫贸然踏上这危机四伏的天桥，就会消失于陷阱之中；因为过路者一踩上去，翻板活门便立即翻转陷下去了。蚁蛉在沙上做了一个非常滑的斜坡状漏斗，蚂蚁从斜坡上滑下去后，潜伏在漏斗底部的猎人，便用颈部做投射器，投射出沙子把蚂蚁击毙。但这些都是一些临时的隐蔽所，剪径强人的藏身处，捕猎的陷阱而已。

只有蟋蟀会辛劳修建安居其中的住所，不管是欢乐富庶的春天，还是凄惨穷困的冬季，都不用搬家；为了自己的安宁，不用操心捕猎和育儿的居所。在阳光照射的草坡上，它便是那个隐居所的主人。当其他昆虫四处流浪，卧在露天里或者一片枯叶、一块石头、一片破裂的树皮下随遇而安地躲避风雨时，蟋蟀却得天独厚，有固定的住处。

建造住房确实是严重的问题，不过这已经由蟋蟀、兔子，还有人类解决了。在我住地附近，有狐狸和獾的洞穴，不过这些洞穴大部分是利用凹陷的岩石，稍加修整而成的。兔子比它们聪明些，如果没有天然的洞穴让它不费力气地定居，就随便找一个地方挖洞居住。

蟋蟀远胜于所有这些动物。它瞧不上偶然碰到的隐蔽所，住址总要造在场所卫生、方向朝阳的地方。它不利用随便找到的不方便而又粗糙的洞穴；它的别墅，从入口到最尽头的卧室，全都是自己一点点挖出来的。

除了人类，我没有见到有什么动物在岩石和洞穴里建房的技术比它高明，即使是人类，在发明拌和砂浆来黏合砾石和用黏土涂在树枝搭起的茅草屋上以前，也不见得比它强。天赋的本能究竟是怎么分配的呢？为什么这么一种低等昆虫却能够住得尽善尽美呢？它有一个家，这是许多开化的动物都不具备的优越之处；它有平静的退隐处，这是安逸生活的首要条件，而在它四周，没有一个动物能够定居下来。除了人类之外，谁都无法与它竞争。

有谁不知道蟋蟀的家呢？有谁在孩提时期，到草地上玩耍时，不曾在这隐遁者的屋前停住脚步？不管你的脚步多轻，它都听得见你走近了，于是它猛然一缩，躲到隐蔽所里去；而当你到达时，它早已离开它的门前了。

人人都知道用什么办法把隐匿者引出来。你把一根草放进洞中轻轻摇动。它不知道上面发生了什么事，被逗得心痒痒的，于是从秘密的房间里爬上来；它犹豫不决地在前厅停下来，摇动灵敏的触角来探听情况。它来到亮处，走了出来；这时它很容易被捉住，因为这些事已搅晕了它那简单的头脑。如果第一次被它逃脱掉了，它就会变得疑虑重重，不再理睬草根的逗弄。这时用一杯水则可以把这个不肯就范者冲出来。

天真的儿童在草径边捕捉蟋蟀，把它关在笼里，用生菜叶喂它，这个时代真是美好。今天我又见到你们了，我要探索你们的

> 对蟋蟀的筑巢技巧，"我"真是毫不吝啬赞美之词。

住屋，进行研究。小蟋蟀，告诉我们一些情况吧，不过首先让我看看你的家。

在青草丛中，一个倾斜的地道挖在朝阳的斜坡上，这样外面的雨水可以迅速从斜坡流掉。地道几乎不到一指宽，随地势或笔直或曲折，至多九法寸深。住所通常都掩映着一簇草，蟋蟀出来吃周围的草时，绝不吃这一簇，因为这簇草是住所的挡雨护檐，把出口隐蔽在阴影下。那经过认真耙扫的微斜的房门，延伸了一段距离。当四周完全平静时，蟋蟀就坐在这个亭阁里拨动它的琴弦。

屋内并不豪华，四壁萧然①，但不粗糙。房主人有充裕的闲暇时间磨平太令人讨厌的粗糙地方。地道尽头是卧室，别无出口，这里比别处宽敞些，也打磨得更光滑。总之住所十分简朴，非常干净，不潮湿，符合卫生要求。不过考虑到蟋蟀简陋的挖掘工具，这真是一件巨大的工程。如果我们想知道它是怎么建造和何时开始建造这住所的，就必须追溯到产卵那个时候。

要想看到蟋蟀的产卵，无须费力做准备工作，只要有耐心就行了。在四月，至迟五月，我把一对蟋蟀单独放在花瓶里，里面铺一层压实的土，放上生菜叶作为食物，然后盖上玻璃板，防止蟋蟀逃掉。六月的第一个星期，母蟋蟀一动不动，产卵管垂直插入土中很长时间，然后拔出产卵管，漫不经心②地把孔洞的痕迹消除掉。休息片刻，散散步后，它又到别处重新开始产卵，就像白额螽斯一样，不过慢一点而已。

卵呈草黄色，圆柱形，两端浑圆，长约三毫米。卵一枚枚垂直排列于土中，一只母蟋蟀产卵总数有五六百枚。卵壳像个不透明的白瓶子，顶端有一个十分整齐的圆孔，圆孔边上有一顶圆帽做盖子。这盖子不是由新生儿往前凿或用剪子剪而破裂的，而是沿着一条专门准备好的阻力最小的线自动张开。

卵产下两个星期左右，前端出现两个大而圆的黄黑点，这是未来的眼睛。在这两点上面不远处，在圆瓶顶端，这时出现了一条纤细的稍稍隆起的环形的肉，将来卵壳就在这条线上裂开。很

---

① 萧然：形容空荡荡的，空虚。

② 漫不经心：随随便便，不放在心上。

快卵成为半透明的，从而我们可以看到小家伙精细的孵化状况。此时必须加倍注意，增加观察，尤其是在上午。

运气喜欢有耐心的人，我的坚持不懈得到了报偿。稍稍隆起的肉通过极其微妙的变化成为阻力最小的线，卵的顶端被里面的小昆虫的头部顺着这条线推开，像小香水瓶盖子一样被掀了起来，落到一旁，蟋蟀就从这里出来了。

蟋蟀出来后，卵壳还鼓胀着，光滑完整，纯白色，帽子挂在瓶口。鸟蛋是由雏鸟嘴边专门长着的小硬瘤撞破的，蟋蟀的卵更精巧，如象牙盒似的自己打开，新生儿的头顶足以推开壳铰链。

我前面说小蟋蟀从带盖的象牙瓶里出来，并不完全确切。在瓶口出现的是裹着紧紧的襁褓、还看不出模样的小家伙。蟋蟀出生在地下，它同螽斯一样长着非常长的触角和腿，这些附器对它的出世是非常碍事的，所以必须有一件出土的紧身衣。我原先是这样认为的，但我的预料虽然在原则上非常正确，却只对了一半。初生的蟋蟀确实穿着一件暂时的外套，但并不是用来钻出土地的，它在卵壳口就把这衣服脱掉了。这是为什么呢？也许是这样的：螽斯的卵在地下八个月之久，孵化后，土地因秋冬久雨，压得硬实，它钻出来十分困难；而蟋蟀的卵则相反，在地下的时间很短，除了罕见的例外，它都孵化于干旱季节，出壳后只要穿过一层薄薄的粉状干土。另外，蟋蟀比螽斯短壮，腿也不如它跷得高，也许这就是这两种昆虫出土方式不同的原因，螽斯需要大衣保护，而蟋蟀则不需要，所以便把外壳抛在卵壳里了。

小蟋蟀一摆脱外套，浑身还是灰白色的，就要和盖在身上的泥土搏斗。它用大颚拱松软的土，把障碍物扫开，踢到身后。现在它钻出了地面，沐浴着欢快的阳光，但它身体如此瘦弱，不比跳蚤大，就要经受弱肉强食的危险了。在二十四小时内，它变成了漂亮的小黑人，那乌黑的颜色可与发育完全的蟋蟀相媲美①。原来的灰白色只剩下一条白带围在胸前，令人想到拉着小孩学走路的布带。它非常敏捷，用颤动的长触角试探四周的情况。它奔跑、跳跃，以后发胖就跳不起来了。这时它的胃非常娇嫩，要给它什么食物呢？我不知道。我喂它生菜叶，但它不屑一啃，或者

---

① 媲美：匹敌，比得上。

我没看出来，它的嘴太小了。

<u>十只蟋蟀在几天内成了我沉重的负担，我怎么处置这五六千只小蟋蟀呢？哦，我可爱的小家伙，我给你自由吧！</u>于是我把它们放到了荒石园。到明年，如果所有的蟋蟀都安然无恙，在我门前会有多么动听的音乐会啊！可是情况不是这样：很可能没有什么交响乐，因为虽然蟋蟀母亲生下了众多子女，但随之而来的是凶残的杀戮，在大屠杀中幸存下来的可能只有几对蟋蟀。

首先跑来狂热地劫掠这些天赐美食的是小灰蜥蜴和蚂蚁。蚂蚁这个可恶的强盗很可能不会给我留下一只蟋蟀，它抓住这些可怜的小东西，咬破它们的肚皮，疯狂地把它们嚼碎了。

啊，万恶的虫豸！我们还把它说成是第一流的昆虫哩！人们写书颂扬它，对它赞不绝口；博物学家尊崇它，使它声誉日隆。在动物界也和人类一样，有各种各样的办法让别人为自己树碑立传，而最可靠的办法就是害人。

做有益的清洁工作的食粪虫和埋葬虫，没有人理会它们，而吃人血的蚊子、带毒刺的暴躁好斗的飞蝗泥蜂和专干坏事的蚂蚁，却人人都知道。在南方村庄里，蚂蚁把房屋的椽子咬得百孔千疮，岌岌可危①，那种疯狂劲儿就像是吃无花果一般。我不必多说，每个人在人类的档案馆里都可以找到类似的例子：好人默默无闻，害人者备受歌颂。

荒石园里的蟋蟀开始时是那么多，却都被蚂蚁和其他杀戮者消灭殆尽了，我无法继续研究，只好到外面去观察。八月，在落叶中，在还没有被三伏天完全烤干的草地上的小块绿洲中，我看到幼小的蟋蟀已经长得较大，浑身黑色，初生下来时的白带已经毫无痕迹。这时它居无定所，一片枯叶、一块扁石头便足以栖身。

直至仲秋时节，这种流浪生活还在继续。这时又有飞蝗泥蜂在追捕这些流浪者，屠杀逃脱蚂蚁虎口的幸存者，把许多蟋蟀贮藏在地下。如果蟋蟀在通常造窝时间前几个星期建造固定的住所，就可以免受掠夺者的蹂躏；可是受难者没想到这一点，它们没有从千百年严酷的经历中吸取教训。它们此时已经相当强壮，

甜蜜的负担，"我"是有多爱它们！

---

① 岌岌可危：形容十分危险，快要倾覆或灭亡。

足以挖掘一个保护自己的住所，却仍然死抱着古老的习俗不放；即使飞蝗泥蜂会蜇死家族中最后一个成员，它们仍然四处游逛！

一直要到十月末，初寒袭人时，它才开始筑窝。根据我对关在笼中的蟋蟀的观察，筑窝工作十分简单。蟋蟀绝不在裸露的地方掘洞，总是在吃剩的生菜叶遮住的地方，以此代替草丛作为隐蔽地所必不可少的门帘。

这个矿工用前腿挖掘，使用如钳般的大颚拔掉粗石砾。我看到它用带有两排锯齿的强壮的后腿践踏，把挖出来的土扫到后面，摊成斜面，这便是它造房的全部工艺。

工作开始时进展得很快。笼里的土很软，它在土里钻了两小时，时不时地退后返回到洞口，把土扫出来。如果累了，它便在未建成的住所门口休息，头朝外，触角无力地摆动，然后又进去继续干活儿。

最紧迫的工作已经完成，洞有两法寸深，眼下已经够用了，其余的工作需要时间，可以抽空做，一天做一点，使住房随着天气变冷和自己身体的长大慢慢加深加宽。即使在冬天，如果天气暖和些，太阳晒在门口时，还常常可以见到蟋蟀把土运出来，说明它还在挖掘和修理住屋。到春光明媚时，房屋的维护和改善工作仍在继续，直至主人死去。

四月末，蟋蟀开始唱歌，先是零零星星羞涩地独唱，不久就形成合奏，在每块泥土下都有演唱者。我总喜欢把蟋蟀列于万象更新时的歌手的首位。在灌木丛中，百里香和薰衣草盛开时，百灵鸟冲天飞起，放开喉咙高歌，从云端把优美的抒情歌曲传到地上，而蟋蟀则遥相应和。虽然歌声单调，缺乏美感，但这种单纯的声音却与它见到新鲜事物时那纯朴的欢乐多么协调！这是大自然苏醒的赞美歌，是萌芽的种子和初生的叶片能够听懂的颂歌。在这二重唱中，谁能得到胜利的棕榈叶？我认为蟋蟀是胜利者。它们歌手众多，歌声不断，压倒了对手。

二　草丛里的歌唱家

蟋蟀的乐器很简单，它和螽斯的乐器基于同样的原理：有齿条的琴弓和振动膜。与我们先前见到的绿色蝈蝈儿、白额螽斯等相反，除了裹住侧部的皱襞之外，右前翅几乎把左前翅全部盖住。两个前翅结构完全相同，只要描述右前翅就可以知道左前翅。它几乎平铺在背上，到了侧面突然折成直角斜落，以翼端紧裹着身体，翼上有一些斜的平行细脉。

前翅呈非常淡的棕红色，除了左右翅相交的两点。前面一点大些，三角形；后面一点小些，椭圆形。这两处各有一条粗翅脉，并有一些微微的皱纹。这两处便是发声部位，翅膜透明，比其他地方细薄。

前部镜膜光滑，有两条弯曲而平行的翅脉把它与后面隔开，两条翅脉间有凹陷，排列着五六条黑色横脉，像小梯子的梯级，这些横脉构成摩擦脉，通过增加琴弓的接触点以增强振动。构成凹陷的两条翅脉中，有一条切成锯齿状，这就是琴弓，约有一百五十个锯齿，呈三棱柱状，非常符合几何学原理。

这的确是比螽斯的琴弓更精致的乐器。弓上的一百五十个三棱柱齿与左前翅的梯级相啮合，使四个发音器同时振动。下面的两个靠直接摩擦发音，上面两个由摩擦工具的振动而发音。蟋蟀用四个发音器把歌曲传到几百米远的地方，这声音多么洪亮啊！

蟋蟀清亮的声音可与蝉声比美，却没有蝉声的嘶哑。更妙的是它知道抑扬顿挫①。它的前翅各自在侧面伸出，形成一个宽边，这便是制振器；宽边放低，便改变了声音的强度，根据它们与柔软的腹部接触的面积，蟋蟀可以时而柔声轻吟，时而放声高唱。

两个前翅完全相同，引起了我的注意。我清楚地看到了上面的右琴弓和琴弓所振动的四个发音器的作用；但是下面的左琴弓用来做什么呢？它不搁在任何东西上，它的齿条没有接触点来敲打发音，是完全没有用处的，除非发音器官的两个部件上下颠倒过来。把下面原来无用的琴弓变成上面的琴弓，由它来奏出声音，它所唱的曲子还是一样的。那么，蟋蟀能不能轮流使用这两把琴弓，让其中一把休息休息，好延长歌唱的时间呢？或者有没有一种用左琴弓唱歌的蟋蟀呢？观察的结果与我想象的相反。我观察了许多蟋蟀，全都是右前翅盖在左前翅上面，无一例外。

我甚至人为地用镊子耐心而巧妙地把左前翅放到右前翅上

---

① 抑扬顿挫：（声音）高低起伏和停顿转折。

面。一切都进行得很好：肩膀没有脱臼，翅膜也没有折皱。我希望乐器颠倒放置蟋蟀也能唱歌，但很快我就发现自己错了。它开始忍耐了一会儿，但不久就感到不舒服，便使劲把乐器扳回原位。我又实验了几回，仍然白费功夫，前翅总是恢复到正常的状态。

我想如果我在它的前翅刚长出来时，在若虫刚蜕皮时就进行实验，可能会好些。五月初，一天上午，十一点左右，我看到一只若虫正在蜕皮。这时，未来的前后翅像四个极小的皱薄片。前翅一点点胀大、张开、伸出，还丝毫看不出哪片前翅要盖在另一片上。慢慢地两片前翅的边缘碰到一起，过一会儿右边的就要盖到左前翅上了。这时我进行干预了，我用一根草轻轻地把左前翅的边缘盖在右前翅上。左前翅开始往前长，虽然只有一点点，但它终于按我所希望的那样发育，终于全部把右前翅盖了起来。我希望看到不久这个艺术家，能用它家族成员从来没有使用过的这个琴弓来演奏。

第三天，新歌手初次登台，我听到了几声短促的吱嘎声，像是机器的齿轮没啮合好的响声，它正在调节它的齿轮。调节好后，歌唱开始了，唱出了平常的音调和节奏。

此时的"我"，是掩面羞愧还是哑然自嘲？

捂起你的脸吧，愚蠢的实验者，你太信任那根草的魔力了！你以为创造出了一个新式的乐器，而事实上你一无所获。蟋蟀挫败了你的计谋：它还是拉它的右琴弓，始终拉右琴弓。它付出了痛苦的代价，努力把被颠倒长起来的前翅恢复原位，结果肩膀脱了臼，但它终于把该在上面的放在上面，该在下面的放在下面了。

乐器已经讲得够多，现在听听它的音乐吧！蟋蟀总是在暖洋洋的阳光下，在家门口而从不在屋里唱歌。前翅发出"克利克利"的柔和的震音，圆浑、响亮、富有节奏感，而且无休止地延续下去。整个春天的闲暇时光，它就这样自得其乐地歌唱。这隐士首先是为自己歌唱：它的生活充满了乐趣，它赞颂照射在它身上的阳光，赞颂供它食物的青草和给它遮蔽风雨的平静的退隐所。它拉起琴弓首先是为了歌颂生活的幸福。

它也为女伴们歌唱。求偶者之间经常发生激烈的争斗，但并不严重。两个情敌咬着对方的头壳，扭在一起；战斗结束后，两位斗士站立起来，各自分手，战败者尽快溜掉，胜利者又围着女方唱歌。但是这种爱情的表白不起什么作用。母蟋蟀躲在草丛里，只把门帘掀开一点张望，希望被斗士们看到。歌声又响了起来，中间有时会沉寂一会儿或者发出低低的震音。母蟋蟀被如此的激情所打动，从隐藏的地方出来。交配后不久便产卵，这一对蟋蟀从此住在一起了，过着经常吵架的生活。父亲被打得残疾，它的小提琴也被撕碎了。要不是关在我的笼子里，受迫害者就要逃走了。母亲对父亲这种近于凶残的反感令人深思。刚刚还是亲爱的伴侣，而现在如果落入这美女的嘴里，差不多就要被吃掉了。这说明，雄性这个生命的原始机械中的次要的齿轮，应当在短短的时间内消失，以便把自由的位置让给真正的生殖者、真正的劳动者——母亲。

即使雄蟋蟀能够逃脱好斗的伴侣的大颚，它现在也已经不再有用，很快也会死掉的。六月里，笼里的囚犯都死了。

听说热爱音乐的希腊人把蝉养在笼子里好听它们唱歌，可我不相信。第一，蝉刺耳的歌声如果长时间在身边聒噪①，那么耳朵会受不了的。第二，蝉不可能养在笼子里，除非在里面放上一根橄榄枝、一根梧桐枝；即便是这样，在不大的空间里把它关上一天，这种喜欢高飞的昆虫也会因厌倦而死的。

是不是人们把蟋蟀误以为是蝉，就像人们把绿色蝈蝈儿和蝉相混淆一样？把蟋蟀关在笼子里是可能的，因为它能高高兴兴地忍受囚居的生活，它那深居简出的习惯使它天生就有在笼里生活的本能。只要每天喂它生菜叶，它在不到拳头大的笼子里就能过得很幸福，还会不停地鸣唱。雅典的小孩在窗口的笼子里喂养的，不就是蟋蟀吗？

普罗旺斯，以及整个南方的孩子们都有同样的爱好。在城里，拥有一只蟋蟀，对于孩子们来说更是宝贵的财产。他们百般爱怜蟋蟀，而蟋蟀则为他们歌唱纯真欢快的田野之歌。它的死会使全家人感到悲哀。

（梁守锵　译）

---

① 聒噪：形容声音杂乱；吵闹。

精华点评

　　蛰伏地下，破土而出，躲避天敌，筑巢产卵，寂然死去……在这一章里，"我"清晰地看到蟋蟀的生命轨迹，也感叹蟋蟀生存成长的不易。是啊，蟋蟀的生命是如此短暂，但这匆匆的数月丝毫没有影响它尽情地演奏和细致地筑巢。这样的生活值得吗？它的生命价值何在？如何在有限的生命中活出精彩？蟋蟀给了我们答案，纵然不能延长生命的长度，既然上天给予了它演奏的才华与筑巢的天赋，那么，就让它们发挥到极致吧！其实，人生，何尝不是如此？

延伸思考

　　还记得《伊索寓言》中《蚂蚁和蟋蟀》的故事吗？故事中的蟋蟀是个游手好闲只会歌唱的懒汉。读完本章后，你觉得真实的蟋蟀和故事中的形象有什么不同呢？

知识链接

　　想突出蟋蟀高超的筑巢技能，不妨把它和狐狸、獾、兔子甚至人类放一起；想强调蟋蟀清亮的嗓音，那就把被评为一流歌手的蝉请过来。"不怕不识货，最怕货比货。"这句俗语，是对"对比"这一写作手法最生动形象的说明。在对比中分高下，在对比中悟异同。这可是一个很有用的写作小技巧哦。

蝗虫

一　浪得恶名

　　"孩子们，明天在太阳出来之前，都准备好，我们去捉蝗虫。"全家人听到都非常激动，我的小伙伴们会梦见什么呢？蝗虫的蓝翅膀、红翅膀，突然像扇子般张开；带锯齿的天蓝色或玫瑰红长腿，在我们手指间乱踢蹬；粗壮的后腿弹跳起来，像埋伏在草丛里的弹射器弹射弹珠一样。他们在甜蜜的睡梦中看到的东西，我也在睡梦中见到过。人生以同样的天真无邪抚慰着儿童和老年人的心！

　　如果有一种捕猎无须杀戮，危险不大，老少咸宜的，显然就是捉蝗虫。蝗虫给了我们多么有趣的上午啊！当老熟的若虫身体已变成黑色，我的助手们能够在灌木丛中捉到几只时，这个时刻是多么美妙啊！在被太阳晒得焦硬的草坡上的远足是多么令人难忘啊！我将永远记着这一切，我的孩子们也将保留着对捉蝗虫的回忆。

　　我对蝗虫提出的第一个问题就是："你们在田野里扮演的是

> 捉蝗虫的小伙伴是一种怎样的心情？

什么角色？"我知道你们全都声名狼藉，书本上把你们说成是害虫。你们该不该受到这种指责呢？我斗胆表示怀疑，当然不言而喻，那些在东方和非洲成为灾星的可怕毁灭者应当除外。

意大利蝗虫

你们全都具有饕餮之徒①的坏名声，可我却觉得这饕餮之徒的益处远胜于害处。据我所知，我们地区的农民从来都没有抱怨过你们。他们能指控你们造成什么损害呢？

你们啃掉绵羊啃不动而且不肯吃的植物上的芒刺，你们更喜欢作物间肥沃的杂草，你们吃除了你们外任何动物都不吃的不结果实的东西，你们借助强壮的胃以根本无法吃的东西维生。况且，当你们出现在田野中时，唯一能够吸引你们的麦子早就成熟收割了。即使你们进入菜园觅食，干的坏事也并不是罪恶滔天的，只不过几片生菜叶被咬坏而已。

以一畦萝卜地为标准来衡量事物的重要性，这是不好的方法，不能为了无足轻重的细节而忘了根本的东西。目光短浅的人为了保存几只李子而要打乱整个宇宙的秩序。如果要他去处理昆虫，那么他谈的只有消灭。

幸亏他没有，也永远没有这种能力。看看吧，比如说，被指控偷走了田地上的一点点东西的蝗虫消失了，会给我们造成什么样的后果。

九十月间，小孩子拿着竹竿赶着火鸡群来到收割后的田里。火鸡发出"咕噜咕噜"的声音漫步走过的地方，干旱、光秃，被太阳晒焦，顶多只有一簇零落的矢车菊长着最后的几个绒球。这些火鸡在沙漠般的地方，饿着肚子干什么？

它们要在这里喂得肥肥的好被端到圣诞节的家庭餐桌上，它们在这里长出了结实美味的肉。那么请问，它们吃什么？吃蝗虫。圣诞之夜，人们吃的美味烤火鸡，部分就是靠这种不费分文而味道鲜美的天赐食物饲养长大的。

> 消除偏见的最有效办法就是：事实！事实！还是事实！

---

① 饕餮之徒：比喻贪吃的人。

当珠鸡在农场四周游逛时，它不停地寻找什么？当然是麦粒，但首先是蝗虫，它使珠鸡腋下长出一层脂肪，肉更有滋味。

母鸡也喜欢吃蝗虫。它非常了解这种精美的食物会促进它的繁殖力，使它更能产蛋。把母鸡放出鸡窝，它一定会把小鸡带到麦地里，如果能够随意游逛，那么蝗虫便是它们营养价值很高的补充食物。

如果你剖开刚打来的红胸斑山鹑的嗉囊，你在那里就可以找到这种受诬蔑的昆虫优质服务的证明。在十只山鹑中有九只，嗉囊里都装满蝗虫。山鹑酷爱吃蝗虫，只要能捉到，它就宁愿吃蝗虫而不吃植物的籽粒。如果这种营养丰富、热量大的美味食物终年都有，山鹑几乎都会忘掉籽粒了。

现在我们来看看普罗旺斯的白尾鸟，它到了九月就长得非常肥，一串串烧起来非常好吃。白尾鸟的菜单上首先是蝗虫，然后是各种各样的鞘翅目昆虫，如象虫、叶甲等，然后是蜘蛛、赤马陆、鼠妇、小蜗牛，最后而且比较少见的是山茱萸和树莓的浆果。由此可见，它不是随便找到什么便吃什么，只是在饥饿时，实在没有更好的食物时，才吃浆果。我笔记本上记下的四十八例中，只有三例吃植物。它们最常吃、吃得最多的是蝗虫。

别的一些小候鸟也是这样，秋天来时，它们在普罗旺斯稍做停留，准备做长途的朝圣旅行。它们全都爱吃蝗虫，蝗虫是它们丰富的食粮；它们在荒地和休耕田上争先恐后地啄食蝗虫。

人也吃蝗虫。一个阿拉伯作家在《大沙漠》一书中写道：

蝗虫是人和骆驼的好食物。把它的头、翅膀和爪去掉，烤着吃或者煮着吃。

把蝗虫晒干，碾成粉，抹上牛奶，或者和上面粉，然后用油脂或者牛油加上盐来炸。

骆驼非常喜欢吃蝗虫，烤干或者炒好的蝗虫。

一天，有人请求奥玛尔哈里发，是否允许吃蝗虫，奥玛尔回答说："我想吃它满满一篮子。"从所有这些证据中，可以毫无疑问地认为，真主把蝗虫恩赐给人类作为食物。

我不像这位阿拉伯博物学家走得那么远，人吃蝗虫需要有非常健壮的胃，而这样的胃并不是人人都有的。我只能说，蝗虫是老天爷赠给许许多多鸟类的食物。

其他许多动物，尤其是爬行动物都喜欢吃蝗虫。我曾多次看到小壁虎的小嘴叼着一只蝗虫的残骸。

甚至鱼如果幸运能吃到蝗虫也会很高兴。蝗虫的跳跃是没有明确目的的。它盲目地一跳就随便落在什么地方，如果落到水里，鱼就立刻把淹死者吃掉。这个美食有时是致命的，因为钓鱼者用蝗虫作为钓饵。

用不着进一步列举吃蝗虫的动物，我已经清楚地看到它的用途了，它通过迂回曲折①的途径把植物变成佳肴给人享用。人们间接地通过山鹑、小火鸡和其他许多动物的形式吃蝗虫，任何人都不会不赞扬蝗虫的好处。只有一点我还说不准，那就是直接吃蝗虫。人是不是讨厌直接吃蝗虫呢？奥玛尔的看法不是这样的，他说他很高兴吃一篮子蝗虫。我曾经捉了一些肥大的蝗虫，裹上牛油和盐，简单地煎一煎，晚餐时大人小孩分着吃，它比亚里士多德吹嘘的蝉好吃多了，有点虾的味道，有点烤螃蟹的香味，我甚至可以说滋味鲜美，不过我根本不想再吃了。

出于博物学家的好奇心，我曾吃过蝉和蝗虫，可我并不喜欢吃。虽然我们的胃娇嫩，但丝毫不会削弱蝗虫的优点。

二 简陋的乐器

蝗虫身上有乐器来表达它的欢乐。现在我们看看一只沐浴在阳光下，正在休息、消化食物的蝗虫吧！它突然发出了声音，重复了三四声，休息一下，就这样奏起了乐曲。它用粗壮的后腿，时而用这只，时而用那只，时而两只并用，弹奏身体的两侧。

声音非常微弱，就像针尖擦着一页纸的响声，这便是它的歌唱，近乎寂然无声。一个如此简陋的乐器是奏不出什么好听的音乐的。蝗虫没有螽斯那样带锯齿的琴弓，没有绷得像音簧似的振动膜。我们看看意大利蝗虫吧。它的后腿上下呈流线型，每一面有两条粗肋条。在这些主部件之间排列着一系列人掌纹的细

---

① 迂回曲折：回旋环绕。

肋条，两面都一样突出、一样清晰明显。除了这两面一模一样之外，更使我惊讶的是所有肋条都是光滑的。起琴弓作用摩擦大腿的前翅臀区也没有任何特别之处，同前翅其余部分一样有一些粗壮的翅脉，但没有任何锯齿。

这样的发音器能发出什么声音呢？就像一块干瘪的皮膜所发出的声音。为了这微弱的声音，蝗虫抬高、放低它的腿，激烈地颤动，它对自己的成绩十分满意。它摩擦着身体的侧部，就像我们感到满意时搓双手一样，并不打算发出声音来。这便是蝗虫表示生活乐趣的方式。

当天空略有云翳①，太阳时隐时现时，我们来观察它吧。太阳露出时，它的大腿就一上一下地动起来，阳光越热，动得越厉害。歌唱的时间很短，但只要有阳光，它就一直鸣唱。太阳被云遮住了，歌唱立即停止；等到阳光重现时，再重新开始。这便是热爱阳光的蝗虫表示舒适的简单方式。

并不是所有的蝗虫都用摩擦来表示欢乐。长鼻蝗虫后腿非常长，即使太阳晒得暖洋洋的，它也沉闷地默不作声。我从来没见过它摆动大腿作为琴弓，它的腿那么长，除了跳跃外，没有别的用途。灰白色大蝗虫也是不发声的，它以另一种特殊方式来表示高兴。这个巨人经常到荒石园里来，即使是隆冬时节。当天气平静、阳光温暖时，它张开翅膀迅速拍打几刻钟，好像要飞起来的样子。翅膀虽然拍打得非常迅速，发出的声音却几乎听不见。红股秃蝗前翅粗糙，彼此隔开，长不超过腹部的第一体节，后翅更短，连前胸都遮不住。初次见到它的人会把它当作若虫。他搞错了，这已是发育完全的蝗虫，已经成熟得可以交配了。既然它的上衣剪裁得这么短，难道还有必要指出它不可能鸣唱吗？它的确有琴弓，即粗粗的后腿；但它的前翅，没有突出的边缘，在摩擦时作为发音的空间。如果说别的蝗虫发出的声音不响，那么红股秃蝗则

长鼻蝗虫

① 云翳：阴暗的云。

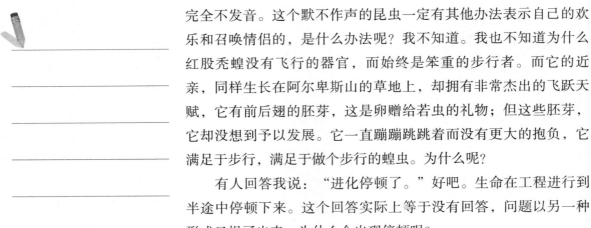

完全不发音。这个默不作声的昆虫一定有其他办法表示自己的欢乐和召唤情侣的，是什么办法呢？我不知道。我也不知道为什么红股秃蝗没有飞行的器官，而始终是笨重的步行者。而它的近亲，同样生长在阿尔卑斯山的草地上，却拥有非常杰出的飞跃天赋，它有前后翅的胚芽，这是卵赠给若虫的礼物；但这些胚芽，它却没想到予以发展。它一直蹦蹦跳跳着而没有更大的抱负，它满足于步行，满足于做个步行的蝗虫。为什么呢？

有人回答我说："进化停顿了。"好吧。生命在工程进行到半途中停顿下来。这个回答实际上等于没有回答，问题以另一种形式又提了出来。为什么会出现停顿呢？

若虫孵化后，它希望发育老熟时能够飞跃。作为这美好未来的保障，它的背上长着四个翅芽，里面蛰伏①着各种宝贵的胚芽，一切都按正常的进化规律安排好了。可是身体没有实践它的诺言，没有履行它的保证，成年蝗虫没有翅膀，仍然穿着残缺的衣服。

能不能把这归因于阿尔卑斯山艰苦的生活条件呢？根本不能，因为居住在同一块土地上的其他跳跃类昆虫，都能长出翅膀来的。那么在需要、食物、气候、习惯这些条件完全相同的情况下，有的发育成功，能够飞翔；有的则失败了，始终是笨重的步行者。这种解释岂不是说了等于没说，岂不是相信极其荒谬之事？所以我不接受这样的解释。我宁愿承认自己对此完全无知而不做任何猜测。这种现象的缘由是个深奥的问题，面对这个问题最好的办法是谦卑地躬身引退。

三　温情的产妇

虽然蝗虫在结构上同螽斯非常相似，但在婚姻方面没有古怪的行为，所以我直接谈谈产卵。

我在八月末近中午时观察意大利蝗虫的产卵情况。

在和煦的阳光照耀下，母蝗虫总是在钟形罩的网纱上建筑适合产卵的窝，因为网纱在需要时可以为它提供一个支持点。它慢

---

① 蛰伏：动物冬眠，潜伏起来不食不动。

慢地使劲把圆钝形的肚子垂直插入沙中，肚子完全埋在沙里。由于没有钻孔工具，进入沙土是很吃力的，游移不定的，但是依靠坚忍不拔的努力，它终于钻进去了。

现在母蝗虫半埋在沙土中，轻轻地抖动着身子，显然是在随着产卵管产卵时的用力而有规则地时动时停，颈脉轻微的跳动使头抬起落下。除了头部的摇动外，它整个身体能够看得见的只有前半部分，而这部分是一动不动的，因为产妇完全专心致志于产卵。这时候，常常有一只公蝗虫在附近警戒，并好奇地看看正在产卵的母亲。有时还有几只母蝗虫把胖乎乎的头朝向正在产卵的同伴看看，它们似乎对这事件蛮有兴趣的，可能在对自己说："很快就要轮到我了。"

看来繁衍与觅食一样，是"虫生大事"。

一动不动四十来分钟后，母亲猛地挣脱出来，跳到远处。它根本不瞧产下的卵一眼，根本不去扫扫尘把产卵的洞口掩盖起来。洞的闭合是沙的自然流动而自动进行的，一切都再简单不过，蝗虫丝毫没有母亲的关怀。

母鸡用欢乐的歌声庆祝刚刚产下了蛋，向四周显示自己做母亲的欢乐。母蝗虫在许多情况下也是这样，它用自己微弱的声音庄严庆祝新生命的诞生。

在短短的时间内，造窝的准备工作全都就绪了。于是母亲离开了，吃几口绿叶来恢复体力，并准备重新开始产卵。

我们地区最大的蝗虫是灰蝗虫。由于关在笼子里易于观察，所以我了解了一些情况。它在近四月底交配，交配没几天后产卵。母蝗虫在肚子末端有四个像钩爪样的挖掘器，分两对排列。上面的一对较粗，弯钩朝上；下面一对细些，弯钩朝下。这些弯钩坚硬，尖端黑色，在凹陷的一面像勺状。这就是用来钻洞的镐和钻头。

产妇把它的长肚子弯得与身体的轴线成直角，它用它那四角钻头钻地，挖出一些干土然后十分缓慢地把肚子塞进土里，看起来不费力，也没有摆动身体，说明它在进行艰苦的劳动。

母蝗虫一动不动，凝神沉思。钻探机即使钻在松软的土地上，也没有它这么不声不响的，就像是在牛油中钻探似的，可是它的钻头是钻入坚硬压实的土地中啊！

如果有可能，观看这个四角钻头怎么运作是蛮有意思的，可

惜这些事是在神秘的地下进行的。没有任何挖出来的土排到地面上来，没有任何东西可以说明地下的工作。蝗虫将肚子轻轻地逐渐埋了进去，就像我们把手指头钻进一块软的黏土中一样。

蝗虫用来打开通道的四角钻头把泥土碾成粉末，肚子把碎土挤到身旁压实。适合产卵的地方并不容易寻找。我曾看到母蝗虫完全钻进土中，接连挖了五个洞，最后才找到合适的地方，不合要求的洞都被弃掉了。这些洞垂直、椭圆柱形，有一支粗铅笔大小，干净得令人吃惊，就连用曲柄手摇钻钻出来的洞都还不如它。洞的深度就是蝗虫肚子最大限度鼓胀拉长所能达到的长度。

在第六次试钻时，它认为这地点合适，便开始产卵，但从外面丝毫看不出来，因为母蝗虫一动不动，肚子全部埋了进去，摊开在地面上的长翅膀有点褶皱。产卵持续了整整一个小时。

最后肚子一点点拔了出来，母蝗虫接近了地面，产卵管的两瓣不断地翕动，排出一种乳白色起泡沫的黏液，有点像螳螂用泡沫包裹它的卵一样。

这种泡沫状的材料在洞口形成一个圆形凸顶，鼓得很大，这白色与泥土的深灰色相映衬，更引人注目。这材料柔软、黏稠，但很快便硬化了。做好这个盖顶后，母蝗虫便走开，不再管它产下的卵，等过几天后再到别处产卵。有时，末端的泡沫黏稠物没有到达地面而只是停在半空中，这时它就很快用洞口坍塌的土把洞盖住，这样，从外面就根本看不出产卵的地点了。

笼中的蝗虫一直受到严密的监视，所以它们即使用扫下来的沙盖住洞口，也无法瞒过我的好奇心。我知道每一只母蝗虫产卵的准确地点。现在是来看看产卵洞的时候了。

我用刀尖挖到三四厘米深处，就轻易地发现了目标。各种蝗虫的产卵的洞口略有不同，但基本结构则是一样的，都是由一种凝固的泡沫所形成的囊，这泡沫就跟螳螂窝的泡沫一样，黏结的沙粒给卵包上了一层粗糙的外壳。

对这粗糙的覆盖层、保护墙，产妇并没有直接去建造。矿物质的外壳纯粹靠排出的黏液渗透而产生，黏液随着产卵一起被排出来，开始是半液态、黏稠的，洞壁被黏液浸湿，通过迅速硬化，变成坚固的套子，而无需专门的技巧去营造。

囊里没有任何别的东西，只有泡沫和卵。卵只占据下部，淹

没在泡沫外壳中，有秩序地斜放在囊里。上部或大或小，全是泡沫，松弛不硬。由于这部分在小若虫孵化时不起任何作用，我把它取名为"上升通道"。我注意到所有的卵都几乎垂直地排在地下，直至上面几乎与地面齐平。

现在我专门来谈谈在笼里所看到的产卵情况。

灰蝗虫的卵囊呈圆柱形，长六厘米，宽八毫米。上端如露出地面，则隆起呈瓶塞状，其他部分粗细一样。卵黄灰色，纺锤状，淹没于泡沫中，斜向排列，这些卵差不多只占整个卵囊长度的六分之一左右。其余是白色的细泡沫，非常易碎，外裹着沙粒。卵的数目不多，三十来枚，但一只母蝗虫在好几个地方产卵。

黑面小车蝗虫的卵囊为略带弯曲的圆柱形，下端浑圆，上端平截，长三四厘米，宽五毫米。卵数二十多枚，橘红色，布有优美的细点。裹着卵的泡沫不多，但在这堆卵的上面伸出一个泡沫构成的长立柱，非常细，透明，很容易穿透。

蓝翅蝗虫的卵囊像个大逗号，隆起的一端在下面，细长的一端在上面。卵盛在下部蒸釜状的隆起处，数目也不多，至多三十枚，呈非常鲜艳的橘红色，但无黑点。在"蒸釜"上面是弯曲锥状的泡沫柱头。

红股秃蝗产卵的方法与蓝翅蝗虫相同，它的卵囊更像个样子不正确的逗号，尖端朝天。卵数约两打，深红棕色，有深点花边，装饰得十分漂亮。当用放大镜看着这些意想不到的饰物时，人会感到十分惊奇。

意大利蝗虫先把它的卵放置在囊里，然后，当它就要把囊封住时，它改变了主意：因为那里没有上升通道。在上部末端，在似乎要结束工程把囊封住时，一阵猛然的收缩改变了它的行程，而继续有规则地排放泡沫，则使卵囊延伸出一个附件，这样就产生了两层楼的住房，由于外面有一条深缝，所以这两层非常明显。下部椭圆，卵贮藏其中；上部尖细，像逗号的尾巴，里面只有泡沫。这两层间有一条几乎可通的过道相连。

蝗虫肯定还会建造别种保护它的卵的建筑物，有的比较简单，有的比较巧妙，但都值得我们注意。已知的比未知的肯定少得多。不过没有关系，我从笼中的蝗虫已经充分了解了卵囊总的

结构，现在我主要了解下面贮卵的部分和上面贮藏泡沫的部分是如何建造起来的。

要直接观察是行不通的，如果我想扒开沙土看正在产卵的母蝗虫的肚子，产妇肯定会跳到远远的地方，什么也不会让我看到。幸亏我们地区最特别的一种蝗虫把它的秘密告诉了我们，这就是长鼻蝗虫，它是蝗虫家族中除灰蝗虫外最大的一种。

它的体积没有灰蝗虫大，但身材的苗条和头部的奇特则大大超过了灰蝗虫。它后腿比整个身子都要长，跳跃起来非常笨拙。它的头很奇怪，呈长锥体，尖端往上翘，所以才给它取名"长鼻"。它的头顶闪烁着两只椭圆形的大眼睛，长着两根尖而扁平如剑刃般的触角。这两把剑便是捕捉信息的器官。

除了这种异乎寻常的样子外，它还有一个特点。普通的蝗虫秉性和平，即使受饥饿所逼，彼此也相安无事地生活在一起，而长鼻蝗虫则会同类相食。在我的笼子里，食物很充沛，可它仍然肆无忌惮①地啃它衰弱的同伴。

它从来不把卵产在土里。我总是看到它在地面甚至在高处产卵。十月初，它攀在笼罩的网纱上，非常缓慢地产卵，排出泡沫非常细的黏液，黏液立即凝固为一条圆柱形的粗带，这条带有结节，可随便折曲。产卵约需一小时。卵掉到地上随便什么地方，产妇对此漠不关心，再也不去管它了。

这个畸形物，每次产卵时颜色都会有变化，起初是草黄色，然后颜色变暗，到第二天成为铁色。前部——最初排出的部分通常只有泡沫，只有终端才有卵，卵包在一个泡沫状的外壳中，数目有二十来枚，形状为圆钝形纺锤，长八九毫米。

无卵的一端告诉我们，产泡沫的器官比产卵管先运作，然后产卵管再与它一道工作。

长鼻蝗虫通过什么样的机制，使黏性物质发泡，先造成多孔的立柱，然后再造卵的包囊呢？螳螂用它的小勺打蛋白，使之发泡。长鼻蝗虫肯定知道螳螂的这种办法。但是蝗虫使黏液发泡的工作是在体内进行的，在外面根本看不出来。黏质物一排出来就有泡沫了。长鼻蝗虫在排出像猪血香肠般的长绳时，纯粹是一

---

① 肆无忌惮：任意妄为，没有一点顾忌。

部机器，这一切是自动进行的。其他蝗虫也是如此。它们把卵贮藏在带泡沫的囊中并用一条上升通道来保护，没有什么特别的技巧。

长鼻蝗虫和灰蝗虫的孵化都较早。在八月，草地上就已经跳跃着灰蝗虫了，十月还没过去，就可以看到圆锥形脑袋的若虫。但是其他大多数蝗虫，卵要过完冬到了春天才孵化。这些卵囊都在地下不深处，土是粉状而活动的，如果土质一直是这样，就不太会妨碍若虫爬出地面。但是冬天下雨使土板结了，变成一块坚硬的天花板。那么若虫怎样钻破干硬的地皮，怎样从地下上来呢？它们依靠的是母亲盲目的技巧。

蝗虫出土时，它上面不是粗糙的沙和坚硬的土，而是一个垂直的隧道，隧道牢固的砌面使它不会遇到任何困难；接着是一条由一点泡沫防护的道路，最后是上升通道，把新生儿带到离地面不远处，最后要穿过的一指厚的地方则有巨大的阻碍。那么小蝗虫是怎样解放出来的呢？若虫从壳里出来时，为了尽量不妨碍前进，外面包着一个临时的盔甲，把触角、腿紧紧贴在胸部和肚子上。它的头深深地弯曲，粗壮的后腿与尚未成形的前腿并排在一起。在前进时，前足松开一点，后腿伸直成直线，作为挖掘坑道的支点。钻探工具在颈部，颈部像机器的活塞那样有规则地鼓胀、收缩、颤动、撞击障碍物，这工作非常艰苦，经过一小时，这个不知疲倦者才只前进了一毫米。小虫的努力收效甚微，充分说明：来到阳光之下要花费巨大的劳动。要是没有母亲留下的上升通道的帮助，大部分若虫都要死去的。

四　蝗虫的羽化

我刚刚看到一个动人的场面：蝗虫的羽化。我观察的对象是灰蝗虫。

若虫通常是嫩绿色，但也有的是暗黄色、红棕色，甚至像成年蝗虫一样呈灰白色。前胸流线型，有圆齿和小白点，多疣。后腿像成年蝗虫一样强壮，腿上有双面锯齿。

前翅过不了几天就会大大超过肚子，但目前只是两片不起眼的三角形翅芽，上部边缘靠在流线型的前胸上，下部边缘往上翘，像尖的挡雨檐。鞘翅勉强遮住背部的主要部分。在鞘翅的遮盖下有两条狭长的带子，这是翅膀的原基，目前还很小。

现在我们观察一下它是怎么羽化的。若虫感到自己已经老熟可以羽化了，便用后腿跗节①抓住笼罩的网纱，前腿折曲，交叉在胸前，翻身背朝下时没有支柱。前翅打开三角形跗节的顶角，向两侧张开，露出后翅那两条狭长带子，后翅竖立在背部中央，稍稍分开。羽化的姿势便这样摆好了，并一直保持稳定。

首先必须使旧的外套裂开，在前胸前翅的部位，由于反复的胀缩而产生了推动力。同时颈部也开始胀缩，或许在即将裂开的外壳掩盖下的全身都在胀缩。灵敏的节间膜裸露在外，膜可以看出，但其余部分被前胸的护身甲遮住了则看不出来。

蝗虫身上的血在胸部一涌一退地流动，血涌上来时就像液压活塞一样猛击一记。血液的推力，是身体集中精力而产生的喷射，使外皮沿着一条阻力最小的线裂开。裂纹在整个前胸沿着这条流线体微微开裂，就像从两个对称部分的焊接线处打开来。裂纹往后面延伸了一些，并往下到翅窝，然后往头上开裂，直至触角的底部，向左右稍稍分岔。通过这个缺口，背部露了出来，非常软，没有血色，稍稍有点灰白色。背部慢慢鼓胀，越来越隆起，这时它完全从外壳中露出来了。

接着头从外壳中拔出来，外壳仍在原处，丝毫无损，但透明的大眼睛已看不见东西，样子看起来很怪。触角的套子没有皱纹，没有丝毫变动，还处于自然的位置，只是颜色变得半透明，垂在这个已经没有生气的脸上。

触角在把这么窄、夹得这么精确的外套蜕掉时，没有遇到任何阻力，所以外套没有翻转过来，没有变形，甚至连一点皱纹都没有。触角的体积同外壳一般大，同外壳一样多节瘤，可它没有弄坏外壳，却轻而易举地从外壳中出来了，就像一个笔直而光滑的东西，从一个宽宽的外套中滑脱出来一样。这种机理在后腿蜕皮时表现得更为惊人。

现在轮到前腿然后是关节部分蜕掉臂铠和护手甲了。同样没有任何撕裂，没有丝毫弄皱外壳，没有改变自然位置的任何痕

羽化，看来不简单啊!

———————

① 跗节：昆虫胸足最末端的构造。

迹。此时蝗虫只靠长长的后腿跗节固着在网纱顶上。它垂直悬挂着，头朝下，如果我碰碰网纱，它就像钟摆似的摆动。四个小小的弯钩是它的悬挂支点。

如果后足松开，如果这些弯钩不钩住，这昆虫就完蛋了，因为除了在空中，在其他任何地方它都无法展开巨大的翅膀。但是后足会坚持住的：在它们从外壳里蜕出来前，生命的本能使它们保持僵硬和牢牢不放的状态，以便能毫不动摇地承受即将发生的从外壳中整个拔出来的动作。

现在前翅和后翅出来了。这是四个狭小的碎片，几乎不到最终长度的四分之一，上面有隐隐约约的条纹。它们非常软弱，支撑不住自身的重量而耷拉在头朝下的身子旁边。翅的外缘本应向着后部的，现在却朝向倒悬着的头部。

接着，后腿摆脱束缚，露出了粗壮的腿节，呈淡玫瑰红色，但很快变成了鲜艳的胭脂红。腿节出来得很容易，可胫节就不然了。当蝗虫发育完时，整个胫节上竖立着两排坚硬而锋利的小刺，末端有四个强有力的弯钩。这是一把真正的锯，有两排平行的锯齿，而且如此强壮有力，除了小之外，它简直可与伐木工人的大锯相媲美。

若虫的胫节结构相同，也是裹在外套里。每个小刺包在同样的刺壳中，每个锯齿都与一个同样的锯齿相啮合，而且浇铸得十分精确，即使用画笔刷一层清漆来代替要蜕掉的外壳，也不如它贴得那么紧。然而胫节的这个锯子脱出来时，外壳的任何地方却没有丝毫钩破的裂缝；如果不是看了又看，我根本不敢相信。被抛弃掉的胫节护甲丝毫没有损坏，末端的弯钩和双排锯齿都没有钩坏那薄薄的外套。

正在谋求解放的腿是不能行走的，它还不够坚硬，它软弱无力，非常容易弯曲。只要我把网纱倾斜，便会看到蝗虫已经蜕皮的部分因受重量的影响，随我的意而弯曲。但是它很快便坚固起来，只要几分钟便具有适当的硬度了。

再前一点，外套仍然遮住的部分，胫节肯定更柔软，极有弹性，甚至呈液态，使它可以几乎就像液体流动一样通过艰难的通道。

此时胫节上已经有锯齿，但丝毫不像它以后那样尖利。我可

以用小刀的刀尖替一只胫节去掉部分外壳，并把小刺从紧贴住的外壳中拔出来。这是锯齿的胚芽，稍稍受力便会弯曲，一松开又恢复原样。这些小刺在出壳时往后卧倒，随着胫节把皮蜕掉而立起并坚固起来。

胫节终于自由了。它们软软地折放在大腿的骨沟里，一动不动地成熟起来。肚子蜕皮了，精细的外套出现了皱纹，它往上脱衣，直到末端。这时只有末端还卡在外壳内，除了这一处外，蝗虫全身都裸露出来了。

它垂直地头朝下，靠已经空了的胫节护甲的钩爪钩住。在整个如此细腻、如此漫长的工作中，那四只弯钩一直没有松开。蝗虫一动不动，肚子鼓胀。它在休息，恢复体力，一直等待了二十分钟。

然后，背部一使力，倒悬者直立起来，用前腿抓住挂在它头上的旧壳。依靠它刚刚抓住的支持物，蝗虫稍稍往上爬一点便遇到了网纱，这网纱相当于在野外羽化时所使用的灌木丛。它用前面四足抓住网纱。这时肚子的末端终于解放了，它最后一挣，旧壳就掉到地上了。

前翅和后翅在蜕皮后，没有任何明显的进步。它们在若虫完全蜕皮并恢复正常姿势后，才最后展开。当蝗虫头朝上后，这个重新竖直的动作足以使前后翅恢复到正常的位置。经过三个多小时的时间，前后翅完全展开了，竖立在蝗虫的背上呈大羽翼状，它们就像蝉翼开始时那样，或者是无色的，或者嫩绿色。它们慢慢地坚硬起来，染上了色彩。后翅第一次折合成扇子平放在应处的位置上，前翅则把外缘弯成一道沟贴到身子的侧部。羽化结束了。灰蝗虫在欢乐的阳光下进一步壮实起来，把外衣晒成灰白色。

（梁守锵　译）

精华点评

　　羽化，是若虫脱蛹而出变为成虫的过程。这一章的内容真的让人看得屏声静气，因为对蝗虫来说，看似简单的几个动作，足以决定生死。有意思的是，羽化，在我国道教中，指的是古代修道的道人修炼到了极致，跳出生死轮回、生老病死，羽化成仙。从这个角度看，蝗虫何尝不是也在生死修炼上走了一遭？憋着劲从外壳中露出，尽全力用后足钩住，头朝下歇息，背使力直立……在漫长的过程中，哪怕是有一点差错，或者大自然给予它们一点意外，那么，一切的努力将会前功尽弃，这个弱小的生命将会结束在"虫间"的匆匆行程，销声匿迹。谁说蝗虫是无用的角色？它给我们上了一课：生命，是一场艰苦的旅程，唯有尽全力奋战，方能得到新生。

延伸思考

　　生命之间总有千丝万缕的关系，存在必然有它的意义，你认同吗？

知识链接

　　如果你有一大堆东西需要整理，怎样才能有条不紊、条理清晰呢？对！就是归类！法布尔就是个中高手！蝗虫的卵是怎样的呢？灰蝗虫、黑面小车蝗虫、蓝翅蝗虫……法布尔给我们分门别类，娓娓道来。你也来学一学，当一个分类说明的高手吧！

导　读 ▶ ▶ ▶

　　吃、吃、吃，还是吃！在这个昆虫界相貌堂堂的角斗士眼里，唯有美食不可辜负。以至于"我"也变成了为它们服务的美食家，专心致志地研究起它们的食谱。

金步甲

一　角斗士

　　打仗这个行当对精明强壮的人来说，也不见得就得心应手、驾轻就熟。瞧瞧步甲这个昆虫中狂热地喜好打斗的家伙吧，它会干什么呢？在技艺方面，它一窍不通。然而，这个荒唐愚蠢的刽子手穿上那件齐膝紧身外衣时，倒也相貌堂堂、雍容华贵。它的身体闪着黄铜色、金色以及佛罗伦萨铜色的光辉。它如果穿上黑色外衣，就衬以闪着紫晶光泽的绲边；鞘翅装配成护胸甲，再戴上有凸纹和凹斑的小链条。

　　步甲容貌俊美，身材苗条，杨柳细腰，在我收集的昆虫中大名鼎鼎。看见它打扮得这样富丽堂皇，谁还不愿意把它当成一个非常好的研究对象呢？可是，我们可别期待这个凶恶残忍、掏肝挖心的家伙，有任何值得写的东西。

　　我在一个玻璃钟形罩里养了二十五只金步甲，现在它们在我提供给它们做屋顶的那块木板底下一动不动，肚子埋在潮湿的沙土里，背靠着被阳光晒得热乎乎的木板，边打瞌睡，边消化食

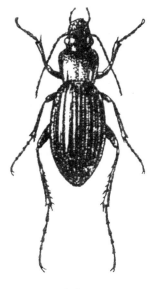

金步甲

物。偶然的机遇为我提供了一大串松毛虫，它们从树上下来，正在寻找适合的藏身处，准备在地下做茧。

我把松毛虫收集起来，放到玻璃罩里，它们很快排成一长串，大约有一百五十条。它们连续蠕动向前爬行，鱼贯地爬到了木板的尽头，就像芝加哥屠宰场的猪。这是最佳时机，我放出了我的猛兽。我把木板掀开，金步甲立即醒来，它们闻到了在身边鱼贯行进的猎物的气味。一只金步甲冲了过去，另外三四只金步甲跟随其后，全体金步甲都兴奋起来，埋在土里的也钻了出来，刽子手们一齐向路过的猎物拥去。这是难忘的一幕，不时有毛虫被咬住，屠夫们前后夹击，中心开花，有的毛虫被咬住背部，有的被咬住肚子。长着乱蓬蓬的毛的皮肤被撕裂，内脏流了出来，松毛虫吃的是松针，流出的都是绿色的液体。毛虫们痉挛着、挣扎着，肛门突然一张一合，爪子奋力乱抓，它们吐唾沫，用嘴轻轻地咬；那些未受伤害的松毛虫绝望地挖着土，想躲到地下。但是谁也没能逃脱，它们刚刚把半截身子钻到地下，金步甲就跑来将它们抓了出来，开膛破肚。假如这场杀戮不是在无声的世界中完成，我们这会儿准能听到恐怖的叫声，就像芝加哥屠宰场里被宰杀的牲畜那样。

在死尸堆和奄奄一息的松毛虫中，金步甲又是拽，又是撕，抢到一块肉就避开贪婪的同伴，到一旁去独吞。一块肉吃完以后，又赶紧去再撕一块，只要那里还有被剖了腹的尸体，它们就一块接一块地吃。不过几分钟的工夫，一百五十条松毛虫就被吃得只剩下些杂碎。如果考虑到攻击的难度，这么迅捷的杀戮速度更是令人惊骇。我把松毛虫放在屠杀者面前时，它们正在安安静静地准备把自己埋到土里。我为什么要制造这场对松毛虫的大屠杀？是为了让它们为我表演一场疯狂的屠杀吗？当然不是，我以前所了解的金步甲的知识，说它们是菜园里的护园者，它们被叫作园丁。它们哪一点能配得上这个美称？金步甲捕捉什么害虫？

它们驱除花园里的什么虫子?

最初用松毛虫做的实验前景看好,我继续沿着这条路走下去。四月底,我好几次在荒石园里找到了成串的松毛虫。我把它们收集起来,放在玻璃罩里。宴席备好了,盛宴随即开始。松毛虫被开膛剖腹,每一条虫子归一个食客享用,或几个食客一起分享。不到一刻钟,松毛虫全被消灭了,只剩下几段变了形的虫子散落在地上,它们被金步甲拖到木板下独自享用。那些富有者嘴里叼着战利品溜到别处,想安安逸逸地吃个痛快。一些同伴遇到了它们,被它们嘴上叼的那块肉所引诱,竟当起了大胆的抢劫者。它们三三两两地结伙抢劫合法的物主,大家都咬住那块肉不放,拉来扯去,将那块肉撕烂了,然后狼吞虎咽地吃下去,并没有发生更严重的争执。说真的,这里没有战斗,也没有像看家犬那样为争抢一块骨头互相殴打,它们仅仅是企图抢劫。如果物主咬住那块肉不放,大家就和它一起分享,大颚靠大颚,直至那块肉被撕裂,才各自叼着一小片肉走开。

能引起荨麻疹的松毛虫想必是一道很刺激的菜肴,金步甲把它当作佳肴。给它们多少串松毛虫,它们就能吃多少,这道菜很受欢迎。然而,在松毛虫的丝囊中,据我所知没有人见到过金步甲和它的幼虫。松毛虫的丝囊里只在冬天才有居民,那时金步甲已经对食物不感兴趣,它们变得麻木并蛰居在地下。但是到了四月,当松毛虫结队行进去寻找适合变态的地方把自己埋起来时,如果金步甲有幸遇上它们,一定会利用这意外的收获。

猎物身上的毛并没有让它扫兴,尽管如此,刺毛虫那身半黑半红的纤毛,还是让贪食者感到敬畏。在玻璃罩里,刺毛虫在那些屠夫中间整整闲逛了几天,金步甲却显出不认识它的样子。时不时有个别步甲停下来,围着这个浑身长刺的虫子转,打量它,然后试探这个可怕的毛扎扎的家伙。但是,当它们遭到又厚又长的尖刺抵挡时便离开,没有咬下去。那条刺毛虫得意扬扬,背部一拱一拱安然地径直爬了过去。不能再这样继续下去了,现在,金步甲已经饿得发慌,再加上同伙的助威,胆小鬼决心发起攻击。四只金步甲非常忙碌地围着刺毛虫转圈,将它团团围住,刺毛虫两头受敌,最后被征服了。它被掏去内脏,三下两下就被嚼碎吃掉,就好像它是一条毫无抵抗能力的小虫。

刺毛虫

　　能抓到什么样的幼虫，全凭运气。我给金步甲提供各类幼虫，有不带刺毛的，也有毛很浓密的，所有的幼虫都受到了极其热情的欢迎，唯一的条件是幼虫的个头不能太大，要与刽子手的身材相称。太小的它们看不上眼，那还不够塞牙缝呢，太大了又难以制服。大戟天蛾和大孔雀蛾的幼虫也许适合金步甲，但是被围困者刚被咬了一口，就扭动着有力的尾部把进攻者抛得老远。金步甲几番发起进攻，都被幼虫甩得远远的。金步甲由于不够强大，便悻悻地放弃了进攻，那猎物太难对付。由于我的疏忽，这两条凶猛的幼虫在此待了十五天，什么麻烦也没碰上；它们那突然甩动的尾部如此迅猛，凶恶的刽子手根本不敢将大颚凑近。

看来，金步甲基本上是来者不拒！

　　金步甲只有在屠杀比它弱小的毛毛虫时才占上风。而且，它不善攀缘，只在地面捕食。不会上树，使它明显地失去了优势。我从没见过它爬上树冠捕食，哪怕是最小的灌木，它根本不去注意那些待在一拃高的百里香树枝上令人垂涎的猎物，这是很大的遗憾。如果金步甲能爬高，能离开地面去远足，三四只金步甲组成的小分队，将会以怎样迅猛的速度歼灭甘蓝上的菜青虫啊！

　　金步甲什么都吃，甚至还吃比较胖的带棕色斑点的灰色鼻涕虫。在三四个屠夫的进攻下，肥胖的鼻涕虫很快就被制服了。金步甲最爱吃鼻涕虫背部有一层壳保护的部位，外壳像一层珍珠盖在鼻涕虫心脏和肺的位置上。那个部位有硬颗粒物，比别的部位更香，这种含矿物质的作料好像很合金步甲的口味。常在夜里爬行、偷吃嫩生菜的鼻涕虫，应该是金步甲经常吃的一种食物。

　　还有蚯蚓，它也是金步甲的家常便饭。一到下雨天，蚯蚓就爬出洞穴。再大的蚯蚓也吓不倒侵略者金步甲。我供应给它们一条两拃长、手指般粗的蚯蚓，它们一发现这个大环节动物就将

面对食肉者可怕的喧哗，蜗牛显得非常平静

它包围起来，六只金步甲一哄而上。这个受刑者的全部自卫手段不过是扭动身体，前进，后退，屈体，把身体盘起来。"巨蟒"拖着那些勇猛的屠夫往前走，时而把它们压在身下，时而自己被压在底下。屠夫紧紧抓住它不放，轮番向它发起进攻。它们有时保持着正常的体位，有时肚子朝天。蚯蚓不停地滚动，往沙土里钻，一会儿又重新出现，不管怎样它都没能削弱金步甲的士气。战斗的激烈程度是少有的，金步甲一旦咬住蚯蚓，就一直不松口，任凭绝望者去挣扎。蚯蚓那层坚硬的皮终于被撕裂，血糊糊的内脏流了出来。贪婪的金步甲一头扎进血泊中，其他的金步甲也跑来分享，不一会儿那强壮的环节动物就成了一堆惨不忍睹的残渣。

　　只要有货源，我就尽量变换食谱。一些花金龟与金步甲共处了两星期，谁都不敢粗暴地对待对方，金步甲从花金龟身边经过时连看都没看一眼。它们是对这种猎物不感兴趣，还是觉得太难对付了呢？我们来看看吧，我摘除了花金龟的鞘翅和翅膀，发现残疾者的信息很快传开去，金步甲蜂拥而至，急切地将它们开膛破肚，不多会儿，那些花金龟就彻底被掏空了。这菜肴的味道一定不错。原来是花金龟那紧闭的鞘翅令食肉昆虫畏惧，使它们一开始不敢放肆。

为了研究它们的食谱，"我"也做起了"助纣为虐"的勾当！

完好的蜗牛也不适合金步甲。我把两只蜗牛放在金步甲中间，金步甲已经饿了两天，想必会更加勇猛。软体动物躲在硬壳里，嵌在沙土里的这些蜗牛，硬壳的开口是朝上的。不时地有金步甲来到洞口边，待上一小会儿，咽着口水，然后扫兴地离开。蜗牛只要被轻轻咬一下，就会将胸泡的空气挤压成泡沫吐出来。这种泡沫是它的自卫武器，喝到泡沫的过路客便会赶快放弃钻探。泡沫极其有效，那两只蜗牛在饥饿的金步甲面前放了一整天，也没遇到什么麻烦，第二天它们还像前一天一样精神饱满。为了帮金步甲消除这讨厌的泡沫，我把蜗牛的外壳剥掉指甲那么大一块，掀掉它肺部的一块硬壳，现在金步甲开始了迅猛而又持久的进攻，五六只金步甲一起围着缺口处那块裸露出来不带唾液的肉吃了起来。如果有更大的地方接待更多的食客，共享美餐者会更多，因为这时一些新来者迫不及待地想挤进来抢占一席之地。在缺口处聚集了一大群蠢蠢欲动①的金步甲，在里圈的那些挖呀掘呀，在外圈的那些则只有看的份儿，有时它们也能从邻居的嘴下抢到一块肉。一个下午的工夫，蜗牛已被掏空，螺塔被挖了个底朝天。

第二天，正当金步甲在疯狂地屠杀时，我夺去它们的猎物，重新给它们一只蜗牛。这只蜗牛完好地嵌在沙里，开口朝上。我往蜗牛壳上浇了些冷水，受到刺激的蜗牛从壳里钻出来，伸出天鹅颈般的长脖子，久久地展示管子似的眼睛。面对食肉者可怕的喧哗，它显得非常平静，哪怕即将被开膛破肚也不能阻止它充分展现自己柔嫩的肉体。那些被夺去了肉食的恶魔，将会很容易地扑到这个猎物身上，继续刚才被打断了的欢宴。到底是不是这样呢？没有一只金步甲注意这个大半截身子露在堡垒外面，轻轻地蠕动的美味猎物。如果有一只金步甲比同伴更勇敢、更饥饿，敢于咬那只蜗牛，那软体动物就会收缩，躲进壳里，并开始吐泡沫，这足以使进攻者退却。整个下午和晚上，蜗牛一直那么待着，它虽然面对着二十五个屠夫，却什么危险也没发生。

因此我可以肯定，金步甲不攻击完好的蜗牛，甚至在一阵骤雨后蜗牛把上身伸出螺壳，在湿草地上爬行时，它们也不去攻

① 蠢蠢欲动：指敌人准备进行攻击或坏人策划破坏活动。

击它。金步甲需要的是残疾者，是被敲破了螺壳的伤残者，它们需要猎物身上有一个缺口，既便于一口咬住，又不会冒出泡沫。这位园丁在抑制蜗牛的危害方面，所起的作用是渺小的。如果那个专门糟蹋菜园的害虫遭到意外，被砸破了螺壳，无须金步甲动手，它也会在很短的时间内死去。

二　同类相残

作为灭杀菜青虫和鼻涕虫的勇士，金步甲确实无愧于园丁这个光荣称号；它是警惕的菜地和花圃守卫者。如果说我的研究没有什么独到的发现，不能为金步甲的美名增添新的光彩，至少将向人们揭示金步甲出乎人们想象的一面。这个凶残的恶魔能吞食所有不及自己强壮的猎物，而自己也会被吃掉。会被谁吃掉呢？被它的同类和别的昆虫。

我先说说它的两位敌人。狐狸和癞蛤蟆在食物匮乏时，也能将就吃那些瘦得皮包骨、有怪味的猎物。尽管这道菜没什么营养，分量也很少，味道怪怪的，但是吃上几只金步甲总还是可以抵抵饥饿的。夏天，在荒石园的小径上，我时常会发现一些奇怪的东西，好像细细的小黑肠，有小指那么粗，被太阳晒干后很容易碎。我从中发现了一堆蚂蚁头，有时还有一些细细的足爪。谁是那位食客呢？是不是癞蛤蟆？

我有一位"老相识"，夜晚巡察时，我们曾好几次相遇，它用金黄色的眼睛看着我，神情严肃地从我身边走过去。这只癞蛤蟆是受到我们全家人尊敬的智者，我们叫它哲学家。我去问问它知不知道那堆蚂蚁头是哪儿来的。我把那只癞蛤蟆关在一个没有食物的大笼子里，等待它把胖胖的肚子里的食物消化掉。几天后，囚犯排出了黑色的粪便，是圆柱形的，和我在荒石园的小径上发现的粪便一模一样，里面也有一堆蚂蚁头。我恢复了哲学家的自由。多亏了它，那个使我困惑的问题才得以解决。

然而，蚂蚁并非癞蛤蟆的首选食品，若能找到更大的猎物那可是求之不得；有机会时，它也吃金步甲。癞蛤蟆作为守护菜地的卫士，却消灭了另一位和它一样可贵的园丁——金步甲。

更糟糕的是，金步甲这位守护着我们的花园和菜地，密切监视菜青虫和鼻涕虫犯罪活动的警察，竟然有同类相残的怪癖。一天，在我家门前的梧桐树荫下，一只金步甲匆匆地经过，这位朝圣者是受欢迎的，它将壮大笼子里的居民的力量。我把它拿在手上时才发现它的鞘翅末端有轻微的损伤，是不是情敌之间争斗的结果？我没发现任何线索。鞘翅轻微的损伤，不会影响它为我效力，我把它放进玻璃屋里，与那二十五只金步甲做伴。

第二天，我去探望新来的寄宿者，它已经死了。夜晚，同监犯向它发起攻击，由于鞘翅有个缺口没能很好地保护它，它被掏空了肚子。手术做得干净利落，足、头、前胸全都完好无损，只有肚皮裂了一个大口，内脏被拉了出来。我看到的是一个两瓣合抱的鞘翅组成的金色贝壳，掏空了软体组织的牡蛎壳也没那么干净。

这样的结果令我吃惊，因为我向来十分注意不让玻璃屋里缺少食物。蜗牛、鳃金龟、螳螂、蚯蚓、菜青虫，以及其他一些受欢迎的菜肴，换着花样被送进食堂，而且供应的数量绰绰有余。金步甲们把一位鞘翅受损、易于攻击的同胞给吃了，它们总不能以饥饿作为开脱的理由吧。

步甲家族是否有结果受伤者的生命，掏空即将变质的内脏的习惯呢？昆虫不懂得怜悯，当它们见到绝望挣扎的伤残者时，没有一个同胞会停下来，没有谁试图去帮助它。在食肉动物那里，情况可能会变得更加可悲。有时过路者会跑向残疾者，是为了安慰它吗？才不是呢，不过是想吃掉它，它们似乎认为这样做有道理，吞食它是为了彻底解除残疾给它带来的痛苦。

也有可能是那个鞘翅带缺口的金步甲，用它那部分裸露的臀部去引诱了同伴，同伴们发现这个受伤的同胞身上有块地方可以解剖。但是，如果那只金步甲没有受伤，它们之间会相互尊重吗？从种种表现来看，它们之间起初关系和睦，在一起用餐的金步甲从没干过仗，当然它们常常会从别人嘴上抢夺食物。在木板下长时间的午休期间，它们也从没打过架，二十五只金步甲半个身子埋在凉爽的土里，安静地消化食物和打瞌睡，彼此相距不远，各自待在自己的浅土窝里。如果我掀开上面的遮板，它们就会醒来，溜出去，它们在跑动中相遇时也没有相互打斗。安宁祥和的气氛很浓，看起来应该会永远维持下去。

怜悯、互助，是昆虫和人的区别吧。

六月，天气开始热起来，我发现一只金步甲死了。它没有被肢解，身体缩成贝壳状，像被掏空的牡蛎壳，像不久前被吞食的那残疾者一样。我仔细检查那具残骸，除了肚皮上有个大口子外，其他地方都保持着原状。这只金步甲被它的同类掏空时是很健康的。几天后，又有一只金步甲被杀死，同前面那只一样，护甲毫发无伤，我让它腹面朝下，看上去完好无损；把它仰面朝天，看起来是个空壳，壳里一点肉质也没剩下。不久后，又出现了一具掏空的尸体，以后又接二连三地出现，越来越多的金步甲死去了，玻璃屋里的金步甲迅速在减少。

是幸存者在瓜分因衰老而死亡的金步甲的尸体呢，还是它们靠牺牲勉强活着的同伴来达到减员的目的？要使真相大白并不容易，开膛破肚主要是在夜间进行的。凭着警觉，我终于两次在大白天撞见了解剖过程。六月中旬，一只雌金步甲在摆弄一只雄金步甲。手术开始了，进攻者掀开对方的鞘翅末端，从背后咬住受害者的臀部，它拼死地拉扯，用大颚咬。被咬住的金步甲虽然充满了活力，可它既不自卫，也不还击，只是拼命地朝反方向拉。为了挣脱那可怕的齿钩，随着拉来拉去的动作，它一会儿前进，一会儿后退，这就是它所做的全部反抗。搏斗持续了一刻钟，突然来了一些过路客，它们停下脚步仿佛在自言自语："该看我的了！"最后，那只雄金步甲使足力气，挣脱出来逃走了。显然，如果它无法挣脱，就会被那凶狠的悍妇剖腹。

几天后，我又目睹了类似的场面，两次攻击都是发生在光天化日之下。我看见雌虫钻进雄虫的鞘翅下，剖开雄虫的肚皮，将它吃掉。被抓住的金步甲既不反抗也不自卫，它只是竭力想挣脱出来逃走。如果这仅仅是日常所见的你死我活的打架斗殴，被攻击者显然会转过身来，因为它有能力做到。对于敌人的挑战，它会一把抓住对方，给予回敬，以牙还牙。凭它的力气有可能在搏斗中扭转局势占上风，然而这个愚蠢的家伙却让对方有恃无恐①地咬自己的屁股。似乎有一种不可遏制的厌恶感，阻止它反抗，用大颚去撕咬对方。我的金步甲园里的雄虫从第一个到最后一个全被剖了腹，它们向我们讲述的是同一种习性，一旦满足了伴侣交

---

① 有恃无恐：因有所依仗而不害怕。

配的需要，新郎就将成为新娘的牺牲品。

从四月到八月，每天都有一对对金步甲结成夫妻。金步甲处理爱情的方式可谓快捷，在众目睽睽①之下，无须酝酿感情，一只过路的雄虫就扑向它遇到的第一只雌虫，被抱住的一方微微抬一下头表示同意，于是骑在上面的雄虫开始用触角抽打对方的脖子，交配结束了。刚一完事，双方马上就分手，去吃我为它们供应的蜗牛；然后双方又各自嫁娶，另结良缘。只要有闲着的雄虫，新结成的夫妻照样也将另寻新欢。狂饮之后，便是粗暴地交配，交配之后，又是一顿猛吃。

在田野里，金步甲几乎是离群索居②，很少两三只住在一起，像玻璃罩里那样的群居实属罕见。不过，玻璃屋里倒没有出现骚乱，这里有足够的地方让它们散步和进行日常的嬉戏，想独自待着就独自待着，想找个伴就马上能找到。监禁的生活似乎并没有使它们感到烦闷，它们每天都大吃大喝，而且多次交配。自由地生活在野外时，它们也不见得比现在更精神，说不定还不如现在呢，起码食物就没有玻璃屋里这么丰盛。再说，在这里同类相遇的机会比在野外多得多。也许正因为如此，对雌性来说，这是虐待那些自己不再想要的情人，咬住它们的屁股，掏空它们的内脏的最好机会。

在野外，交配结束后，雌虫会把雄性当成猎物嚼碎，结束婚姻关系。虽然每次翻开石头我都无缘见到这种场面，但玻璃罩里所看到的景象足以使我坚信。金步甲的世界是多么残忍啊！当已婚的胖婆卵巢里受了孕，不再需要助手时，竟把爱人吞进肚里。它们的生殖法则如此不尊重雄性，竟然这样任意地宰割它们。

（鲁京明　译）

---

① 众目睽睽：形容大家的眼睛都注视着。

② 离群索居：离开同伴而过孤独的生活。

精华点评

在"我"的眼中，这些小昆虫到底是怎样的存在？"狂热地喜好打斗的家伙""荒唐愚蠢的刽子手""屠杀者""灭杀菜青虫和鼻涕虫的勇士""警惕的菜地和花圃守卫者""密切监视菜青虫和鼻涕虫犯罪活动的警察"，在这些称呼中，融入了"我"对这些生命的复杂微妙感情。"我"在观察它们的捕食，研究它们的食谱，了解它们的习性，甚至不知不觉把它们与人类进行比较，虽然"我"口口声声地说"可别期待这个凶恶残忍、掏肝挖肺的家伙，有任何值得写的地方"，但却洋洋洒洒数千言，可见，"我"的生活，不能没有它们。

延伸思考

看完这几章的昆虫介绍，你觉得昆虫界的生存法则有哪些呢？

知识链接

法布尔用文字告诉我们，要了解昆虫的习性，需要耐心。同样，耐心是科学家必不可少的素养。你知道吗？要对猴子进行终身的研究，需要三四十年的时间。威斯康星大学中的威德理教授，就是从事这个研究的人员之一。也因为他的付出与坚持，实验室的同事都称他为"世界上最有耐心的科学家"。

在丁香花的节日里，客人们狂欢、醉倒、起舞……在众多客人中，它们是最独特的，因为唯一让它们感兴趣的事就是吃！一起走进"吃货"的世界吧！

花金龟

一　吃个不停

我的住宅外有一条种着丁香花的甬道，既深又宽。五月来临，当两行丁香树被一串串鲜花压垂下来，弯成尖拱形时，这条甬道便成了一座小教堂。在和煦的朝阳下，这里正在庆祝一年中最美好的节日。这是平静的节日，没有旗帜在窗口哗哗作响，没有礼炮轰鸣，没有酒后的争吵殴斗；这是普通人的节日，没有舞会刺耳的铜管乐，也没有人群的叫喊声。我是丁香花小教堂的一个忠实信徒。我的祷告是微微颤动的内心激情，无法用词语表达出来。我虔诚地在一棵棵树下停留，就像拨动祷告的念珠一样，我走一步观察一下。我的祈祷是一声声赞叹不已的"啊"！

在这美妙的节日里，朝圣者们跑来了，它们想得到春天的恩宠，饮一口佳酿。昆虫们轮番在同一朵花的圣水缸里浸一浸舌头。切叶蜂穿着半边黑半边红的天鹅绒服，毛茸茸的肚子上扑着花粉，使旁边的芦竹也沾上了许多粉。花虻嗡嗡叫，羽翼像云母

片在阳光下闪闪发光。它们被琼浆玉液醉倒，离开联欢会，到一片片树影下醒酒去了。

胡蜂、长足胡蜂，一群易怒的好斗者。看到这些排斥异己者过来，性情温和的与会者便退避三舍，到别的地方去。甚至数量上占大多数的蜜蜂，那么容易剑拔弩张的蜜蜂，尽管正忙着采蜜，见到它们也都让开了。

这些又粗又短、色彩斑斓的蛾是透翅蛾，它们忘记了用有点鳞片的翅膀把全身盖住。那裸露部分是透明的薄纱，同穿着衣服的部分形成了对照，可这更增添了它们的美丽，朴实之中透出了豪华。

一大群浑身洁白、黑色单眼的粉蝶在翩翩起舞。它们飞去飞来，飞上飞下，跳着鳞翅目的芭蕾舞，在空中相互挑逗，相互追逐，相互戏弄。一个跳华尔兹的演员玩厌了，便到丁香树上歇歇脚，在花瓮中饮水。当吸管伸进狭窄的瓮颈吮饮时，翅膀软弱无力地摆动着，竖立在背上；然后摊平开来，又竖起来。

漂亮的金凤蝶，佩着橘色饰带，长着蓝色新月形斑，也成群地在花中起舞，但由于身体较大，飞得不那么快。

孩子们也来了。他们被这优美的舞蹈家迷住了。每次伸手去抓时，金凤蝶就躲开，飞到远一点的地方去探测花朵的制糖厂，还像粉蝶似的舞动着翅膀。如果它们的抽水泵在阳光下平静地运行，如果糖浆畅通无阻地被吸上来，翅膀就会软弱无力地摆动，表示它感到心满意足了。

抓住了！最小的孩子安娜不去抓金凤蝶了，她的手虽然敏捷，可金凤蝶却从来不会等着她来抓的，她发现了她更喜欢的小昆虫，那就是花金龟。这种浑身金黄色的美丽昆虫，还留恋着早晨的清凉，甜甜地睡在丁香花上，没有意识到危险，所以无法逃脱。花金龟很多，很快就抓到了五六只。我出面干预，不让他们再抓了。战利品被放进了一只盒子里，盒底铺了一层花的床褥。晚一会儿，等到暖和的时候，在花金龟脚上系一根线，它就会在

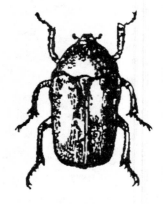

铜星花金龟

小孩子头上旋转飞舞。

这种年龄的小孩是无情的，还不懂事。那些冒冒失失的孩子，没有一个关心这个拖着小肉球的苦役犯，关心这个小家伙的苦难。这些天真烂漫的小孩把施加酷刑当作乐趣。我承认，尽管自己由于有经验而已经成熟，已懂得一些事情，但我也是有罪的，我并不总是敢于制止这样的事发生。这些小孩折磨昆虫是为了好玩，而我折磨昆虫是为了调查了解情况，但从实质上来说，两者还不是一回事！为了求知而进行实验和由于年幼而干出孩子气的事，两者间有没有十分明确的分水岭呢？至少我看不出来。

为了让被告招供，野蛮的人类从前使用拷问的刑罚。当我察看我的昆虫，拷问它们，以便从它们身上掏出某种秘密时，我不是同施刑者一模一样吗？让安娜随意去玩弄她的囚徒吧，因为我正思考着某种更坏的事。花金龟会告诉我们一些意想不到的事情，而且是有趣的事情，我要设法让它把这些事透露给我们。当然，若不让它狠狠吃点苦头，它是不会说出来的。就这么办，干吧！为了博物学，把温和的考虑丢到一边吧！

在参加丁香花节日的客人中，花金龟十分值得一提。它身材肥大，便于观察。它虽然外形臃肿，上下一般粗，一点也不标致，色彩却十分绚丽，它黄铜般耀眼、金子般闪光、青铅般凝重，就像铸造者用抛光机加工出来似的。它是我的邻居，荒石园里的常客，我不用四处去寻找，而奔波已经开始使我不胜其劳。最后，由于我希望所有的人都能了解我所叙述的事情，它还有一个优越的条件：每个人都认得花金龟，即使不知道它的名称，至少看到它都会觉得这并不是一种陌生的昆虫。

谁没有见过它像一颗绿宝石躺在一朵玫瑰花的怀中，它的珠光宝气更衬托出玫瑰的娇艳。它一动不动地赖在由花瓣花蕊做成的床上，沁人心脾的香气使它陶然欲醉，玉液琼浆使它醺醺然。只有一束炽热的阳光像针似的刺它一下，它才舍得离开这极乐世界，嗡嗡地叫着飞起来。

要是对它一无所知，看到它在奢侈逸乐的床上懒洋洋的样子，人们大概不太会料到它是那么贪食成性。在一朵玫瑰花上，在一朵山楂花里，它能找到什么吃的呢？顶多一小滴渗出来的甜汁而已，因为它不吃花瓣，更不吃叶子。它那粗大的身子吃这些

花金龟赖在由花瓣花蕊做成的床上，沁人心脾
的香气使它陶然欲醉，玉液琼浆使它醺醺然

微不足道的东西居然就够了！我不敢相信。

在八月的第一个星期，我把十五只花金龟放在笼里，它们刚在饲养瓶里破茧而出。它们背面呈青铜色，腹面呈紫色。我用梨、李子、西瓜、葡萄来喂它们。

看着它们大吃大喝真是一件乐事。它们把头钻进果酱里，甚至全身都埋在里面了，就餐者不再动了，一点动静也没了，甚至脚尖都没有移动一下。它们吃着，品尝着；白天吃，晚上吃；在暗处吃，在阳光下吃，一直吃。甜汁吃得又醉又饱，可这些贪食者仍不撒手。它们倒在饭桌上，倒在黏稠的水果下睡着了，可嘴里还一直在舔着。那样子就像半睡半醒的小孩，嘴上含着涂了果酱的面包片，心满意足地睡了。

在这欢乐的宴席上没有任何嬉戏玩乐，即使阳光把笼子里面晒得热乎乎的。一切活动都暂停了，整个时间都用在满足填满肚子的欢乐上了。天气是那么炎热，躺在李子下面吮吸糖浆是多么惬意啊！这里的日子是如此惬意，又有谁会到一切都被晒焦了的田野里去呢？谁也不会！没有一只爬到笼子的网纱上，也没有一只突然张开翅膀，试图逃走。

大吃大喝的生活已经持续了半个月，可并没有使花金龟感到厌烦。这么长时间的宴席是不常见的，甚至粪金龟这些饕餮之徒也没有这么贪食。圣甲虫用肠里的排泄物编织绵延不绝的细绳，花一天时间来吃一餐美味，便是这个贪吃者最大的能耐。可是花金龟吃起李子和梨子的果酱来，一吃就是半个月，而且丝毫没有腻烦的表示。美宴什么时候结束呢？什么时候举行婚礼，考虑未来的事呢？

婚礼和成家的事，本年内还不会考虑，要推迟到来年。这样的迟缓是奇怪的，不符合普通的习俗。在这些重大的事情方面，花金龟是非常随便的。现在是水果丰收的季节，花金龟是热情的美食家，为了享受美味的食物，它不愿意因产卵这些麻烦事而放弃美食。荒石园里有多汁的梨子、干缩起皱的无花果，看到这些水果的糖汁，花金龟的口水都流出来了。馋嘴的花金龟吃着这些水果，什么都忘记了。

可是炎热的天气越来越炙人，就像这里的农民说的，太阳火盆里每天都加了一捆柴。天气过热就像太冷一样，使生命暂时停止。为了打发时间，所有的昆虫，不管是冻僵的烤熟的都蛰伏起来了。笼子里的花金龟也一样，它躲在沙下面两法寸深的地方。最甘美的水果都引诱不了它们，天太热了。

要到九月天气温和的时候，它们才会摆脱昏昏沉沉的状态。到那时，它们才重新出现在地面上，围着吃西瓜皮，喝葡萄汁。不过吃喝不多，时间也不长，最初那种饿死鬼的样子和没完没了地饱食不止的情况消失了。

冬天来了，笼中的花金龟又消失到地下去了。它们在地下越冬，受到几指粗的沙层保护。在薄薄的屋顶下，在四面通风的隐蔽所里，它们并没有受到严寒之苦。我原以为它们会怕冷，可我却发现它们非常耐寒。<u>它们保留着幼虫时期壮实的体质，能够冻得硬邦邦的待在结成冰的雪块里，而到稍微化冻时又恢复了生命。我对此真是赞叹不已。</u>

三月还没结束，生命又开始复苏了。埋入土中的小家伙又露出来了，如果太阳暖和，它们就爬上网纱，散散步；如果天凉，便又钻到沙下面去。给它们什么东西呢？这时，已经没有水果了。我把蜜放在纸杯里去喂它们，它们来吃，可并不很热情。找找更符合它们口味的食物吧，我给它们海枣吃。这种异域的水果，皮薄肉美，尽管从没吃过，它们却很高兴吃，不再非要梨子和无花果不可了。海枣一直吃到四月底，这时头一批樱桃已经结

环境多变，而适者生存，花金龟也是懂得这个道理的。

果了。

现在我又拿常规的食物——当地的水果喂它们。花金龟吃得很少，由胃大显身手的时光已经过去了。过了不久，囚徒们变得对食物无所谓了。我发现花金龟开始交配，说明它即将产卵了。我在笼子里放了一个坛，坛里装满了半腐烂的干树叶。接近夏至时，雌花金龟先后钻进去，待了一段时间；事情办完后，它们又钻了出来；闲逛了一两个星期后，它们蜷缩在不深的沙里，便死掉了。

它们的后代就在这烂树叶堆里。六月还没过去，我在温暖的树叶堆里发现了大量新产下的卵和非常年幼的幼虫。在刚开始研究时，有一种怪现象使我感到有些惶惑，现在我找到解释了。我在荒石园里一个有树荫的角落挖掘一大堆烂树叶时，每年都会发现大量的花金龟。在七八月时，我用铲能挖出一些没有破损的蛹室，过不久，在关在里面的昆虫的推动下，蛹室就会裂开来。我还能发现发育完全的花金龟，就在当天蜕皮出来。可是就在这些成虫的旁边，还能看到刚孵化的幼虫。于是在我眼前出现了这种荒谬的不合常情的事情：儿子比父母先出生。

对笼子的观察揭示了这些难解之谜。花金龟的成虫，可以活整整一年的时间，从当年的夏天到来年的夏天。在炎热的夏季，七八月时，蛹室裂开了。按常规，在快乐的婚礼之后，必须立即为生儿育女之事而奔忙，而季节也有助于料理这种家庭事务。其他昆虫一般都是这么循规蹈矩；对于它们来说，目前的繁荣兴旺，是非常短暂的，它们必须尽快利用这短暂的兴旺时期来安排好未来子孙的事。

雌花金龟却并不这么匆匆忙忙。<u>当它是胖乎乎的幼虫时，它吃个不停；当它是披着色彩斑斓的盔甲的成虫时，它仍然把大好光阴用来吃。</u>只要天气不是热得受不了，它要做的所有事情，就是吃杏子、梨子、桃子、无花果、李子等水果做成的果酱。它被美餐耽误了，一切都被抛到了脑后，只好把产卵推迟到来年。

随便藏在什么地方冬眠之后，春天一到，它又出现了。可是这时节没有什么水果，去年夏天的贪吃者，如今变得饮食很有节制。这或者是由于不得不如此，或者是由于体质就是这样。它没有别的生活资源，只能在花朵的小酒吧间里，可怜巴巴地喝那

在"吃货"的世界中，除了吃，其他事情在它们眼中都无足轻重，都可抛弃。

一点点东西。六月来临了，它把卵撒在烂树叶堆里，撒在过不久成虫就要出来的蛹室旁边。这么一来，如果我们不知道事情的经过，就会看到这种先有卵后有产妇的荒唐现象。

因此在同年出现的雌花金龟实际上是两代昆虫。春天的花金龟，它们是玫瑰花的客人，这些花金龟已经度过了冬天。它们要在六月产卵，然后死去。秋天的花金龟，非常爱吃水果，它们刚刚离开蛹室。它们将要过冬，要在第二年夏天接近夏至时才产卵。

一年中的这时候，白天最长，正是花金龟产卵的季节。在松树树荫下，有一堆去年落叶时堆起来的枯叶。这堆半腐烂的枯叶是花金龟幼虫的伊甸园。大腹便便的幼虫在草堆里乱挤乱动，在发酵的植物中寻找美味的食物，那里甚至在隆冬时节都十分温和。

"伊甸园"形象写出腐烂的枯叶就是花金龟幼虫的乐园。

有四种花金龟在枯叶堆里产卵：最常见的是铜星花金龟，我的大部分资料是由它们提供的；其他还有普通的金绿花金龟、傲星花金龟和斑尖孔花金龟。

将近上午九点钟，我就开始密切注视枯叶堆，坚持不懈地耐心等待，因为产妇往往随心所欲，好多次都让人白等了一场。机会终于来了，一只雌花金龟从附近来了。它在枯叶堆上空兜着大圈子，一边飞一边从高处仔细观察，选择容易进入的地点。"弗鲁"一声，它冲了下来，用头和脚挖掘，一下子就钻进去了。它要到哪里去呢？

开始时能听到它钻的方向，当它在干燥的外层钻时，可以听到枯叶的窸窣声。接着什么也听不见了，一片寂静，花金龟到了潮湿的深处。在那里，只有在那里，它才能产卵，以便幼虫从卵里出来后，无须觅食，就有细嫩的食物。现在让产妇去忙它的事吧，我们过两个小时再来看。

一种养尊处优①的昆虫，前不久还在一朵玫瑰花的怀抱中，在如锦缎般的花瓣上和甘美的芳香中睡眠，可如今这个穿着帝王的金色华服的豪奢者，这个玉液琼浆的畅饮者，突然离开鲜花，而埋身于腐烂的树叶之中。它放弃花香袭人的豪华床褥，下到臭气

① 养尊处优：生活在尊贵优越的环境里。

熏天的垃圾中。它为什么这样自甘作践呢？

它知道它的幼虫喜欢吃它自己厌恶的东西，所以它克制自己的厌恶情绪，甚至连想都没想，便钻了进去。是不是它对自己幼虫时期的回忆促使它这样做呢？在间隔了一年之后，特别是在自己的身体彻底改变了之后，对于它来说，对食物的回忆，究竟会是什么呢？为了吸引雌花金龟，使它从玫瑰花来到腐烂的树叶堆，一定有比肠胃的记忆更重要

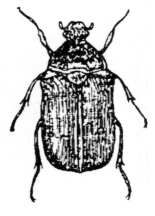

金绿花金龟

的东西，那就是一种不可抗拒的、盲目的推动力，这种推动力表面看来简直是失去理智，实际上却是极其符合逻辑的。

现在我们再回到烂树叶堆上来。干树叶的窸窣声给我们大致指示了它的产卵地点，我知道要在哪个地方去搜索；搜索必须循着产妇的行踪，所以必须小心翼翼。凭借昆虫爬行沿途扒出来的东西，我终于达到了目的。卵找到了，一枚枚卵孤零零的，乱七八糟地隐藏着。产妇事先没有任何精心的安排，随便把卵产在已经发酵了的腐烂植物附近。

二　用背走路

花金龟的卵是象牙色的小泡，近似球形，约三毫米大小。产卵十二天后孵化。幼虫白色，长着稀疏的短毛。幼虫出壳后，一旦离开了腐殖质的沃土，便靠背部爬行，在昆虫中它的行走方式是很奇怪的：它一开始行走就是四脚朝天，用背走路。

幼虫长得很快。孵化出来后四个星期，到八月初，幼虫就有成虫一半粗。我想估计一下它究竟吃了多少东西，便把做粪肥的秕谷堆在盒子里，从幼虫吃第一口开始计算。我发现它在这段时间一共吃了一万一千九百三十八立方毫米的秕谷，在一个月内它吃的东西的体积比自己最初的体积多几千倍。

花金龟的幼虫是一个连续运转的磨面厂，把已经枯死的植物磨成面粉。它也是一部高性能的碾磨机，一年中，它日夜劳作把

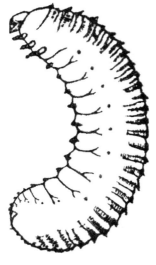

花金龟的幼虫

由于发酵而已经腐烂的树叶碾碎成粉。树叶的纤维、叶脉可能一直顽强地存在于腐烂物中。幼虫攫取了这些顽固不化的渣滓，用锐利的大剪刀把这些没有腐烂的东西剪得细碎，在自己的肠子里把它们溶解化为浆，使之从此变成有用的东西来肥沃土壤。

花金龟的幼虫是腐质土最积极的制造者。当变态时期来到，我最后一次检查实验情况时，看到这些贪吃者整个一生都在磨粉，它们吃掉的东西可以一大碗一大碗地算出来。

此外，花金龟幼虫的形态也值得注意。它是一种肥胖的蠕虫，长一寸，背凸腹扁。背上有褶痕，在褶痕处，稀疏的细毛像刷子似的；腹部光滑，皮肤细腻，皮下显现出棕色的斑点，那是个大垃圾袋。腿很好看，但短小瘦弱，和胖乎乎的身子不成比例。

花金龟幼虫可以自身做半弧形滚动，与其说那是休息的姿势，不如说是不安和防卫的姿势。它滚动时，用最大的劲把身子收缩起来形成蜗牛状，好像要把自己折断了似的。如果硬要把它掰开，它的五脏六腑肯定都要流出来。如果不去碰它，一会儿，幼虫便会舒展开来，伸直身子，急急忙忙地逃走。

把幼虫放在桌上，它用背走路，腿朝天，不活动。这种反常的行走方式十分怪诞，初看起来似乎是昆虫受惊时的偶然之举。其实根本不是那么回事，这确实是它正常的行走方式，花金龟幼虫不会用别样的方式行走。你把它翻转过来，肚子朝下，希望它会按照通常的方式行进，可这是徒劳；它顽固地又恢复肚子朝天，顽固地用颠倒的姿势爬行，你根本没办法让它用腿走路。行进的方式与别的昆虫相反，正是它的与众不同之处。

我把它放在桌子上不去打扰它，它走动起来了，它想钻到烂树叶堆里去，躲开骚扰它的人。背上的肌肉垫受一层强有力的肌肉的驱动，它前进得很快。背上的毛刷即使在一个光滑的平面上，也能支撑它前进。这步带由于毛刷多，所以能够产生强大的牵引力。

在这样的移动中偶尔有一些横向摆动。由于背是圆形的，幼虫有时会翻倒。不过，这没什么关系，只要腰一用力，它便恢复了平衡，微微左右摇晃一下，又可以用背走路。它行走时也会有前后颠簸。小舟的船首——幼虫的头由于有节奏地起伏而仰起俯下，升高降低。因为大颚没有东西支撑，它张开大颚，空口咀嚼着，可能是想咬住什么支撑物吧。

我给了大颚一个支撑物，不过不是在烂树叶堆里，因为那里面黑黑的，我看不到想看到的情况；而是在一个半透明的地方。支撑物是一根长度适当的玻璃管，两头开口，内径逐步缩小。幼虫可以容易地从粗的那头进去，而另一头太窄，出不来。

只要管子比它身子宽，它就用背前进。幼虫进入了管内同它身子一般大的部分。从这时起，行动就没有什么障碍了。不管是什么姿势，肚子仰着、俯着，还是侧着，幼虫都能前进。我看到它那拱在背上的肌肉垫，像波浪似的有节奏地一起一伏，就像平静的水面上掉下一块石子所产生的涟漪那样扩展开来，往前推进。我看到它背上的毛弯下竖起，就像风吹麦浪似的。

它的头有规律地俯仰着，大颚的尖端作为拐杖撑在管壁上向前走路和保持身子的平稳。我用手指转动玻璃管，随意改变幼虫的姿势，那些脚即使碰到了作为支撑的管壁，也一直都没有活动，它们对于行进几乎是不起一点作用的。那么这些脚有什么用呢？我们很快就会看到的。

幼虫钻在里面的那根半透明管子，告诉了我们在烂树叶堆里所发生的事。由于身子穿进了烂树叶堆，四周都有支撑物，幼虫既能用颠倒的姿势也能用正常的姿势行走，而且更常用的是正常的姿势。依靠背部一起一伏的动作，它在任何方向都能有接触面，所以走动时肚子朝下还是朝上都无所谓。这时不再有荒诞的例外，一切都恢复了正常；如果我们有可能看到幼虫在烂树叶堆里行走，就不会觉得它有丝毫奇特的地方。

如果我们把它裸露放在桌子上，我们目睹的是一种极其不正常的现象，可是我们只要想一想就不会觉得有什么不正常。因为在桌子上时，除了下面外，其他几面都没有能够支撑它的东西，背部的肌肉垫这些主要的步带，需要同唯一的壁相接触，所以它就只好翻过身来走路。花金龟幼虫之所以使我们对它那奇怪的行走方式感到惊奇，纯粹是因为我们脱离了它的生存环境去观察它。其他大腹便便的短脚幼虫，如鳃金龟和独角仙的幼虫，如果它们有可能完全打开和伸出它们强有力的大肚子上的钩子，它们也会这样行走。

三　精巧的蛹室

六月是产卵的时期。度过了冬天的老熟幼虫做着变态的准备工作。蛹室和新一代要从中出来的象牙球同时存在。虽然结构粗陋，花金龟的蛹室也蛮标致的，呈卵球状，约有鸽子蛋那么大。在烂树叶堆里安居的四种花金龟中，斑尖孔花金龟是最小的，它的蛹室也最小，只有一粒樱桃那么大。

所有花金龟的蛹室的形状，甚至外表都是一样的，除了斑尖孔花金龟蛹室很小之外，其他的我都无法区别开来。我不知道它们都是谁的作品，我必须等待成虫出蛹室之后，才能用精确的名称来指称我所发现的东西。不过，一般说金绿花金龟的蛹室外壳上裹有它自己的粪便，这些粪是随意沾上去的；而铜星花金龟的蛹室上则沾满了烂树叶的残屑。

这种不同只能视为在结蛹室时由于四周的材料而非某种专门的建造技术所致。在我看来，金绿花金龟乐意在自己的排泄物硬粒中造蛹室，而别的花金龟则更喜欢不太脏的地方。外层的这种不一样，其原因可能就是在于此。

那三种大花金龟的蛹室很不稳固，没有粘在固定的物体上，它们筑蛹室没有专门的地基。但斑尖孔花金龟则稍有例外。如果

花金龟的蛹室

a. 金绿花金龟　b. 铜星花金龟　c. 斑尖孔花金龟

在烂树叶堆里找到了一块哪怕比手指还小的小石头，它也宁愿在这石头上建造它的小屋。如果没有条件，它也可以不要石头，像其他花金龟那样不靠在稳定牢固的支持物上造蛹室。

由于幼虫及蛹的表皮比较娇嫩，所以蛹室的内面很光滑。蛹室的四壁很结实，能经得住指头的按压。它是用一种棕色的材料做的，究竟是什么材料很难确定。它可能是一种柔韧的浆，这浆是由花金龟随意加工出来的，就像造陶器的人摆弄黏土一样。

花金龟的制陶术是不是也使用某种沃土呢？按照书本的说法，人们可能认为是这样的。书本上一致认为鳃金龟、蛀犀金龟、花金龟和其他一些昆虫的蛹室是土质结构。一般来说书本大都是盲目地你抄我、我抄你，根本不是直接观察到的事实的汇编，所以我不太相信书本上的话。在这个问题上，我更表怀疑，因为花金龟的幼虫在狭窄的范围内，处身于烂树叶中，是找不到必要的黏土的。

我自己在烂树叶堆里四处寻找，也很难找到哪怕一小酒杯黏土。而花金龟幼虫在作茧自缚的时刻来到时，便不再移动了，它能做什么呢？它只能在它身边采集东西。它能找到什么呢？只是一些树叶的碎屑和腐殖土，这些质量低劣的东西是粘不住的，幼虫只能想别的办法。

说出这些办法可能不会使我受到指责，有人指责我是不知羞耻的唯实主义者。某些想法可能会令我们吓一跳，其实这些想法很简单，而且非常朴实。大自然没有我们这些顾忌，它直截了当地实现自己的目的，而不管我们是赞同还是厌恶。我们还是把那些不合时宜的挑剔丢到一边去吧。如果我们想了解昆虫那绝妙的技巧，我们就要设身处地地像昆虫那样去思考问题。我们应该尽力向前进，而不要在事实面前退却。

花金龟的幼虫要建一座把自己围起来的场地，要为自己造个蛹室，在蛹室里变态，这是十分细腻的工作。可是花金龟幼虫无法利用外界的东西，看来它似乎一无所有。错了，一无所有只是一种表面现象。为了造蛹室，毛虫拥有丝管和喷丝头。它也像毛虫那样，体内贮藏着建筑材料，它甚至也有喷丝头，不过是在相反的一端，胶状物就贮存在肠子里。

在它积极工作的日子里，幼虫拼命屙屎，在它走过的地方留下了大量的棕色粪粒，就是证明。到了快要变态时，它屙得少了，它把粪便节约下来，蓄积成高质量的浆作为黏合剂和填料。它的大肚子末端有个大黑点，这是黏胶袋。这个供应充分的仓库非常清楚地告诉了我们这个工匠的拿手本能：花金龟幼虫专门以粪便来砌造它的建筑物。

我把已经老熟、准备造蛹室的幼虫，一个个分别放在小短颈广口瓶里。由于要建筑就需要有支撑物，我在每个瓶里放了重量很轻、移动方便的东西。一个瓶里放了剪碎的棉絮，第二个瓶里放了小扁豆宽的纸屑，第三个瓶里放了香芹籽，第四个瓶里放了萝卜粒。我手边有什么便用什么，并不特别中意哪种。

幼虫毫不犹豫地钻进了它们的同族从来没有进入过的这些环境中。这里没有人们所说的用来筑蛹室的土质物，也没有黏土。这一切清楚地表明，如果幼虫真要砌墙，只能使用它自己的工厂里的水泥。但是它砌墙吗？

是的，完全没错。就在几天内，我就得到了漂亮而结实的蛹室，跟我从烂树叶堆里取出来的一样。另外，这些蛹室外表更加好看。如果是用棉絮做材料，蛹室壳便裹着一层絮团状的绒毛；如果幼虫是在纸屑的床上，蛹室就盖着白色的瓦，仿佛雪花落在上面似的；如果是在香芹籽或者萝卜粒中，蛹室的外表就像肉豆蔻，边上还有细粒的轧花裹边。作品真是漂亮极了，人的诡计给造粪艺术家助了一臂之力，帮助它做出了小巧玲珑的玩意儿。

纸屑、种子或者棉絮做成的覆盖物黏结得非常好。覆盖物下面是真正的蛹室壁，完全是由棕色浆状混合物所构成，有规则的表层令人以为这是幼虫有意识地这么做的。当看到金绿花金龟的蛹室上有时也装饰着漂亮的粪粒时，我们也会有这样的想法。我们会以为幼虫从它身边采集到合意的石子，嵌到灰浆中，使它的作品更加牢固。

但是事实完全不是这样，根本不存在什么镶嵌。幼虫用它那圆圆的臀部把松动的物质推到身子的四周，它纯粹靠身体的压力来调整这些物质，把它弄平，然后用它的灰浆把它一块块地固定住，就这样做成了一个卵形的小窝。然后有空时再涂上一层层的泥浆使之牢固起来，直至它没有粪便为止。黏合剂所渗到的东西就成了混凝土，从此成为墙壁的一部分，而不需要建筑者再动手

砌造。

　　要观察幼虫的整个造蛹室过程是做不到的，它在有遮掩的地方干活儿，不让我们看见。但它操作的基本情况还是可以看到的。我选择了一个蛹室，蛹室壁柔软，说明它还没完全造好。我在蛹室上开了一个不大的洞。如果洞太大，这个缺口会使昆虫灰心丧气，它就不会去修葺坍塌的拱顶；这不是因为没有黏合剂，而是由于没有支撑物。

　　我用刀尖小心谨慎地挖开了一点。瞧吧，幼虫把身子蜷成几乎闭合的钩状。它不安地把头伸到我刚刚打开的天窗处，它想打听究竟发生了什么事情。它很快查明了事故，于是这弯弓完全闭合起来，头尾相互接触，然后一用劲，这个建筑者便有了一团填料，这是造粪工厂刚刚供应出来的。这么迅速地就造出粪便，肠子肯定要特别乐意配合才行。花金龟幼虫的肠子就有这本事，要它什么时候屙屎，它就什么时候屙屎。

　　现在轮到脚来露一手了。脚对于行走毫无用处，但在造蛹室时它却是得力的助手。它们在此时是些灵巧的小手，大颚咬住粪粒后，这些小手就协助扶住粪粒，把它转来转去，然后摊开来，经济节约地放到该放的位置上。大颚的双钳就是抹灰泥的抹刀，它把粪粒一小点一小点取下来，咀嚼，揉拌灰浆，把灰浆抹到缺口的边缘上，然后头慢慢地把灰浆抹平。灰浆用完了，它又把身子整个弯起来，仓库非常听话地又排出了粪便。

（梁守锵　译）

精华点评

在丁香花的芳香中出场的，在我们的想象中肯定是一位优雅的女士。结果出乎意料，这只看似尊贵的优雅虫子，是一位"吃货"。你在翩翩起舞时，它在吃；你在享受嬉戏玩乐时，它在吃；你在享受春光时，它也在吃。到最后，看它大吃大喝成了一件乐事。而它们，也会为了自己的孩子而舍弃舒适的小窝，回到烂叶堆里产卵。它们的宝宝，是会用背走路的可爱的小东西，腿非常短小，和圆滚滚的身体比起来，这些小短腿很不成比例，走路的时候，像一艘小船。

延伸思考

花金龟身上出现了许多让我们觉得荒谬不合常理的事情，例如儿子比父母先出生。你是否还了解其他昆虫的"奇闻怪事"？

知识链接

花金龟用独特的材料——一种具有黏性的柔韧的浆，来制作蛹室，好比造陶器的艺人运用制陶术来进行艺术制作。制陶术指的是人们用黏土制作陶器等，然后加热硬化的艺术。最初，所有的陶瓷都是手工制作的，直到今天艺术家仍然采用手工制作单个艺术品。

导　读 ▶ ▶ ▶

　　食粪虫都是贪食者，需要大量的食物；圣甲虫作为其中的一员，在吃的方面当然是不甘落后的。两只圣甲虫，一个大粪球，它们又会发生怎样有趣的故事呢？

圣甲虫的粪球

　　食粪虫的崇高使命是把地上的粪便清除干净。一些由骡子或者绵羊屙下来的新鲜食物送上来了。太阳还不太热，数百只食粪虫便已拥挤在那里，乱哄哄地在这共同的糕点上分一杯羹。这只唯恐来得太晚，碎步向粪块赶来的是什么虫子呢？这浑身黝黑、粗大异常的虫子便是大名鼎鼎的圣甲虫。粪便的香气向四周传播着消息。在地面四处闲逛的圣甲虫，闻到热喷喷的新鲜食物便急忙跑来。菜肴的香味也迅速把在地下打瞌睡的食客吸引来了。泥地里到处都鼓起了小沙丘，像火山爆发似的裂了开来；许多宾客从小沙丘中探出头来，用爪子擦擦满是灰沙的眼睛。虽然在地下卧室里半睡半醒，而且庄园的屋顶很厚，但并没有使它们失去敏锐的嗅觉。在地下的几乎就跟在地上的圣甲虫一样敏捷地赶到了粪堆上。

　　通常一小块大致圆形的粪团就是粪球的核心，外面裹上一层又一层粪料，最后变成一个杏子大的粪蛋。圣甲虫先尝尝，觉得满意后，就把它放在原地。有时它轻轻地把不好的部分去掉，刮

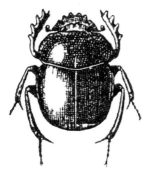

圣甲虫

掉表层上沾着的沙砾。现在要做圆球了，圣甲虫的劳动工具是半圆形额突上的六齿耙和前足的长铲。耙子用来剔除和扔掉不能吃的植物纤维，把最精美的食物梳耙和聚拢起来。强有力的前腿通力合作，前腿扁平，弯成弧状，腿上还有五个坚齿。如果需要动武，推翻障碍，在粪团最厚处开辟道路，它便舞动双肘，即伸出带锯齿的腿，左右开弓，然后有力地一耙，清出一个半圆的地盘。场地清好后，前足便一抱一抱地把额突耙过的粪便，聚拢到腹部下的四足之间。这些足用来干车工的活儿。这些腿，尤其是两只后腿细长，略成弧状，末端有很尖的爪，像个球形圆规，把一个球体抱在弯脚中间，来检查和修整球体的形状，对粪团进行加工，使之成形。

后面四只足，特别是更长的后腿紧抱着粪团一刻也不放松，在圆顶上这里转转，那里转转，在粪堆里寻找添加的材料。再用额突刮掉表皮，捅破粪堆，搜寻异物，梳耙剔净；前腿一道操作，把材料采集来，用腿一抱捞到跟前，然后立即用巨掌轻轻把材料贴到中心部分上去。带锯齿的铲子有力地压几下，就把新的一层材料按要求的程度压实了。就这样，圣甲虫一抱又一抱地把材料放到球的上面、下面、边上，最初的小弹丸越来越大，最后成了大粪球。

在劳动中，制造者绝不离开建筑物的圆屋顶。它转动脚跟来处理侧面的某个部分，或者弯腰去加工下部直至与地面接触的那个点；但是从开始到结束，圆球一直都没有转动，甚至它自己一刻也没有从圆顶上下来，而是从一定的距离进行检查，了解整个粪球的情况。它用短腿做圆规就足够了，这种活圆规是检查弧度的仪器。圣甲虫具有塑出球形的天赋，就像蜜蜂具有建构六棱形的天赋一样。

在工作一开始就选择这种圆形是干什么用的呢？圣甲虫从这种圆弧中得到了什么好处呢？圣甲虫把它的糕点搓成圆球，这办法妙极了。食物营养成分这么少，既然质量不够，就要用数量来补偿。各种食粪虫全都是永远吃不饱的贪食者，全都需要大量的

> 圣甲虫的腿虽短，但动作灵活，是"活圆规"。

食物，人们从消费者的小小身躯怎么也猜想不到它们的饭量是如此之大。圣甲虫没有地下室来储存食物。它生性喜欢四处游逛，它的食物无疑不太丰富，无法跟粪蜣螂巨大的蛋糕和粪金龟肥大的香肠比美，但还是太重了，根本无法用腿抱着飞行，也绝对不可能用大颚咬住拖着走。它唯一的办法就是根据自己的力量，带着重负，一次次飞行搬运。可这么一来，为了这么一点点收获，要飞多少次，要浪费多少时间啊！而且当它飞回来时，餐桌上的东西难道不会被那么多不请自来的客人吃得一干二净？

怎么办？这太简单了。不能背就拖着走，不能拖着走就用滚动的办法来运输，我们装载轮子的搬运工具就是证明。于是圣甲虫选定了球体，这是滚动的最好形式；球体无需车轴，可以极好地适应各种崎岖不平的地面，而且球面可以提供用力最小的支点。粪球制造者解决了机械问题，从而可以搬运沉重的食物。

食品制作好了，现在是带着战利品离开的时候了。圣甲虫用两条长长的后腿抱着粪球，足端的爪子卡进粪球作为旋转轴；它靠两条中足做支撑，用长着锯齿的前腿交替着地，就这样带着重物，身体倾斜，头朝下，屁股朝上，后退着走。两条后腿是机器的主要构件，来回运动，爪子不断地挪动变换旋转轴，使重物保持平衡；而两只前腿左右交替的推力使得重物往前移。粪球表面的各个点轮番地与地面接触，而由于压力分布均匀，便完善了粪球的外形并使外层各个部分都一样坚实。

<u>球在前进，球在滚动；加油！会到达目的地的</u>，不过途中当然不会一帆风顺。它遇到的第一个困难便是在翻越一个陡坡时，粪球会顺着斜坡滚下去。果然，一步踏错，粪球滚入了谷底；圣甲虫被重物拖倒，翻了个跟头，六条腿乱动，很快它又翻转过来，奔跑着去把粪球抓住。那里有条路十分平坦，可是这个固执的家伙宁愿走很陡的斜坡。哎呀！一个动作不对，前功尽弃了：粪球滚落带动圣甲虫又滚了下去。再攀登，很快它又落了下来。再重新进行尝试，这次它谨慎地绕过了一根引起前几次栽跟头的草茎；不过这次它走得很慢，非常慢。斜坡危机四伏，稍有不慎就会全盘皆输。这时它一只腿在光滑的砾石上滑了一下，粪球随着它一道稀里哗啦地又掉了下来。可是它以百折不挠的执着精神重新开始。它十次、二十次劳而无功地攀登，直至顽强地克服了

作者告诉我们一个深刻的人生哲理：前行是纯粹的，努力就有希望。

障碍；或者变得聪明了些，认识到白费力气才取道从平原走。

　　抢劫，这种强者的可恶的权利，并不是野蛮的人类所特有的。畜生也抢劫，而圣甲虫尤其热衷于此道。圣甲虫眼红别人的粪球，于是扔下自己的工作，向滚动的粪球跑去，给幸运的物主助一臂之力，而这个物主也很乐意接受帮助，于是两个伙伴一道干起来，竞相出力把粪球运到安全的地方。它们是合作伙伴吗？不是。那么这是不是雌雄的一种联合，一对配偶将成家立业呢？可是解剖发现，非常常见的情况是两个搬运者都是同一性别的。

两个伙伴一道干起来，竞相出力把粪球运到安全的地方

　　既不是一家人，又不是劳动伙伴，那么这种表面的共事是为了什么？纯粹是为了掠夺。这个殷勤的搭档，在慈善援助的假象下，掩饰着极其卑鄙的贪婪野心，满心盘算着一有机会便把粪球据为己有。如果物主不警惕，它就会带着财宝溜走；如果它受到严密监视，那就两人共进午餐，因为它帮过忙。这真是有百利而无一弊。有的更胆大，单刀直入，半路上一下子把东西抢走了。

　　这样拦路抢劫的行为时刻都可能发生。强盗把黝黑的羽翼收到鞘翅下面，用带锯的手臂把物主推翻在地；而物主因为推着重物，无法抵挡。当它乱踢蹬又翻转过来时，强盗已经雄踞在粪球上面，处于能够打退进攻者的最有利地位，腿臂收在胸前，随时准备反击。被抢者绕着粪球走，寻找有利地点进攻；强盗则在堡垒的圆顶上转动身子，一直与被抢者对峙着。如果对方立起身子准备攀登，它就挥臂一击打到对方的背上。为了让堡垒和驻军垮下来，被抢者便施展挖地道的战术。粪球下部受到破坏，摇摇晃

表面殷勤，实则居心叵测，看来昆虫界也有许多狡猾者。

晃，带着强盗一起滚动，那强盗竭尽全力不让自己从球上掉落，可是底座的转动使它滑了下来。它仓促做一个体操动作好待在上面，它办到了，但并不会总能成功。要是有个动作失误，它掉了下来，双方机会均等，于是角斗便转为拳击。强盗与被抢者胸贴着胸，肉搏厮打起来。双方时而腿钩住腿，时而又分开来，关节纠缠在一起，触角的铠甲相互碰撞，或者发出像金属相锉般吱吱嘎嘎的刺耳声。胜利的一方急急忙忙占领球顶的阵地，围城战重新开始。根据肉搏的结果，围攻者时而是强盗，时而是被抢者。前者无疑是大胆的海盗和冒险家，所以往往占据了上风。经过两三次失败之后，被抢者厌战了，便逆来顺受①地回到粪堆上去再做粪球。我曾见到第三个强盗来抢这个窃贼的东西，平心而论，我对此并不恼火。

前面说过，一只圣甲虫倒退推着粪球，经常会有个合伙人跑来帮它。说合伙人，这个词用得不当，因为一个是硬加进来，而另一个则是害怕更严重的灾祸才接受别人的帮助的，不过彼此共处得十分和平。两个合伙人驾车的方式不同，物主居主位，从后面推，后腿朝上，低着头；入伙者位置相反，在前面，仰着头，带锯齿的手臂放在粪球上，长长的后腿着地。粪球在两只圣甲虫中间，前者推，后者拉。

这两个伙伴使的力气并不都很协调，尤其是因为那位助手扭转身子，背朝着前面的路，而物主的视线又被粪球挡住，于是一再发生事故，笨拙地摔倒。不过，它们并不气馁，爬起来，重新站好位置，从不会把次序颠倒。入伙者在表现好意之后，便不顾有破坏合作制的危险，决定不再干活儿；当然它并没有放弃那个宝贵的粪蛋。它把腿收到腹下，赖在粪球上面，跟粪球成为一体。从此，它和粪球便由物主推着一道滚动。不管重物从它身上轧过去，还是它趴在滚动的粪球上面、下面、旁边，都没有关系：这个助手牢牢地趴着，一声不吭。这真是非同一般的助手，它坐在华丽的马车上，还要分得一杯羹！要是遇到一个陡坡，它又有美差事了。这时，它成了领头人，用带锯齿的胳膊抓住沉重的粪球，而物主则支撑着把重物抬高，推着爬上陡坡。在这艰难

---

① 逆来顺受：面对无礼的待遇采取顺从和忍受的态度。

时刻，两人的热情可不一样，入伙者显得根本不知道有困难要克服的样子。当物主拼命设法走出困境而弄得精疲力竭时，另一个则赖在粪球上若无其事地随它去干，自己跟着粪球一道滚落，跟着粪球一道被抬起来，完全由物主承担运输的任务。

走着走着，它们找到了一个合适的地方，这时物主便动手挖餐厅。粪球就在它身旁，搭档趴在粪球上装死。挖掘工作进展迅速，不久，圣甲虫整个消失在洞穴中。它每次带着一抱沙土回到露天时，总要朝它的粪球看一眼，看看粪球是否安然无恙①。它很放心，因为另一只圣甲虫，那个伪君子在粪球上一动不动。底下餐厅扩大、加深；挖掘工走出来的次数少了，因为里面的工程浩大。机不可失。那只睡着的圣甲虫醒来了，奸诈的搭档溜了下来，背朝外地推着粪球，动作快得就像一个窃贼不愿当场被人抓住那样一溜烟地跑。窃贼已经到了几米开外了，失窃者从洞里出来，四处张望，可什么也没找到。它本人无疑对此事也是惯手，它知道这究竟是怎么回事。依靠嗅觉和察看，它很快便找到了行踪。它急忙赶上掠夺者，可是掠夺者十分狡猾，一感到对方已经近身，便改变了驾车方式，用后腿支着身子，用带锯齿的胳膊抱着粪球，就像它作为助手时那样。业主宽厚地接受了对方的辩解，于是两个同伙好像没事一样，把粪球运回到洞里去了。

食物一储存好，圣甲虫便把自己关在家里，封住洞口，外面丝毫看不到里头的宴会厅。现在，快乐万岁！幸福的宴会开始了。仅是粪球就几乎占满了整个餐厅，丰盛的食物从地板一直堆到了天花板。厅里坐着宾客，两个或者更多，但往往是一个，肚子朝着餐桌，背靠墙。一旦座位选好，它就不再动了；所有维生的能量均由消化器官吸收进去。看到它们围着粪便这么专心致志，人们可能会以为它们意识到自己承担着净化大地的角色，所以十分在行地进行着奇妙的化学工作，把粪土化为赏心悦目的鲜花和圣甲虫的鞘翅，来装点春天的草坪呢。

（梁守锵　译）

---

① 安然无恙：事物平安，未遭损害。

> 圣甲虫在辛勤劳作时，还要密切留意粪球的状况，防止变故，太不容易了！

精华点评

南非世界杯开幕式上，我们看到一只巨大的圣甲虫滚动着一只球出场，对于这只虫子来说，脚下的是粪球，但非洲人认为这是足球，是地球，更是一轮自由的朝阳。原来我很不解，看完这一篇章，我明白了。圣甲虫会为了一只粪球而坚持不懈，甚至与同伴进行不屈不挠的抗争，摔倒了站起来，换个姿势继续战斗。这种精神，就是非洲人民所推崇的。圣甲虫是坚持、无畏、勇敢、勤劳的代表，给世界带来光明和希望。

延伸思考

圣甲虫对粪球专心致志，它们承担着净化大地的角色，把粪土化作赏心悦目的鲜花来装点春天的草坪。生活中，是否也有这样的例子？生活虽平凡，但也有自我的精彩。

知识链接

圣甲虫也叫金龟子，生活在草原、高山、沙漠以及丛林，只要有动物粪便的地方，就会看到它们勤劳的身影。每天，它们清除的粪便有数百万吨。没有这种大自然天生的垃圾清除者，我们这个星球将变得无法收拾。

埃及人认为太阳是由一只巨大的圣甲虫像滚粪球一样推动着东升西落的，这就如同太阳从地平线上升起一样，从无到有，诞生了另外一个世界，它正好象征着整个宇宙诞生了这样一种重演，于是它受到了古埃及人的崇敬。埃及人把圆球当作是天空星球的象征，认为这种威武的甲虫可能是接受了"神"的旨意，才造出这般精巧的圆球来，因而称之为"神圣的甲虫"。古埃及人敏锐地观察蜣螂的生活习性并赋予它象征太阳神的使命，同时视它为复活与诞生的象征，因此在木乃伊制作过程中将圣甲虫放在心脏的上方守护着死者。

圣甲虫的梨形粪球

　　六月下旬的一个星期天，一个年轻的牧人从圣甲虫的洞里找到了奇怪的东西。这玩意儿外形像个梨，不过失去了新鲜的色彩，像熟过头的梨子那样呈微棕色；用手一捏很坚固，而且弧度很有艺术性。这真的是圣甲虫的作品吗？那里面会有一枚卵、一只幼虫吗？找到这个梨很可能是偶然的，谁知道我有没有运气再找到同样的呢？我们很快就找到圣甲虫的一个小洞，打开洞穴，我看到一个漂亮的梨子横躺在地上。这会不会是什么例外呢？我继续寻找，第二个窝找到了，里面有个梨子，母圣甲虫正温情脉脉地紧紧搂着这个梨子，无疑是在忙着做最后的修整，然后便永远离开地下室。

　　圣甲虫的窝外面有清理出来的杂物堆成的小土丘，下面挖了一个约一分米的竖井，一条或直或弯的水平巷道与之相接，巷道末端是一个可放进拳头的大厅，这便是放卵的地下室。卵的外面裹着食物，它在几法寸深的地下，由酷热的阳光加以孵化。这里便是母亲可以自如地把未来的婴儿的面包揉成小梨的工场。

> 搂着梨子就像抱着自己的孩子，母圣甲虫也会默默地用行动表达情意。

这块粪便面包水平横放，形状和体积像个小梨，表面虽然没有用灰泥粉刷光滑，但十分匀称，外面抹一层红土，仔细磨光。梨形面包最初因为刚刚制好，软得像黏土，很快经干燥结出一层坚固的外壳，手指压都压不动，连木头也没有它硬。外壳是保护性的包裹，它把隐居者与尘世隔离开来，以便十分平静地进食。但是，如果中心部分也干燥了，那危险就会变得极端严重。如果说充满干草屑、麦芒的粗面包对母亲来说是完全可以吃的食物，那么为了它的幼虫，这面包就要精致得多。它需要的是羊经过小肠消化屙出来的塑性粪便，黏糊糊、充满营养的液汁；这粪便用于制作梨状艺术品是再好不过的了，食物的质量非常适合新生婴儿娇嫩的肠胃。在小小的容器里，幼虫可以找到足够的茶点。

在外形如此奇特的这堆食物里，卵产在什么地方呢？在圆形大肚子的中心，因为那里温度最均匀，幼儿在这里，四面都能找到很深的食物层。这一切似乎十分合乎情理，连我也上当受骗了。不，卵不在那里，梨子的中央部分不是凹陷的，而是实心的。可见我们有我们的逻辑，而粪便揉面工则有它的逻辑。在这一点上，它的逻辑胜过了我们。它高瞻远瞩，把卵产在了别的地方。

产在哪里了呢？产在梨子的狭窄部分，产在最末端的梨颈里，那里有一个小窝，挖在光滑发亮的侧壁上，这便是胚胎的孵化室。比起产卵者的身材来，卵相当大，长椭圆形，白色，长约十毫米，宽五毫米多。卵与孵化室四面的墙有一点点空隙。除了后部末端和窝顶连在一起外，卵和侧壁各面都毫无接触。卵按梨子的正常位置横躺在空气枕上，这是最有弹性、最温暖的小床铺。

现在我想弄明白，圣甲虫为什么必须采用梨子这种奇特的外形，卵放在这奇怪的地方有什么好处。一个严重的危险威胁着圣甲虫的幼虫：食物干化。幼虫生活的地下室，天花板只有一层厚度约十厘米的土；三伏天的热气炙烤着土壤，把地下比它的窝深得多的土都烧成了砖头，那么它那薄薄的遮板有什么用呢？食物只要放上三四个星期，就会干掉，变得不能吃，那么幼虫就得饿死；因为它无法打破围墙，解脱出来。

为了避免干燥所产生的危险，昆虫有两个办法。首先，它

昆虫的智慧真的让人惊叹，它们会想出办法来解决生存中面临的问题。

用带护铠的大腿用劲儿压紧外层，把外层做成一个比中央部分更结实、更均匀的坚硬的表层，中间则是体积庞大的核心。在炎炎夏日，家庭主妇把面包放在一个盖住的坛子里；而圣甲虫则用压实的办法把幼虫的面包用坛子包住。圣甲虫还超过了人，它还是几何学家，能够解决极小值这样一个大问题。在其他所有条件都不变的情况下，蒸发量显然是与蒸发面的表面积成正比的，因此必须使这团食物的表面尽可能小，以尽量减少温度的消耗；可是这最小的表面却必须能够包裹着最大量有营养的物质，以便幼虫在那里能找到足够的食粮。什么形状面积最小而能有最大的体积呢？几何学家回答说：球形。于是圣甲虫把幼虫的口粮做成球形。

梨颈的作用和用途是什么呢？答案显而易见：梨颈装着卵，卵放在这个孵化室里。任何胚芽都需要空气，为使空气得以进入，鸟蛋的壳上有许多气孔；圣甲虫的粪梨就像鸡蛋一样，它的气室就是末端的容器，在那里空气包围着卵。为了呼吸，胚胎在什么地方能比在孵化室里好呢？孵化室就在梨颈的岬角处，沉浸在大气之中，而空气通过易于穿透的薄壁可以自由出入。对于任何胚芽来说，除了空气之外，还需要热量。圣甲虫的孵化器——大地由太阳照热。圣甲虫不是深埋在没有生机的粪团中央，而是置身于突出的梨颈顶端，四周沐浴着土壤的温和气息。

圣甲虫怎么做成梨状孵化室的呢？首先，在地上滚动根本不可能产生这种形状。葫芦的肚子还马马虎虎；可是那梨颈，那作为孵化室的椭球形的圆凸体，靠滚动怎么做得出来呢？为了制作精品，圣甲虫把自己关在地下室里，对运进来的材料进行塑造，结果真令人惊异：前一天我看到一块不定型的粪团消失在地下，第二天或者第三天我去察看工场时，发现艺术家面前已经摆着精雕细刻、完美无缺的梨子了。我又在实验室里进行了观察。

我在一个大广口瓶里装满筛过的湿土，压实，然后把母圣甲虫和它一直紧紧搂着的粪团放在人工土壤的表面上，再连土一起放在半明不暗的地方。有时我看到圣甲虫就在土壤的表面破坏它的粪球，把粪球捣破，切成碎块，撒开来。这并不是绝望者由于身陷囹圄①，精神失常，把珍贵的东西弄碎了，这是出于卫生考虑的明智举动，因为粪球里可能包着小蜣螂和蜉金龟。这些闯入者在粪团中当然惬意得很，它们也将开发未来的梨子，从而大大损坏合法消费者的利益。必须把这些饥肠辘辘②的孬种从粪球中清除出去，于是母亲破坏了粪球，把它弄碎，仔细进行检查，然后把残屑聚拢起来，又做成粪球。更常见的情况是，母亲把我从窝里取出来的粪球原封不动地埋在广口瓶的土下面，粪球外壳粗糙，这是从采集地到地下室的旅途中滚动的结果。要想看到梨子是如何制成的可不是一件容易的事，神秘的艺术家一见到光就固执地拒绝工作；它需要漆黑一团方能从事塑造，而我则需要光亮才能看得见它的操作。这两个条件无法并存。不过我还是要试一试，真实情况无法全面看到，能见到片段也好。

我用一个大细颈广口瓶为圣甲虫做了一个透明包厢，外面罩上纸套。这样，圣甲虫有它所需要的黑暗；突然将套子拿掉，而我便有了我所需要的光明。

一切准备就绪后，我将一只母圣甲虫连同它的粪蛋放进瓶里。圣甲虫只要卵还没产在孵化室里，便坚持不懈地忙碌。现在需要的是耐心，必须等到第二天我的好奇心才能得到满足。

好了，时间到了。"哗"的一声，我掀掉纸罩。好极了！正如我预见的那样，圣甲虫在玻璃工场里，宽大的足放在梨子的毛坯上。它被突然的亮光吓呆了，愣在那里一动不动。我记下粪梨的形状、位置、朝向，然后又将纸套罩住。突如其来的短暂检查，告诉了我们这一神秘工作的初步情况。<u>原先完全球状的粪球现在伸出一个粗粗的环，四边就像不太深的火山口，使我想起了史前的瓮子，不过比例极小：圆圆的大肚子，开口四周围着黑边，瓮颈狭窄得像一道沟。可塑性的粪球圆形的一侧挖了一道沟，梨颈就从这里开始。另外粪球还被拉出一个圆钝的凸出部分，凸起的中央被压了下去，把粪料挤到边缘上去，形成了未定形的厚边火山口，最后的工作只要圆臂搂抱和挤压一下便完成了。</u>晚上万籁俱寂，我又一次突然拜访。这时母亲的工作已经有

> 原来是"火山口"，这时梨子的形状和梨颈的形成过程清晰地展现在眼前。

---

① 身陷囹圄：被困在监狱里。
② 饥肠辘辘：肚子里没有食物，辘辘作响。形容非常饥饿。

了进展。火山口加深了，火山口的厚边消失了，变细了，靠近了，拉成了梨颈。不过梨子并没有移位，位置、朝向跟我记录的完全一样。第二天，我第三次检查，梨已经制成了。梨颈昨天是半开着的口袋，现在已经封住，卵已经产下来了。粪梨已经圆满完成，只需要做一些全面抛光的整修。这一抛光工序，在我打扰它之前，母亲无疑正在进行，它对于几何学的完美是那么一丝不苟。我没有看到工程最难的部分，但我大体上非常清楚地看到了卵的孵化室是怎么造出来的。

在梨颈的最末端，有一处与众不同，一些纤维屑竖在梨颈端，而梨颈的其他地方都被仔细打磨得光溜溜的。那是孔塞，卵产下后，母亲便用这塞子把狭小的洞封住，而孔塞没有经过揉压。为什么这样呢？因为卵的末端靠在孔塞上，如果压实孔塞，把它往后顶，压力就会传到胚胎上，就会危害胚胎的生命。母亲了解这一点，所以用一个不加压实的塞子来堵住洞口：孵化室的空气将会更好地得到更新，而卵又可以避免由于压实拍打所造成的会有致命危险的震荡。

（梁守锵　译）

精华点评

读完这一篇章，我们仿佛看到了一个充满柔情的母亲，用心清除粪球里的异物，用自己的手仔细雕琢，把黏糊糊的粪便做成梨状的艺术品，只为了让孩子有美味的食物。然后把卵产在梨子的颈部，只为了保证孩子的安全，让它顺利孵化。这是一个温情而动人的故事。

延伸思考

你有没有被圣甲虫感动呢？有没有为这位艺术家的艺术品而震撼呢？

知识链接

昆虫是技巧高超的建筑师，它们可以建造各种类型的巢穴，让我们惊叹。例如蜜蜂会用蜂蜡筑巢，造型奇特，一个房子竟可容纳上万只蜜蜂；白蚁会建造蚁塔，有各种不同的形状。人们也从中受到启发，把它们的建筑理念应用于建造摩天大楼……这些都是小生灵带给我们的震撼。

导 读 ▶ ▶ ▶

食粪虫当然不会是让人赞美的雅称，但你可别因此鄙视这类动物。法布尔告诉我们，它们学识渊博，是解剖专家，有天赋本能，都是高明的粉刷匠。

圣甲虫的幼虫

圣甲虫的卵在窝里薄薄的天花板下，受着滋生万物的阳光变化不定的影响，所以胚胎的苏醒，没有也不可能有精确的日期。六七月是孵化的时期。新生儿一钻出卵的褪褓，立即用大颚啃咬房间的壁板。如果它用大颚把梨颈末端这最软的地方啃完了，它就会从围墙上打开一个缺口，结果就会从摇篮里滑出来，从打开的天窗掉到地上；这么一来，它就完蛋了，它再也无法找到食物了。因此，虽然四周的食物都是一样的，都合它的口味，它却只向住所的底部进攻。既然在食物方面，到处都没有丝毫不同，谁可以向我解释它为什么宁愿选这个进攻点呢？这个小生命是不是由于薄壁对它娇嫩的表皮的传感方式，而知道外面的世界近在咫尺呢？这种感受会是什么样的呢？还有，它刚刚出生，它对于外面的危险又知道些什么呢？我被搞糊涂了。

或者不如说，我找到头绪了；我在这里又见到了土蜂和飞蝗泥蜂告诉过我的事情。这些学识渊博的食粪者，这些解剖专家非常明白怎样不把猎物杀死，以便逐步享用；圣甲虫也拥有它自己的进食技术。虽然它用不着操心食物的保存问题，因为食物不会

> 恰恰是没有精确的日期，才凸显了生命的个性化。

腐烂；但它至少还得注意不要咬错地方，把自己暴露出来。在会招致灭顶之灾的进食中，头几口是最可怕的，因为幼虫十分软弱而墙壁又非常薄。因此，尽管这整块食物如此诱人，可它别的地方都不碰，只咬规定的地方，从梨颈底部开始吃。它钻进开膛破肚的粪团中去；几天时间，它在那里长得又肥又大，把污秽的东西化为胖乎乎的幼虫，浑身健壮得油光发亮，白得像象牙，发出深灰色的光泽，一点也不肮脏。食物消失了，在生命的熔炉里熔化了，留下一座圆形的空屋子，幼虫住在里面，在球形的拱顶下，弯着腰，蜷成一团。

尽管食物十分诱人，但为长远考虑，昆虫也要学会克制。

我很想看看幼虫在住所里的私生活，便在梨肚子上打开了一个半平方厘米的小天窗。隐居者立即把头探了出来，看看发生了什么事。缺口被发现了，头消失了。我看到白色的幼虫在狭窄的窝里滚动，一块棕色的软面团立即糊住我刚刚打开的天窗并迅速地凝固了。

我心想，窝内一定是半流质的浆。幼虫的背骤然一缩，在翻转身子的同时，扒了一把浆液，翻转过来，就把浆液作为砂浆封住了它认为有危险的缺口。我掀开封口的塞子，幼虫又开始干活儿，头伸到窗户上，缩回来，自身旋转起来，就像核桃仁在壳里旋转一样，立刻做好了第二个塞子。我早料到会发生这样的情况，所以这一次看得更仔细。

我的误会多大啊！不过我仍然困惑不解。昆虫在防御技巧方面所使用的手段，我们常常是连想也不敢想象的。在先转了一下后，伸到缺口处的不是头，而恰恰相反，是身子的另一端。幼虫并没有扒一把从板壁上刮下来的食物浆，而是就在需要封住的洞口屙屎。这是更经济的办法。经过精打细算只够维生的口粮不应浪费；另外，这水泥质量上乘，能迅速凝固；而且，小肠能够随意排便，紧急修补可以进行得更快。

的确，它能随意排便，而且速度惊人。我接连五次、六次，甚至更多次掀开盖好的塞子，砂浆每次都立即大量喷射出来，取之不尽，用之不竭，可以随时不停地提供服务。粉刷工和泥瓦匠有抹刀，热心修补住所缺口的幼虫也有自己的抹刀。它身体的最后一节斜截开来，在背面形成一个大圆盘，平面倾斜，四周长着肉凸缘。圆盘中央开着一个纽扣眼状的孔，用来排出填料。这就是它的抹刀，扁平而有凸边，这样挤压出来的材料在散开时不会白白地流掉。

塑性喷射物一聚成团，刮平和压紧的工具立即运转，把水泥送进缺口凹凸不平的地方，使它注满整个受损坏的部分，并把它抹平，再变得坚固起来。抹刀这么一抹后，幼虫就回转身子，用宽大的前额顶压，并用大颚把补丁修整完善。过了一刻钟，修补的部分就跟外壳的其他部分一样牢固了。水泥很快就凝固了起来，修补处的内面又恢复了原来的光滑，我们的粉刷工在房屋的墙上补洞，干的活儿也没有这么好。

幼虫的才干并不局限于此，它还用它的填料来修补破罐烂瓮。我曾把经过压实和干燥而裹着结实硬壳的梨子，比作一个装着新鲜食物的瓮。我有时在坚硬的地里挖掘时，小铲子一不小心就会打烂这瓮。我聚拢起碎片按原样拼好，把幼虫放在里面，然后用旧报纸包着。回到家后，我发现这梨子虽然有点变样，还有长长的伤疤，却牢固如初，原来在旅途中，幼虫将填料注进缝隙，粘起碎片，把被破坏的住所修补好了。

粉刷工为什么要有这种技艺呢？幼虫必须生活在绝对黑暗之中。它把住房突然打开的缺口堵住，是不是为了不让讨厌的亮光透进来呢？它是瞎子，头部没有丝毫视觉器官的痕迹。但是没有眼睛并不等于一定对亮光的影响没有感觉，幼虫娇嫩的表皮也许会模模糊糊感觉到亮光呢。我必须做些实验。

我在几乎漆黑的条件下打开缺口，极其微弱的亮光只够用工具来撬墙挖洞。洞口打开了，我立即把这硬壳的窝放到一个黑暗的盒子里去。几分钟后，洞被堵住了。幼虫尽管处于黑暗之中，仍然认为有必要把住所密封好。

我在装满食物的短颈广口瓶里饲养从粪梨里取回来的幼虫。我在食物堆中挖了一口约有粪梨一半大的竖井，井底呈半圆弧形，以此替代天然住所。我把做实验的幼虫隔离放在里面。住所的改变并没有引起幼虫明显的不安，它们觉得我精选的食物非常合口味，便以平常的胃口啃咬墙壁。被我搬了家的幼虫全都逐渐地在努力修补新窝，使它完整起来，因为我的竖井只有原来的窝下半部分那么长。我向它们提供了地板，而它们则打算在上面加一个天花板、一个圆屋顶，好把自己关在封闭的球形房屋里。材

料便是小肠提供的填料，建筑工具便是抹刀。黏糊糊的碎块砌在边上，凝固后便作为向内略微倾斜的第二排碎块的底座，一排接着一排，整个窝的弧形越来越明显。圣甲虫还不时用屁股滚动一下，终于把圆屋顶组装好了。

好几个星期，幼虫就这样通过这扇窗户整天接受实验室里的强烈光线，像其他幼虫一样平静地美餐、消化，根本不想用它们的填料做成挡板，挡住它们可能感到讨厌的光线。可见幼虫这么急忙地封闭住我刚刚在它的房间打开的缺口，并不是为了遮住光线。

它是不是害怕穿堂风，才仔细地把风可能穿进的哪怕一点点缝隙都严严实实地塞住呢？答案也不是这样。在我特制的房间里，温度和自然房间一样高；而且在我挖墙破洞时，室内的空气非常平静，不会引起寒流；不过，空气仍然是需要千方百计避免的敌人。如果空气通过缺口大量进入室内，加上七月热气带来的干燥，食物会干化成为吃不动的烘饼，会造成幼虫贫血，奄奄一息，很快就被饿死。母亲尽其所能，把窝做成圆形并裹上密实的外套，使子女不会因饥荒而惨死；但子女们对自己的口粮还不能掉以轻心。如果它们想始终有柔软的面包，那么食物瓮一有裂缝，它们就必须尽快把缝隙堵塞住。如果我观察得不错，这就是幼虫为什么成为粉刷工，天生带着抹刀并备着随时可以提供的填料的原因。

不过，我们还可以提出一个不容忽视的反面意见。圣甲虫如此积极地用填料堵住的这些裂隙、缺口、通风窗，是我用镊子、小刀、解剖针这些工具造成的。说幼虫天生有才能预防人类的好奇心可能引起的灾难，这种说法是无法接受的。它在地下生活，人有什么可怕的呢？自从圣甲虫在这世界上滚动粪球以来，很可能我是第一个扰乱它的家庭生活，让它说话，让它告诉我事情的人。在我之后，其他人也许会跟着来，但这样做的人太少了！不，对于人的破坏性干预，它用不着配备抹刀和水泥。那么它堵塞缝隙的技术是用来干什么的呢？

在表面上如此平静的房间里，在似乎给了它绝对安全的圆壳里，幼虫会遇到三四种对它不利的事故：植物、动物、盲目的物理因素等，都会破坏它的食品柜而造成它的死亡。

在绵羊献上的糕点四周竞争激烈。当圣甲虫母亲来取它那一份并制作粪球时，这块糕点里已经有小嗡蜣螂、蜉金龟蜷缩在糕点中；圣甲虫的梨会受到害虫严重的伤害。嗡蜣螂在里面搜寻，把梨子搞得乱七八糟，当贪食者酒足饭饱想出去时，便会把梨子穿出一支铅笔粗的圆洞。植物也会侵入粪球的肥沃土壤，把土拱得龟裂，使自己深深根植在裂缝之中。更常见的是梨子自己层层脱落、隆起、裂开。你放心好了，上天向万物分赐才能，圣甲虫的幼虫不是白白拥有抹刀和砂浆的，它把这些通道、通风窗立即堵塞住，梨子得救了，中央部分不会因此而干化了。

现在我对幼虫做个简略的描述。幼虫肥胖，皮肤细腻洁白，带着消化器官所产生的深灰色的苍白光泽，身体弯曲像弯弓，呈钩状，有点像鳃金龟的幼虫。腹部的第三、四、五节隆起巨大的驼背，像鼓包，像鼓囊囊的口袋，似乎皮肤要被里面的东西撑破似的：背着布袋便是这小家伙的主要特点。幼虫头小，轻微突出，淡棕红色，着生几根苍白色的纤毛。脚粗长，末端有跗节，但它并不使用脚作为爬行器官。身体末端的抹刀切成斜圆盘形，四边有多肉的凸缘。在倾斜面的中央，开着一个排粪的洞，像个纽扣眼，幼虫奇怪地翻一下，纽扣眼就到上面来了。简而言之，这只幼虫好像一个褡裢。

幼虫在屋里吃着墙长大了。梨子的大肚子逐渐被挖成一个小室，小室的容积随着居民长大而扩大。幼虫还需要什么呢？它必须把过于殷勤的小肠不断制造出来的砂浆排到别的地方去。但是在一间十分精打细算的房间里，大量的粪便要排放到哪里去呢？

我曾谈到黄斑蜂的奇怪技巧，它为了不弄脏它的蜜，便用消化了的排泄物为自己做了一个漂亮的小箱子，一个镶嵌工艺的精品；而圣甲虫的幼虫用粪便做出了一个艺术性稍逊但实用性却胜过黄斑蜂的作品。

幼虫从梨颈底部啃粪梨，始终吃它面前的东西，吃过的地方只留下一层很薄的壁板，它需要壁板来保护自己。这时，它身后便留下一块空间来存放废物而不会弄脏食品。经过四五个星期，幼虫就发育老熟了；这时梨的大肚子被挖了一个偏心的圆窝，梨颈部分的壁板非常厚，而相反方面却非常薄。饭已经吃完，现在必须为小室添置家具，为蛹的嫩肉铺上舒适柔软的垫料。

为了这个具有重大意义的工程，幼虫谨慎地留存了大量水泥。它挥舞着抹刀，这一次并不是修补损坏部分，而是为了把小屋的壁板加厚一两倍，把整个房间涂上泥灰，通过臀部的滑动，使表面光滑。最后幼虫将自己封在一个手指捏不破，石片也几乎砸不坏的箱子里。

房间准备好了，幼虫蜕变化成蛹。在昆虫世界里，很少有什么昆虫像这娇嫩的生物这么美丽。它鞘翅平放，形状像折叠的披巾，前腿缩在头下面，就像成年的圣甲虫装死时那样。蛹半透明，蜜黄色，就像琥珀雕琢出来似的。

经过二十八天的蛹期，圣甲虫具有最终的形状了。蛹脱下外衣时，颜色相当怪。除了额突和前脚上的锯齿，头、前脚和胸是暗红色的，而锯齿则呈烟熏的棕色。胸部是不透明的白色，鞘翅半透明，白里透着很浅的黄色。这套庄重的服装上，红衣主教大氅的红色配着司祭长袍的白色，这和从事圣事活动的圣甲虫十分协调。不过这服装只是暂时的，它逐步暗淡起来，最终让位给黑乌木色的制服。给角配上甲胄使自己坚实起来，并涂上最终的色彩，大约需要一个月的时间。

圣甲虫终于充分成熟了。它内心对即将到来的自由产生了愉快而又不安的情绪。它迄今都是黑暗之子，如今预感到了光明的欢乐。它渴望冲破外壳，钻出地下，来到阳光之中，但解放自己的困难并不小。出生的摇篮如今已成为可恶的牢房，它能走出去吗？它走不出去吗？

圣甲虫成熟得可以破壳而出一般是在八月。八月是炎热、干燥、流金铄石的月份，如果没有时不时的一场骤雨润湿干得冒烟的土地，那么要砸烂的囚室，要凿洞的墙壁，是那么坚硬，原先柔软的物质，就会像在盛夏的窑里烧出来的砖头，成为无法逾越的屏障。<u>但是只要下一场暴雨，只要下一点雨，地润湿了，土又柔软了；圣甲虫用脚刮耙，用背拱顶，它便可以获得自由。</u>

因此，圣甲虫是在九月份，几次预告秋天来临的秋雨之后，才离开窝破土而出的。初出茅庐者并不急着吃东西，它们首先需要的是享受阳光下的欢乐。它置身于充沛的阳光之中，被阳光陶醉了，一动不动。

（梁守锵　译）

> 要重获自由，需要等待时机，需要永不停息的努力。

精华点评

"上天向万物分赐才能"，作为黑暗之子的圣甲虫幼虫，从面对黑暗到迎接光明，它们有哪些"天赐"的才能呢？它们能够始终保持"面包"的柔软；能用巧妙的方式安置自己排出的大量粪便并对粪便进行再创造；甚至能精心选择破窝而出的时间，取尽天利。它们不是天之骄子，但却拥有并发挥自己所能，在破土而出之时，享受阳光下的快乐。

延伸思考

每个生命都是独特的，我们应该如何发挥自身的优势，获得成功？这值得我们思考。

知识链接

文中在描述圣甲虫幼虫的庄重服装时，提到红衣主教和司祭。"红衣主教"指的是德才兼备的教会精英，由教宗亲自甄选的协助教宗处理教会事务的人，平常穿红衣、戴红帽。"司祭"就是指神父，主持教会活动时会穿着黑色或白色长袍。

点点银白，闪着灵动的光，在草丛中飞舞，像天上的点点繁星。在大家的印象里，萤火虫似乎是浪漫的代名词。在法布尔的笔下，萤火虫又是什么样子的呢？

萤火虫

一　捕捉蜗牛

在我们地区，很少有什么昆虫像萤火虫这样家喻户晓①，人人皆知。这奇怪的小家伙为了表达生活的欢愉，在屁股上挂了一盏小灯笼。夏天炎热的夜晚，有谁没有看见过它像从圆月上落下的一粒火星，在青草中漫游呢？即使没见过的人，至少也听说过它的名字。古代希腊人把它叫作"朗皮里斯"，意思是"屁股上挂着灯笼"。

法语把萤火虫叫作"发光的蠕虫"，我们的确可以对这个名称找找碴儿。萤火虫根本不是蠕虫，即使从外表上也不能这么说。它有六只短短的脚，而且非常清楚怎样使用这些脚；它是用碎步小跑的昆虫。雄虫到了发育完全的时候，像真正的甲虫一样，长着鞘翅。雌虫没有得到上天的恩宠，享受不到飞跃的欢乐，终身保持着幼虫的形态；不过雄萤火虫在到交配的成熟期

---

① 家喻户晓：家家户户都知道。

前，形态也是不完全的。即便如此，"蠕虫"这个词也用得不恰当。法国有句俗话"像蠕虫一样一丝不挂"，用来形容身上没穿着任何保护的东西。但是萤火虫是穿着衣服的，它有略为坚韧的外皮，还有斑斓的色彩，身体栗棕色，胸部粉红色，环形服饰的边缘上还点缀着两粒红艳的小斑点。蠕虫是没有这样的服装的。

　　且不管这个不贴切的名称，现在我们来问问萤火虫吃什么东西。一位美食大师说："告诉我你吃什么，我就能说出你是什么样的人。"对于我们要研究其习性的任何昆虫，我们都可以首先提出同样的问题，因为<u>不管是最大的还是最小的动物，肚子是主宰一切的；食物支配着生活中的一切。</u>萤火虫虽然外表上弱小无害，它实际上却是个食肉动物，是猎取野味的猎人，而且它干这种行当的手段是罕见的恶毒。它的猎物通常是蜗牛，昆虫学家早就知道了，但是我从阅读中觉得，人们对此了解得不够；尤其是对它那奇怪的进攻方法，甚至还根本不了解，这种方法我在别处还从未见到过。

常言道，"民以食为天"。原来虫也以食为天。

　　萤火虫在吃猎物前，先给它注射一针麻醉药，使它失去知觉，就像人类奇妙的外科手术那样，在动手术前，先让病人受麻醉而不感到痛苦。萤火虫的猎物通常是几乎没有樱桃大的小蜗牛。夏天，这些蜗牛成群聚集在稻麦的稿秆或者其他植物干枯的长茎上，在整个炎热的夏天里，它们都一动不动地在那里深深地沉思。我多次看到萤火虫用它那外科技巧，使猎物在颤动的茎秆上无法动弹，然后美餐一顿。

　　它也熟悉食物的其他贮藏地。它常常去到沟渠边，那里土地阴湿，杂草丛生，是蜗牛的乐土。这时萤火虫就在地上对蜗牛动手术。我在自己家里可以很容易地通过饲养萤火虫来仔细观察这个外科大夫操作的详细情况。现在我想让读者来看看这个奇怪的场面。

　　我在一个大玻璃瓶里放了一点草、几只萤火虫和一些蜗牛，蜗牛大小适当，既不太大，也不太小。请耐心等待吧，尤其要时刻不离地监视着，因为我们想看到的事情会突如其来地发生，而且时间很短。

　　我们终于看到了。萤火虫稍稍探察了一下捕猎对象，蜗牛通常除了外套膜的软肉露出一点外，全身都藏在壳子里。这时贪

婪者便打开它的工具，工具很简单，可是要借助放大镜才能看得出来。这是两片变成钩状的颚，十分锋利，但细得像一根头发。从显微镜里可以看到，弯钩上有一道细细的槽。这便是它的工具了。

萤火虫用它的工具反复轻轻敲打蜗牛的外膜。这一切是温和地进行的，好像是无害的接吻而不是蜇咬。小孩逗着玩时，用两个指头互相轻捏对方的皮肤，从前我们把这种动作叫作"扭"，因为这只不过近乎搔痒，而不是用力拧。现在我们就用"扭"这个词吧。在与昆虫谈话时，用孩子们的语言是没关系的。这是使头脑简单者互相了解的好办法。因此我说萤火虫扭着蜗牛。

它扭得恰如其分。它有条不紊地扭着，不慌不忙，每扭一次，都要稍稍休息一下，它似乎想了解扭的效果如何。扭的次数不多，要制服猎物，使之无法动弹，至多扭六次就够了。在吃蜗牛肉时，很可能还要用弯钩来啄，不过我说不准，因为后面的情况我没见到。但是只要最初不多的几下扭，就足以使蜗牛失去生气，没有知觉。萤火虫的方法十分迅速而有效，它像闪电似的用带槽的弯钩，把毒汁传到蜗牛身上。蜇咬表面上如此温和，却能产生快速的效果。

萤火虫扭了蜗牛四五下后，我就把蜗牛从萤火虫嘴里拉开来，用细针刺蜗牛的前部，即缩在壳里的蜗牛露出来的那部分身子；刺伤的肉没有丝毫颤动，它对针戳没有丝毫反应，它像一具完全没有生气的尸体了。

还有更令人信服的例子，有时我幸运地看到一些蜗牛正在爬行，脚蠕动着，完全伸出，这时它们受到了萤火虫的进攻。蜗牛乱动了几下流露出不安的情绪，接着一切都停止了，脚不爬行了，身体的前部也失去了像天鹅脖子那种优美的弯曲形状，触角软塌塌地垂下来，弯曲得像断掉的手杖。

蜗牛真的死了吗？根本没有，我可以使表面上已死的蜗牛复活过来。在两三天半死不活的状态之后，我把病人隔离开来，给它洗一次澡，虽然这对于实验取得成功并不是绝对必须的。两天后，那只被阴险的萤火虫伤害的蜗牛恢复了正常。它可以说是复活了，它又能活动，又有感觉了。如果用针刺激它，它有感觉；它蠕动，爬行，伸出触角，仿佛什么不愉快的事都没发生过似的。全身酩酊大醉般的昏昏沉沉都彻底消失了，它死而复生了。这种暂时不能活动、不觉得痛苦的状态叫作什么呢？我想只有一个适当的名称，那就是麻醉状态。

许多捕食性膜翅目昆虫吃虽然未死却无法动弹的猎物。通过它们的丰功伟业，我了解了昆虫令对方浑身瘫痪的奇妙技术，它用自己的毒液麻痹其神经中枢。在人类的科学实践中还没有发明这种技术——现代外科学最奇妙的一种技术之前，在远古时代，萤火虫和其他昆虫显然已经了解这种技术了。昆虫的知识比我们早得多，只是方法不同而已。外科医生让病人嗅乙醚或者氯仿，昆虫通过大颚的弯钩注射一种极其微量的特殊毒药。人类有朝一日会不会利用这种知识呢？如果我们更好地了解小昆虫的秘密，那么我们在将来会有多少卓绝的发现啊！

对于蜗牛这样一个无害而十分和平、从不主动与别人发生争吵的对手，萤火虫这种麻醉才能有什么用呢？我想我可以大致看得出来。

如果蜗牛在地上爬行，甚至缩进壳里，对它进攻是毫不困难的。蜗牛的壳没有盖子，身体的前部大部分都露出来，在这种情况下蜗牛无法自卫，容易受到伤害。但是经常也有这种情况，蜗牛待在高处，贴在稿秆上或者一块光滑的石头上。这种支持点成了它临时的壳盖，使任何企图骚扰壳内居民的居心不良者无法进犯；不过有一个条件，那就是围墙四处任何地方都没有裂缝。但是蜗牛的壳和它的支持物常常没有贴紧，如果盖子没盖好，裸露处哪怕只有一点点大，萤火虫也能够用精巧的工具轻微地蜇咬蜗牛，使之立即沉沉入睡，一动不动，而自己便可以安安静静地美餐一顿。

萤火虫吃蜗牛十分小心翼翼，进攻者必须轻手轻脚地对它的牺牲品进行加工，不要引起它的挣扎，蜗牛稍有挣扎动弹，就会从高茎上掉下来。它一掉到地上，这个食物就完了，因为萤火虫不会积极热情地去寻找它的猎物，它只是利用幸运得到的东西而不肯辛勤去寻找。所以在进攻时，为稳妥起见，它必须使蜗牛毫无痛楚，不使蜗牛产生肌肉的反应，免得它从高处掉下来。由此可见，突然的深度麻醉是萤火虫达到目的的好办法。

萤火虫怎么吃猎物呢？是真的吃吗？是把蜗牛切成小块，

医生做手术前注射麻醉是为了让病人减轻痛苦，萤火虫也有为他人着想的心哦。

失去食物后只想着幸运得到而不会积极地寻找，萤火虫也是一个懒惰者。让我想起了守株待兔的故事。

割成细片，然后加以咀嚼吗？我想不是这样。我从来没见过笼中的萤火虫嘴上有任何固体食物的痕迹。萤火虫并不是真正的"吃"，它是喝。它采取蛆那样的办法，把猎物变成稀肉粥来充饥。它就像苍蝇的食肉幼虫那样，在吃之前，先把猎物变成流质。

整个过程是这样的：蜗牛不管多大，差不多总是由一只萤火虫去麻醉它。不一会儿，客人们三三两两地跑来了，同真正的拥有者丝毫没有争吵地欢宴一堂。让它们饱餐两天后，我把蜗牛壳孔朝下翻转过来，里面盛的东西就像锅被翻了过来，肉羹从锅里流出来一样。那些宾客吃饱肚子走开了，猎物只剩下这一点点残渣了。

事情很明显，就像我们前面说的"扭"一样，经过一再轻轻地蜇，每个客人都用某种专门的消化素来加工，蜗牛肉变成了肉粥。萤火虫各吃各的，大家尽情享用。可见，萤火虫的两个口钩除了用来叮蜗牛、注射麻醉毒药外，无疑也会注射可以把蜗牛肉变成流体的液汁。这两个用放大镜才能看到的小工具还应该有另一个作用。它们是凹形的，就像蚁蛉嘴上的口钩一样，用来吮吸和吃净捕获物，而不需要把猎物切成碎片。然而两者却有着极大的差别，蚁蛉留下大量的残羹剩菜，并把它们扔到挖在沙地上漏斗状的陷阱外面，而萤火虫这个液化专家却吃得一点也不剩下。两者所使用的工具相类似，但一个只吮吸猎物的血，另一个则事先进行液化处理，然后把猎物吃得一干二净。

有时蜗牛所处的平衡状态非常不稳固，可萤火虫干得十分精心。玻璃瓶给我提供了不少例子。蜗牛常常爬到玻璃瓶盖上，用一点点黏液把自己粘在玻璃上，因为黏液用得少，只要轻轻一动，它就会从玻璃上掉到瓶底去。

萤火虫常常借助补充腿力不足的攀升器官爬到高处，选择猎物。它仔细观察，找到一个缝隙后，便轻轻一咬，使猎物失去知觉，随即立刻调制肉粥，作为几天的食物。

萤火虫吃完饭走开后，蜗牛便完全空了，可是仅涂了一点点黏液固着在玻璃上的壳并没有掉下来，甚至位置也没动。蜗牛丝毫没有反抗，一点点变成了肉粥，就在它受到第一记打击的地方被吮干。这个细节告诉我们，具有麻醉作用的蜇咬突如其来，萤火虫吃蜗牛的方法十分巧妙，没有让蜗牛从非常光滑而又垂直的玻璃上掉下来，甚至在非常不牢的黏着线上一点也不晃动。

　　萤火虫要爬到玻璃或者草茎上，光靠它那又短又笨的脚显然是不够的，需要有一种特殊的工具。那工具不怕光滑，能攀住无法抓着的东西。它的确有这样的工具。它后腿末端有个白点，在放大镜下可以看到上面大约有十二个短短的肉刺，时而收拢聚成一团，时而张开像玫瑰花瓣，这就是黏附和移走器官，它通过抬高和放低、张开和闭合，帮助萤火虫行走。总之，萤火虫是一种新型的双腿残疾者，它在足尖放上一朵漂亮的白玫瑰，一种长着十二个手指的手，这种管形的手指，没有关节，但活动自如，它不是抓住而是黏附东西。

　　这个器官还有另一作用，就是能当海绵和刷子用。餐后休息时，萤火虫用这把刷子刷头部、背、两侧和腹部；它能这样在身上四处刷，是因为它身体十分柔韧。它一处一处地从身体的一端擦到另一端，擦得十分细心，说明它对此很感兴趣。它认真地擦拭，擦亮刷净身子的目的是什么呢？显然是要把沾在身上的灰尘或者蜗牛肉的残迹刷掉。它要多次爬到蜗牛加工库上去，稍稍洗下身子并不是多余的。

二　屁股上挂灯笼

　　如果萤火虫只会用接吻般地轻扭来麻醉猎物，而没有别的才能，普通的老百姓就不会知道它了。它还会在身上点起一盏明亮的灯，这才是它出名的缘由。

　　雌萤的发光器长在腹部的最后三节处，其中前两节的发光器呈宽带状，几乎把拱形的腹部全部遮住。在第三节的发光部分小得多，只有两个像新月状的小点，亮光从背部透出来，从上从下都可以看得见。这些宽带和小点发出微微发蓝的白光。只有已经发育成熟的雌萤才有这两条宽带，这是最亮的部分；未来的母亲为了庆祝婚礼，用最绚丽的装束打扮自己，点亮这副光彩照人的腰带。而在这之前，从刚孵化时起，它只有尾部的发光小点。雌萤没有翅膀，不能飞翔，它一直保持幼虫的形态，可它却一直点着这盏明亮的灯。

雄萤则充分发育，改变了形状，拥有鞘翅和后翅。它像雌萤一样，从孵化时起，尾部便有这盏微弱的灯。无论雌雄，也无论在发育的什么阶段，尾部都能发光，这便是整个萤火虫家族的特点。这个发光点不管从背面还是从腹面都能看得见，而只有雌萤才有的那两条宽带，才在腹面发光。

我在显微镜下观察过宽带，皮上有一种由非常细腻的黏性物质构成的白色涂料，这无疑便是发光的物质。紧靠着涂料，有一根奇怪的气管，主干短但很粗，上面长了许多细枝，细枝延伸在发光层上，或者甚至深入身体里。

发光器是受呼吸器官支配的，发光是氧化的结果。白色涂层提供可氧化的物质，而长着许多细枝的粗气管则把空气分布到氧化物上。这个涂层的发光物质是什么呢？

人们最初想到的是磷。人们把萤焚烧了，然后化验其元素。据我所知，这种办法没有得出令人满意的答案。看来磷不是萤火虫发光的原因，尽管人们有时把磷光称为萤光。萤火虫有没有一个不透明的屏幕朝着光源，把光源或多或少地遮住或者一直让光源露出来呢？这样的器官是没有用的。萤火虫有更好的办法拥有它的闪光灯。

遍布发光层的光管增加空气流量时，光度就增强；萤火虫想放慢甚至暂停通气时，光就变弱甚至熄灭了。总之，这个机理就像是一盏油灯，它的亮度由空气到达灯芯的程度来调节。

激动会引起气管的运作从而发光。这里要区别光带和尾灯这两种情况。尾灯会由于某种不安情绪而突然熄灭。我夜间捉小萤火虫时，清清楚楚地看到那盏小灯在草上发光，可是只要一不小心晃动了旁边的小草，灯光就立即熄灭了，我要捉的这只昆虫也就看不见了。

可是发育完全的雌萤身上的光带，即使受到强烈的惊吓，也没有产生什么影响，甚至丝毫没有影响。我在户外把雌萤关在笼里，我在笼子旁边放了一枪。爆炸声没有产生任何结果，光带依然发着光，跟没有开枪时一样明亮而平静。我用喷雾器将水雾洒在它们身上，没有一只雌萤熄灭它们的光带，顶多亮度有非常短暂的减弱，而且还不是所有的雌萤都是如此。我吹一口烟斗的烟到笼子里，这时亮度更弱了，甚至灭了，但时间很短。萤火虫很快恢复了平静，又亮了起来，而且亮度更强。我用手指抓住萤火虫，把它翻来覆去，轻轻捏它，如果捏得不重，它继续发光，而且亮度没有减弱。在这个即将交配的时期，萤火虫对自己的光亮充满极大的热情，除非有极其严重的原因，它才会把它的灯全部灭掉。

毫无疑问，萤火虫自己控制着它的发光器，随意使它明灭。但是在某种情况下，有没有它的调节都不要紧。我在发光层割下一块表皮，放进玻璃管内，用湿棉花塞住管口，以免过快蒸发。这块皮确实还在发光，只是没有在萤火虫身上那么亮罢了。在这种情况下，有没有生命并没有关系。可氧化的发光层与周围的空气直接接触，它不需要由气管输入氧气，它就像真正的化学磷那样与空气接触而发光。我还要进一步指出，在含有空气的水中，这层表皮发出的亮光同在空气中一样明亮；但如果水煮沸而没有了空气，光就灭掉了。这充分证明：萤火虫发光是慢慢氧化的结果。

它的光白色、平静，看起来很柔和，令人想到从满月里落下的小火花。这光虽然亮，但照射的能力微弱。在漆黑的地方，用一只萤火虫在一行铅印字上移动，我们可以清楚地看出一个个字母，甚至不太长的整个字；但在这狭窄的范围之外，就什么也看不到了。这样的灯很快就会使阅读的人厌烦。

假设把一群萤火虫放在一起，彼此相近得几乎互相碰着，每只萤火虫都放着光，它的光通过反射是否会照亮旁边的萤火虫，我们就能清楚地看到一只只萤火虫呢？事实根本不是这么回事。许多光只是混乱地汇聚在一起，即使距离不远，我们的目光也无法清晰地看出萤火虫的形状。所有的光把萤火虫全都模模糊糊地混在一起了。

雌萤的灯光显然是用来召唤情侣的。但是这些灯是在腹面朝着地面发亮，而雄萤任意乱飞，它是从上面、从空中，有时在离得很远的地方寻找雌萤的，它是看不见的。可是雌萤有它巧妙的调情手段。它来到非常显眼的细枝上，没有像在灌木丛下时那样安安静静地待着，而是做剧烈的体操，扭动十分柔韧的屁股，一颠一颠地，一下子朝这边，一下子朝那边，把灯对着各个方向照，当寻偶的雄萤从附近经过，不管是在地上还是在空中，一定

会看到这盏随时都在闪亮的灯。另外，雄萤还拥有一种光学器具，能够在远处看到这盏灯发出的最微弱的光。它的护甲胀大成盾形，大大伸过了头，像帽檐或像灯罩，其作用显然是缩小视野，以便把目光集中到要识别的光点上。颅顶下是非常凸出的两只大眼睛，球冠形，彼此相接，中间只有一条狭窄的槽沟让触角放进去。这个复眼几乎占据了整个脸，缩在大灯罩所形成的空洞里，真正是库克普罗斯的眼睛。

在交配时，灯光弱了许多，几乎熄灭，只有尾部的小灯在闪亮。交配过后就产卵，这些发光的昆虫丝毫没有家庭的感情，没有母爱，它把白色的圆卵随意播撒。

很奇怪，萤火虫的卵，甚至还在雌萤肚子里时就是发光的。如果我不小心捏碎肚子里装满已成熟的卵的母萤，就会有一道闪闪发光的汁液流在我的手指上，就好像我弄破了一个装满磷液的囊。然而我错了，放大镜告诉我，发光是由于卵被用力挤出卵巢的缘故。另外接近产卵时，卵巢里的萤光已经显现出来了，雌萤的肚子透出柔和的乳白色光。

卵产下不久就孵化。幼虫无论雌雄，尾部都有小灯。接近严寒时，它们钻入地下，但不深，至多四法寸。在隆冬时节，我挖出几只幼虫，发现它们的小灯一直亮着。接近四月时，幼虫又钻出地面，继续完成它们的演化。

萤火虫从生下来到死去都发着光。我们已经了解了雌萤的光带的作用，但是尾部的灯有什么用呢？很遗憾我不知道。昆虫的物理学比我们书本上的物理学更深奥，这个秘密可能会很久，甚至永远都不为人所知的。

（梁守锵　译）

精华点评

文中的介绍让我们震撼，萤火虫绝不仅仅是一只屁股上挂灯笼的小家伙，它会在吃猎物前麻醉对方，是外表弱小实则野心十足的猎人。丘吉尔在《我的早年生活》中曾说过："每个人都是昆虫，但我确信，我是一个萤火虫。"说的是自己在人生的黑暗中，也能像萤火虫一样顽强地发出光芒。

延伸思考

中国的萤火虫文化源远流长。先秦时期的《诗经》中就有"町畽鹿场，熠耀宵行"这样描绘萤火虫的诗句。杜牧的古诗中描写到"银烛秋光冷画屏，轻罗小扇扑流萤"。你还知道其他关于萤火虫的文学作品吗？

知识链接

囊萤夜读的故事曾感动和激励无数的学子，而如今我们已经不需要囊萤来夜读了。但萤火虫还是在多个方面给我们以启发和应用。例如，科学家受萤火虫发光器的启发，发明出荧光灯。科学家模仿萤火虫发光器的结构，应用在二极管中，可以大大提高效率。还能利用萤火虫的基因检测癌细胞，检测水的污染程度，同时萤火虫还是血吸虫病的防疫助手。

导　读 ▶ ▶ ▶

　　在谋杀案中，凶手为了缩短受害者的反抗时间，减少麻烦，在杀人时会选择在心脏等要害部位下手。那么，昆虫界的杀手会不会采取这种手段呢？黄足飞蝗泥蜂会告诉你答案。

黄足飞蝗泥蜂

　　鞘翅目昆虫盔甲坚硬，除了盔甲的连接处能够被带螫针的强盗刺伤外，其他部位是刺不进的。凶杀者很清楚那个地方，便选择象虫和吉丁这一类昆虫行刺。这类昆虫的神经器官相当集中，只要把毒针刺入这个地方，一刺就可以刺伤三个运动神经中枢。但是如果猎物是软皮不带盔甲的昆虫，比如膜翅目昆虫，它在搏斗时身体的任何部位被刺到都无所谓，会发生什么情况呢？它在螫刺时是不是还有什么选择呢？凶手在杀人时会选择心脏，以便缩短受害者的反抗时间，好减少麻烦。那么，昆虫界的杀手会不会也像这样，采取这种战术，宁可伤害运动神经节呢？如果是这样，假如这些神经节彼此不在一起，各自相当独立地发挥作用，结果一处麻痹了却不会引起别处也麻痹，又会怎么样呢？一种捕猎蟋蟀的昆虫——黄足飞蝗泥蜂将回答这些问题。

　　近七月末时，幼年的黄足飞蝗泥蜂咬破保护着它的茧，从地下摇篮中飞出来。整个八月，它都在罗兰蓟带刺茎的枝头上飞来飞去寻找蜜汁，但是这种无忧无虑的生活非常短暂，一到九月，黄足飞蝗泥蜂就要从事挖掘和狩猎的艰巨任务。它通常在高出道路的陡坡上，选择一个不太大的地方来安家，在那里能找到两样安家必不可少的东西：易于挖掘的多沙的地和阳光。除此之外它并没有采取任何预防措施来遮蔽它的住所，来抵挡秋天的雷雨和冬天的白霜。只要有朝阳、风吹雨打、无遮无挡，与地齐平的场地对它十分适合。但如果正当它进行掘地工程时，突然下起了一场暴雨，那它就够惨的了；第二天，正在建筑的地道会被沙土堵塞，弄得凌乱不堪，结果不得不抛弃它。

黄足飞蝗泥蜂很少单独筑造蜂巢，而是十只、二十只一群地对选定的场地进行开垦。我必须在好几天凝视一个这样的村落，才能对这些勤劳的矿工忙忙碌碌的活动、敏捷的蹦蹦跳跳、急剧迅速的动作有一个概括的了解。工人们一边用耙子似的后腿迅速挖土，一边哼着快乐的歌曲，声音尖锐刺耳，此起彼伏，还随着双翅和胸腔的振动而抑扬顿挫。这多像是一群欢乐的伙伴在工作中以有节奏的韵律相互激励啊。工地上沙土飞扬，细尘落在它们微微颤动的翅膀上，而过大的沙砾，它们则一点一点地耙出来，让它们滚到远离工地的地方。如果沙砾耙起来很费力，飞蝗泥蜂便猛地一用劲，发出一声高腔，令人想到伐木者砍下斧头时喊出的"嗨哟"声。工人们腿颚并用，加倍使劲，小洞很快就出现，飞蝗泥蜂已经可以全身钻进去了。这时候，往前挖掘和往后排碎屑仍在迅速交替进行。在这种急促的来回运动中，飞蝗泥蜂不是走，而是像被弹簧弹出去似的往前冲：它跳跃着，腹部抽动，触角颤抖，全身震颤发声。现在我们眼睛看不到矿工了，可还听得到它在地下不知疲倦地歌唱，有时还能瞥见它的后腿把一堆沙土往后推到洞口。飞蝗泥蜂时不时地中断地下的工作，或者是到阳光下掸掸身上的灰尘，因为尘粒落到细小的关节上，影响了它活动自如；或者是去四周围巡察一番。中断工作的时间很短，所以尽管时有停歇，地道在几个小时内就挖好了，于是飞蝗泥蜂来到门口高奏凯歌，对工程做最后的装修，刮掉那些凹凸不平之处，搬掉几颗只有它的眼睛能够看出会造成不便的土粒。

在我见过的许多黄足飞蝗泥蜂群中，有一种给我留下了深刻的印象。在一条大路旁有一些小土堆，其中一个锥形土堆有半米高。飞蝗泥蜂喜欢这个地方，便在这里建了一个我从未见过的有

处在幼年时期的泥蜂，就要离开孕育培育它的地方，面对不同的挑战。

"不知疲倦地歌唱"，泥蜂是名副其实的富有激情与乐观精神的劳动者。

如此众多居民的小村镇。从堆底到堆顶洞穴密布，这块圆锥形的干土外表看上去像块大海绵。整个大海绵上一片热火朝天的繁忙景象，居民们忙忙碌碌地你来我往，令人想起某个正在赶工的大工地。蟋蟀被拖到了这个锥形城市的斜坡上，被存放在巢房的食品贮存间里。尘土顺着挖掘道流出，满面灰土的矿工不时出现在走廊口上，不断地进进出出。有时会有一只黄足飞蝗泥蜂利用短暂的闲暇，爬上锥顶，它也许是要从这个高处对整个工作投下一瞥满意的目光吧。这种景象诱惑着我，我真想把这整个村镇和它的居民一起搬走！可是想也是白想：土堆太重了，我无法把一个村庄连根拔起，移到别的地方去。

我们还是回来看看在平地、在自然的土壤中工作的飞蝗泥蜂吧，这种情况才是最常见的。洞一挖好，飞蝗泥蜂就开始捕猎了。我则利用飞蝗泥蜂远出寻找猎物的机会，仔细观察它的住所。一群飞蝗泥蜂通常是居住在与地齐平的地方，但是那里的土壤并不都是一样的，有的地方凸出，上面覆盖着一簇草皮或者蒿属植物；有的地方有皱褶，植物的细根须把皱褶牢牢地板结起来。飞蝗泥蜂的巢穴就建在这些皱褶的侧面上。地道的门口先是一个水平的门厅，两三法寸深，这是到达隐藏所的通道，蜂房才是贮放食物和幼虫待的地方。天气不好时，飞蝗泥蜂就躲在这个门厅里。过了门厅便突然一拐，略微倾斜地又下降了两三法寸深。最后是一个椭圆形的蜂房，直径较大，最长的轴线就在水平线上。蜂房墙壁没有涂任何特殊的黏结物；虽然四壁萧然，但可以看出来它们是经过精心构筑的。这里的沙土都被压得实实的，地板、天花板、墙壁都经过了认真的平整，以免坍塌和因表面粗糙而可能伤害幼虫的嫩皮。这个蜂房靠一个仅够黄足飞蝗泥蜂带着猎物通行的狭窄入口与过道相通。

当第一个蜂房有了一个卵和必需的食物后，飞蝗泥蜂就把入口封住，但它并没有把洞抛弃。它在第一个蜂房旁挖了第二个蜂房，同样存放了食物，然后挖第三个，有时还有第四个。只是到了这时候，飞蝗泥蜂才把所有堆在门口的残屑扔进洞里，把外面的痕迹全都清除掉。一个蜂巢通常有三个蜂房，有两个蜂房的情况较少，有四个蜂房的情况则更少。飞蝗泥蜂产卵的数目有三十枚，因此需要有十个蜂巢。另一方面，筑巢的工程在九月才开始，到月底就要结束，所以飞蝗泥蜂建造一个蜂巢和准备食物的时间最多只有两三天。勤劳的小虫要挖住所，要备好一打蟋蟀，要把它们从远处经过千辛万苦运回来，放进仓库，最后把蜂巢封住，的确是分秒必争啊！何况有些日子刮风无法捕猎，有些日子下雨或者天阴，什么工作都得停下来。因此，我们便会明白飞蝗泥蜂不可能使它的建筑物十分牢固。各种各样的事它都要做，而且还要快快地做。它的住所只是一顶匆匆忙忙搭好的，用一天第二天就要收起来的帐篷。为了弥补这种缺陷，幼虫虽然只盖着一层薄沙，身上却穿着三四层不透水的外套。

> 毫无疑问，泥蜂是效率高的干活小能手哦！

现在一只嗡嗡叫的飞蝗泥蜂狩猎归来了，停在邻近的灌木丛上，大颚咬着一只胖乎乎的比它重几倍的蟋蟀的触角。它累得精疲力竭了，休息一会儿后，它又用腿夹住俘虏，用力一跃，飞过把住所隔开的沟壑，沉重地落在我正在观察的那个飞蝗泥蜂村镇中。余下的路程是走着去的。虽然我在那里，黄足飞蝗泥蜂也一点不害怕，它跨在猎物身上，用大颚咬着它的触角，昂首阔步，自豪地向前进。如果地面光秃秃的，运输起来便没有什么障碍；但是如果在这段路上草木盘根错节，那么当一条草根突然绊住它，使它有劲使不出时，那副惊呆的样子煞是好玩；它往前走，往后走，想尽各种办法，最后或者靠翅膀的帮助，或者巧妙地绕远道，才能克服障碍。目睹这一切是蛮有意思的。蟋蟀终于被拖到了目的地，它的触角正好够到蜂巢洞口。这时泥蜂放下猎物，迅速下到地道底。几秒钟后，它又出现了，头伸出洞外，发出一声愉快的喊声。蟋蟀的触角就在它的脚下，它抓住这些触角，于是猎物很快就落到巢穴深处了。

黄足飞蝗泥蜂杀死蟋蟀的手段无疑是很高明，所以有必要观察它是怎么杀死猎物的。我从猎手那里拿走猎物，换了一只活蟋蟀来代替。要偷梁换柱①是很容易做到的，因为我们已经看到飞蝗泥蜂放下俘虏独自下到洞里去了一会儿。要找到活蟋蟀就更容易了，只要随便掀开一块石头就可以在太阳照不到的地方找到密密麻麻的蟋蟀，只一会儿工夫，我便要多少只便有多少只蟋蟀了。准备工作做好了，我爬上观察地的高处，蹲在飞蝗泥蜂村镇中间等待。

---

① 偷梁换柱：暗中耍手段改变内容，以假代真。

被害者仰倒在地，无法用后部的杠杆支撑着逃走

　　一个猎手来了，它把蟋蟀运到住宅的入口处，独自进到洞里去了。我迅速拿走这只蟋蟀，把我手中的蟋蟀摆在稍微离开洞口不远处。猎手回来了，它望了望便跑去抓住放得较远的猎物。我睁大眼，聚精会神，我怎么也不会放弃我即将看到的这幕悲剧场面。蟋蟀惊慌失措，跳着逃开，飞蝗泥蜂逼近它，赶上它，向它扑去。它们在尘土中展开了一场混战。两个决斗者，在搏斗中时而战胜，时而战败，轮番占上风，一时胜负未决。终于猎手赢了，蟋蟀尽管足爪踢蹬，大颚如钳般地乱咬，还是被打得仰面躺在了地上。

　　凶杀者立刻着手处理战利品，它以相反的方向跟对手肚子贴着肚子，大颚咬着蟋蟀腹部末端的一块肉，用前足制止住蟋蟀粗大的后腿痉挛性的挣扎。同时它用中足勒住战败者抽动的腹部，后足像两根杠杆似的按在蟋蟀的脸上，使蟋蟀脖子上的关节张得大大的。这时飞蝗泥蜂垂直地弯起腹部，这样呈现在蟋蟀颚前的只是一个咬不到的凹面，我激动不安地看到飞蝗泥蜂把毒针刺到了被害者的脖子里，然后又刺向胸部后两节，再刺向腹部。在非常短的时间内，凶杀的大业便完成了。飞蝗泥蜂整了整凌乱的服装，准备把牺牲品运到住所去了。垂死的蟋蟀，四脚还在颤动。

　　前面我只平平淡淡地概述了一下，现在我们在这种令人叹为观止①的战术上花点时间吧。有的被膜翅目昆虫攻击的对手，几乎没有进攻性武器，它们处于被动地位，根本无法逃逸，它们唯一求

_____

① 叹为观止：赞叹事物好到了极点。

生的可能性就在于身披坚甲，然而凶杀者却知道坚甲的弱点在哪里。飞蝗泥蜂却多么不同啊！它的猎物不但有可怕的大颚，这大颚要是能够抓住侵略者，就会把它咬得开膛破肚，而且它还有长着两行锐利锯齿而强有力的双腿，蟋蟀可以用这些腿或者跳到远离敌人的地方，或者靠踢蹬扑打，狠狠地把飞蝗泥蜂打翻在地。所以你们会看到飞蝗泥蜂在使用针螫前采取了多么小心的预防措施。被害者仰倒在地，无法用后部的杠杆支撑着逃走，如果它是处在正常的姿势受到攻击，它一定会这样做的。它那些带锯齿的大腿被飞蝗泥蜂的前足压住，无法发挥进攻性武器的作用，它的大颚被泥蜂的后腿顶住，离得远远的，虽然咄咄逼人地张开，却咬不到敌人的任何部位。但是对于飞蝗泥蜂来说，这还不足以使猎物无法伤害自己，它还需要紧紧地勒住猎物，使之丝毫无法动弹，以便螫针能把毒汁注入要刺的地方；也许正是为了使腹部无法动弹，飞蝗泥蜂才咬住猎物腹部末端的肉。太奇妙了，我们即使充分发挥丰富的想象力来拟订进攻计划，也无法找到比它更好的办法。

螫针在俘虏身上刺了好几下，首先在脖子上，然后在前胸后面，最后接近腹部末端。正是匕首的这三下干脆利落的猛戳，表现出了本能所具有的天赋本领和万无一失的手段。黄足飞蝗泥蜂的幼虫赖以维生的猎物，尽管有时完全不能动弹，却并不是真正的尸体。它们只是全身或者局部麻醉了而已，其动物性生命程度不同地被完全消灭了，但是植物性生命——营养器官还长时间保持着生机，所以猎物不会腐烂，幼虫过了很久才去吃它都还很新鲜。为了产生这样的麻醉效果，膜翅目昆虫使用了当今先进科学向实验生理学家建议的办法，即借助有毒的螫针损坏给运动器官以活力的神经中枢。另外，我们知道节肢动物神经干的各个中枢或神经节在一定范围内，其作用是各自独立的，所以损坏其中的某个神经节，只引起相应体节的瘫痪；各个神经节彼此越隔开，离得越远，越是如此。相反，如果所有的神经节都连在一起，那么只要损坏这共同的神经节，就会引起其细枝所分布的体节的瘫痪，吉丁和象虫就是如此。我们剖开一只蟋蟀看看吧。为了使三对脚活动起来，我们会发现什么呢？我们发现的正是飞蝗泥蜂早于我们的解剖学家就发现了的东西：三个神经中枢彼此隔得很远。由此可见，用螯针重复刺三次，真是再符合逻辑不过的。多么高明的科学啊，你们向它甘拜下风①吧！

捕猎工作结束了，一个蜂巢里备了三四只蟋蟀作为食物。蟋蟀有条不紊地堆放着，背朝下，头摆在蜂巢尽头，脚在门口。卵就产在其中一只蟋蟀身上。最后要做的是把地洞封住，把挖洞时挖出来堆在住宅门前的沙土迅速往后扫到过道中。飞蝗泥蜂不时用前足扒残屑堆，把大的沙砾挑选出来，用大颚运去加固易粉碎的洞壁。如果它在够得着的地方找不到合适的沙砾，便到附近去找。植物的残根碎枝、小树叶片也派上了用场。在短短的时间内，地下建筑物的外部痕迹都消失了，如果不留意用个记号做标志，我们的眼睛再注意也不可能找到这住所的位置了。

飞蝗泥蜂的任务完成了，可我还要观察一下它的武器。用来制造毒汁的器官由两根分成许多细枝的管子组成，都通到一个梨形的贮汁库里。

一条纤细的管道从贮壶里出来，深入螯针的轴线中，把毒汁送到螯针的末梢。螯针非常细，根据飞蝗泥蜂的身材，尤其是根据它刺在蟋蟀身上所产生的效果，真没料到螯针的体积居然这么小。针尖非常光滑，完全没有蜜蜂螯针上朝后长的锯齿。其原因显而易见。蜜蜂使用螯针只是为了报复受到的侮辱，甚至不惜牺牲自己的性命，因为它没料到螯针的倒齿会钩住伤口拔不出来，结果使自己腹部末端的内腔拉出一条致命的裂缝。如果飞蝗泥蜂在第一次出征时，它的武器就要了它的命，它要这样的武器做什么？它使用武器主要是为了刺伤猎物给幼虫作为粮食，即使假设带倒齿的螯针能够拔得出来，我也怀疑有哪个飞蝗泥蜂会让自己的针带齿的。对于它来说，螯针不是一个当作摆设的武器，而是一个工作器械，幼虫的未来就取决于这个工具，所以这工具应当在跟抓住的猎物搏斗时便于使用，既能够刺入对手肉中又能很方便地抽出来，而平滑的刀刃就比有倒钩的刀刃符合要求。

黄足飞蝗泥蜂能够以迅雷不及掩耳之势打垮强壮的猎物，我很想在自己身上试一试飞蝗泥蜂的蜇刺是不是很疼。好吧，我试了，我十分惊奇地告诉你，这针蜇得不怎么样，也根本没有蜜蜂和

① 甘拜下风：真心佩服，自认不如对方。

胡蜂蜇得那么疼。我没用镊子，毫无顾虑地用手指就把飞蝗泥蜂
抓走了。

（梁守锵　译）

阅　读　札　记 ▶ ▶ ▶

精华点评

在建筑工地上，我们会看见一群群黄足飞蝗泥蜂忙碌的身影。尽管工地上尘土飞扬，建筑的工作耗时费力，这些勤劳的"矿工"仍然能够相互激励，高唱歌曲。这份激情，这份斗志，真的难能可贵且动人心魄。另一方面，面对猎物，它们又如此地勇猛而富有智慧。泥蜂早于我们的解剖学家，发明了用螯针重复刺相隔较远的神经节，致使对方被麻醉。多么高明的科学，黄足飞蝗泥蜂就是昆虫界的解剖学家。

延伸思考

在黄足飞蝗泥蜂身上，我们学到了哪些可贵的品格呢？

知识链接

其实泥蜂社会性发展较弱，大多数为独栖性，少数种类类似共同生活，即若干雌蜂共用一个巢口及通道，然后每个雌蜂再单独构建自己的巢室，还有子女帮助母亲照顾兄弟姊妹的种类。泥蜂为重要的捕食性昆虫，可捕猎各种害虫，并取食花粉，因而间接帮助植物传播花粉。

导　读 ▶ ▶ ▶

　　砂泥蜂喜欢在沙地上刨坑，整天和沙砾打交道，这应该也是它名字的由来吧。一起来看看它们是怎样在泥沙地上建好自己的住所吧！

砂泥蜂

　　身材纤细，体态轻盈，腹部末端非常细窄，像一根线似的系在身上，身穿黑色服装，肚子上饰有红色披巾，这便是这种掘地昆虫简要的体貌特征。它的形状和颜色接近黄足飞蝗泥蜂，而习性却大不相同。黄足飞蝗泥蜂捕捉直翅目昆虫：蝗虫、蟋蟀；砂泥蜂则以幼虫为野味。由于改变了猎物，所以它只有在本能的击杀战术上使用新的手段。

　　Ammophile一词源于希腊语，意思是"沙之友"，这个术语太绝对了，而且往往并不正确。砂泥蜂这一幼虫捕猎者对流动的纯沙没什么特别的爱好，它们甚至要逃避这种流沙，因为只要稍微一碰，流沙就会坍塌。在蜂房里放置好食物和卵以前，它们的竖井应当一直通行无阻。所以挖掘竖井的地方应当比较坚实，以免时候未到，井就被堵住了。它们所需要的是一块易于挖掘的松土，那里的沙用一点儿黏土和石灰就能粘牢。

　　砂泥蜂的地穴是个垂直的洞，像井似的，内径至多有粗鹅

柔丝砂泥蜂

毛管大，深约半分米。底部是蜂房，千篇一律①地只是比进入蜂房的井稍大一点。总之，这是个毫不起眼的住所，不费多少力就能挖成；幼虫靠茧的四层壳在那里御寒过冬。砂泥蜂独自挖掘，安安静静，不慌不忙，冷静地干活儿。前足作为耙，大颚起挖掘工具的作用。如果某个沙砾难拔出来，我们会听到由于昆虫的翅膀和整个身体的振动而发出的尖锐的沙沙声，仿佛它在用力呐喊。不一会儿，它出现在地面，大颚咬着一粒沙砾，飞起来，让残屑掉到较远的地方，几分米以外，以免阻塞现场。在挖出的沙砾中，那些形状和体积特别的，砂泥蜂没有像对待别的沙砾那样，把它们扔到远离工地的地方，而是用脚把它们搬运到井的旁边。这些是贵重的材料，是现成的砾石，以后要用它们来封闭住所。

住所挖好了。到了晚上，甚至当太阳照不到刚挖好的洞，砂泥蜂就要去它在挖掘过程中贮存下来的小砾石堆巡视一番，选一块满意的石子；如果找不到，便到附近找，总是很快便能找到的。这是一块平的小石头，直径比洞口略大一点。它用大颚把石板搬运来，临时盖在洞口上。第二天，天气又炎热起来，阳光又洒满了附近的斜坡，便于狩猎的时候到了。砂泥蜂还认得自己的住所；它抓着被麻醉了的幼虫的颈子，用腿拖着返回；它掀开这块石板，把猎物放进洞底，产下卵，最后把住房封住。挡在洞口的小石子跟旁边的石子毫无区别，只有它才掌握辨认的秘诀。

砂泥蜂是怎么捕捉幼虫的呢？我把它们放在罩子里观察。进攻通常都相当迅速。幼虫被砂泥蜂的大颚咬住了颈部，它扭曲着肢体，有时臀部一抖，把进攻者摔到了远处。砂泥蜂不管这些，它用螫针在幼虫的胸部迅速刺了三下，先刺第三个体节，最后刺第一个体节，并且比别的地方刺得更久更用力。

这时砂泥蜂松开幼虫，在原地雀跃。它平平地趴下，爬行，抬起身子，又趴下，翅膀痉挛地抖动。有时它把大颚和额顶在地

趴下、爬行、抬起、抖动……这应该是欢呼雀跃时最特别的表现方式。

---

① 千篇一律：做事按一种方式，非常机械。

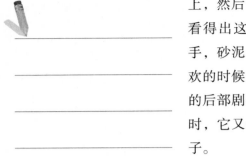

上，然后高高竖起后腿，好像要翻跟头似的。我看得出这是表示欢悦。我们因成功的欢乐而搓手，砂泥蜂以它自己的方式来庆祝胜利。在它狂欢的时候，伤员在干什么呢？它不再爬行，胸腔的后部剧烈挣扎着卷起来，而当砂泥蜂把脚按上时，它又伸直了，大颚一张一合，露出威胁的样子。

第二次打击开始了。砂泥蜂抓住幼虫的背部，从前到后依次蜇刺腹部的各个体节。由于第一次打击时已经排除了严重的危险，现在砂泥蜂不像开始那么匆忙了，而是安安稳稳地给它的猎物动手术。它从从容容、有条不紊地插进尖刀，然后拔出来；选择一个地点，就刺一个体节；每刺一次，背上抓着的部位就往后退一点，以便蜇针能够刺到要麻醉的体节。等它松开幼虫时，幼虫已经完全不能活动了，只有大颚还能咬。

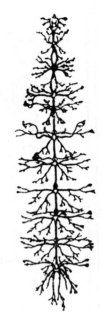

幼虫的神经系统

接下来是第三次打击。砂泥蜂用脚紧箍着瘫痪病人，大颚的尖钩抓住幼虫的颈部，这个弱点紧靠着脑神经中枢。它咬了约十分钟，夹钳的动作很急剧，但间隔时间较长。它有条不紊地摆弄着猎物，每次都要判断一下所起的效果如何，动作重复得我都懒得去数了。当它不再蜇刺时，幼虫的大颚已经不会张合了，这时可以把猎物运走了。

这幕悲惨事件的经过通常就是这样，当然它并不会永远都如此。动物不像一部机器，齿轮的运作没有变化，它具有一定的灵活性，能够应付可能发生的情况。有时会出现某些特殊情况，例如，第一次打击，也就是麻醉胸部的打击，不是刺三下，而是两下，甚至只有一下，这种情况并不罕见。第一次打击是所有蜇刺中最重要的，砂泥蜂打算通过这次打击制伏猎物，使幼虫无法伤害自己，只要能达到这个目的，为什么不可以只蜇两下，甚至一下，而非要三下不可呢？我觉得这种想法是完全可以理解的。可能砂泥蜂是根据猎物力量的大小来决定蜇刺的次数的。

按照惯例，砂泥蜂是由前到后依次麻醉幼虫的所有体节，有多少节就麻醉多少节。但例外情况也经常出现，常见的例外是不蜇刺最后两三节。比较罕见的例外，则是在第二次打击时，蜇刺的顺序反过来，由后往前。这时砂泥蜂咬住幼虫的尾部，按相反的方向，先刺后面的体节，再刺前一体节，包括已经刺过的胸部，一直往前，直至头部。这种颠倒，我想是由于砂泥蜂想寻开心。不管是不是这个缘故，颠倒操作与正常的方法，最终取得的结果是一样的：所有的体节都瘫痪了。

一般情况下，最后的打击是用大颚压住颈部，咬颈部的薄弱点，但有时砂泥蜂却不这样做。如果幼虫张开弯钩，摆出咄咄逼人的架势，砂泥蜂就咬它的颈部，让它老老实实；如果幼虫已经被麻醉，砂泥蜂就不咬了。这个操作虽不是必不可少的，但在搬运猎物时却大有帮助。幼虫很重，无法衔着飞起来运走，砂泥蜂只好头朝前，用脚抓住它拉着走。这时如果幼虫的大颚动起来，搬运者稍有闪失，就会有被幼虫咬住而无法自卫的危险。

另外，倘若返途要穿过茂密的草地，幼虫可能咬住一根草，绝望地不让自己被拉走。不仅如此，砂泥蜂通常只是在捕获了猎物之后才营造巢穴，至少是才去完善它的巢穴的。当它挖掘时，要把猎物摆在地上，或搁在一簇草或灌木丛上面。猎手在工作中会不时地停下来，跑去看看它的野味是不是还在那里。这是为了提醒自己记住猎物的存放点。当凿完井要把猎物从寄存处拉出来时，如果幼虫的大颚咬着灌木枝，死死地钉在那里，那么困难就会无法克服。所以在搬运时绝对必须使幼虫粗壮的大颚弯钩无力活动。为了做到这一点，砂泥蜂便要咬住幼虫的颈部，紧紧压住它的脑神经节。幼虫这种无力活动的状态只是暂时的，迟早会消失的；不过到那时猎物已经被放到巢穴里，卵已经谨慎地产在远离幼虫大颚的地方，产在它的胸口上，丝毫用不着害怕它的弯钩了。

（梁守锵　译）

精华点评

　　砂泥蜂是富有智慧的建筑工，它把前足作为耙，大颚起挖掘工具的作用。从挖出的沙砾中选择特别的，用来封闭住所。打猎后抓到的幼虫，会放进洞内，在幼虫上产卵。全都安顿好之后，砂泥蜂才倒退着爬到洞口，用土块堵住洞口。洞口非常隐秘，只有它自己能掌握辨认的秘诀……法布尔是怎样观察到这一切的？怪不得达尔文称他为"无与伦比的观察家"！

延伸思考

除了砂泥蜂，你还了解其他昆虫是怎样建成自己的巢穴的吗？

知识链接

　　可能大家不知道吧？砂泥蜂会选择空地上比较高挑的植物枝条或者枯枝作为睡觉的地方，这样的位置远离潮湿的草丛，几乎不会被夜露打湿，而且在早晨能够尽快被阳光照射到。大自然生命的智慧总是令人惊叹！

导　读　▶ ▶ ▶

　　压在身上、贴着肚子、咬住脖子、螯针刺入……毫无疑问，这是让人
触目惊心的"凶杀案"现场。原来虫儿世界也有残忍的肉搏，这是一个关
于"杀手"而非"麻醉师"的故事。

大头泥蜂

　　在膜翅目这些爱吃花蜜的昆虫中，有一种为了满足自己的需
要而捕捉猎物的大头泥蜂，很值得注意。幼虫的食物贮存室里储
备着猎物是再自然不过的事，但是食蜜的大头泥蜂自己也吃猎物
却有点不太好理解，喝花蜜者变成喝血者，使我惊奇不已。我早
就猜想它的劫掠行为是为了它自己，因为我多次看到它贪婪地舔
着蜂蜜，嘴上涂满了蜜汁。我怀疑它并不纯粹是为了幼虫而去捕
猎。

　　我把一只大头泥蜂和两三只蜜蜂放在玻璃罩里。囚犯们在玻
璃壁上爬上爬下，企图逃跑。玻璃壁表面垂直而又光滑，它们完
全可以走来走去。很快它们都安静下来了。劫掠者注意到了身边
的昆虫，它触角往前伸出打探消息；前腿竖起，由于贪婪而微微
颤动；头东张西望，注视着蜜蜂撞到玻璃上的一举一动。此时这
个歹徒的姿态，令人触目惊心，它那贪婪的伏击欲望暴露无遗，
它奸诈地等待着行凶。目标选好了，大头泥蜂扑了上去。

　　两只昆虫扭打滚动成一团，一会儿你骑在我身上，一会儿我压在你身上。混战很快平静下来，大头泥蜂能够控制住它的猎物了。我看到大头泥蜂采取了两种办法对付蜜蜂。第一种办法用得多些：蜜蜂仰卧地上，大头泥蜂压在它身上，肚子贴着肚子，用六只脚勒住它，同时用大颚咬住它的脖子；接着腹部由后往前弯曲，腹部的尖端摸索着到达脖子，把螫针刺入颈部并且停留一会儿，于是万事大吉了。可是它并没有松开一直被勒住的俘虏，它伸直腹部，让螫针始终刺着蜜蜂的腹部。

第二种办法是大头泥蜂站着动手术。它靠后腿和张开的翅膀的末端支撑，骄傲地站立起来，用前面四只腿使蜜蜂面对它。为了使蜜蜂的位置便于它用匕首戳刺，它把这只可怜的家伙转来转去，就像小孩粗鲁而笨拙地摆弄玩偶一样。此时，它的姿势真是美妙绝伦[1]！它牢牢地固定在两只后腿和翅缘形成的三脚支架上，肚子从下向上弯曲，还是把螫针刺在蜜蜂的脖子上。大头泥蜂这种凶杀的姿势，比我迄今所曾看到的都要奇特得多。

综观博物学史，求知的欲望有时是残酷的。为了精确地认出螫针的刺入点，彻底了解凶杀者可怕的才能，我在玻璃罩里所制造的谋杀的次数，连我自己都不敢坦白说出来。我看到大头泥蜂总是把螫针刺在蜜蜂的脖子上，没有一次例外。

看出伤口位置永远不变之后，我把蜜蜂头部的关节打开，看到颈部有一个白点，几乎不到一平方毫米大小，那里没有角质的外皮，可清楚地看到细腻的皮肤，螫针刺的地方就在这里，而且总是在这里，在披甲的这个小小的连接处。为什么总刺在这个地方而不是别的地方呢？是不是只有这个地方刺得进，从而决定了螫针一定要刺在这里呢？如果有人持有这种不高明的看法，我建议他把蜜蜂前足所在的前胸关节打开。在那里裸露的皮肤同颈部的一样嫩，但面积却大得多。角质的披甲再找不到比这更大的缺口了。如果大头泥蜂只攻击容易受伤之处，肯定就要螫刺这个地方，而不必非要寻找脖子的那个狭窄的洞不可。这样的话，它的武器不必游移不定地去摸索，一下子就可以刺入肉中。不是这个原因，螫刺不是机械地非要这样不可的。凶杀者不理睬披甲的这个大的接口处，而宁愿刺脖子那个部位。其原因是非常符合逻辑

"劫掠者"对待"俘虏"是如此残忍！

在胜利者面前，可怜的蜜蜂无法动弹，成了大头泥蜂手中的玩偶。

---

① 美妙绝伦：美好奇妙，是其他事物无法相比的。

的，下面我们将予以说明。

蜜蜂一被刺中，我就把它从大头泥蜂脚下拉了出来。令我震惊的是，它的触角和嘴部骤然失去了活力，而在捕食性昆虫的大部分猎物中，这些器官都会很长时间动个不停的。我过去研究过的被蜇刺的昆虫通常都保持着生命的迹象：整整几天、几个星期、几个月，触角慢慢地摇摆，脉搏颤动，大颚一张一合。可是被刺的蜜蜂却丝毫没有这些迹象，顶多是脚上的跗节微微颤抖一两分钟而已；然后完全奄奄一息，再也一动不动了。蜜蜂骤然失去了活力只能得出这样的结论：大头泥蜂刺伤了蜜蜂的脑神经节，因此，头部的一切器官骤然停止了活动，蜜蜂是真死了，而不是假死。大头泥蜂是个杀手而不是麻醉师。

凶杀者选择脖子作为攻击点以便伤害神经分布的头部神经节，从而一记打击便要了对手的命。生命的这个中枢中了毒，于是蜜蜂骤然死亡了。如果大头泥蜂的目的只是麻醉，使对手无法活动，那么它就会把武器刺入披甲连接处。不是的，它企图彻底杀死对手，过一会儿它就会告诉我们，它要的是一具尸体，而不是一个瘫痪病人。所以我得承认，它的谋杀方法是精心策划好的。我还得承认，它的攻击姿势与麻醉师的姿势很不相同，它要确保置对手于死地而万无一失。不管它是趴着刺还是站着刺，它总是把蜜蜂放在面前，胸贴着胸，头对着头。做了这样的准备之后，它只要弯起肚子，就可以攻击脖子的那个洞，把螫针从下往上斜刺入捕获物的要害部位。我姑且承认有这样的情况，两个斗士肉搏的情况颠倒过来了，假定螫针从相反方向稍微偏斜了一点，那么结果就完全不同了：螫针从上往下刺，伤害了胸部的第一个神经节，那么产生的只不过是简单的局部麻醉而已。为了杀死一只不幸的蜜蜂，大头泥蜂使用了多么巧妙的手法啊！究竟这个杀手是在哪个击剑厅里学来这致命的一击的呢？

如果这种手法是学来的，那么它的牺牲品对建筑蜂巢是如此多才多艺，怎么对类似的手法却一直一无所知、无法自卫呢？蜜蜂同它的克星一样强壮有力，像它一样佩着长剑，这剑甚至更可怕，至少刺在我手指上更疼。可是千百年来，大头泥蜂把蜜蜂作为食物贮存，而蜜蜂却听其摆布，自己的种族年复一年地遭受杀戮，却始终没有教会它怎样很好地使用利剑来摆脱侵略者。我十分失望，因为我永远无法了解，进攻者是怎么获得突然置人于死地的才能的，而被进攻者武器比它精良、身体也不比它弱，却只会胡乱挥舞利剑，什么作用都不起。如果说一方是通过长时期的进攻实践而学会的，那么另一方通过长时期的防御也应该学会呀；要知道在求生的搏斗中，进攻与自卫是同样重要的。当今的理论家们，有没有一位能够告诉我们这个谜底呢？

我利用这个机会向它提出第二个使我困惑的问题，那就是蜜蜂在大头泥蜂面前的那种满不在乎甚至愚蠢的态度。人们可能会设想，受迫害者由于家族的灾难而逐步得到教训，因此当劫掠者走近时会显得不安，稍有动静便想逃跑。但是在罩子里，根本没有这样的情况。蜜蜂并不怎么担心这可怕的邻居。我看到它和大头泥蜂并肩站在涂着花蜜的矢车菊的枝头，凶手和未来的受害者喝着同一壶蜜汁。当劫掠者跃向一只蜜蜂时，蜜蜂却迎了上去，扑到了大头泥蜂的脚下。这也许是由于冒失，也许是出于好奇，但丝毫没有惊慌失措、丝毫没有不安的表示、丝毫没有想跑开的意向。

当劫掠者用螫针时，蜜蜂也使用自己的螫针，它向这里动动，朝那里动动，始终在碰不到对方的空间乱动。有时候它也会刺到凶手弯曲的凸出处，可这些剑击并没有产生严重的后果。两个角斗士进行肉搏，大头泥蜂的螫针在里，蜜蜂的螫针在外，所以蜜蜂的针尖只能碰到敌人的背部那光滑的凸面，这时只要大头泥蜂的披甲没坏，几乎是伤害不了它的。

凶手发出致命的一击后，仍然长时间同死者肚子贴着肚子，也许是大头泥蜂觉得此时仍然有危险。在大头泥蜂放弃进攻和保护的姿势后，比其他地方更易于受伤害的肚子，蜜蜂的螫针能够刺得到，而死者在几分钟内还能够出于本能的反应而使用它的针。我曾经吃过这苦头，我过早地从强盗身下拉出蜜蜂而毫不防备地摆弄，结果我被它狠狠地螫了一下。大头泥蜂在与被扼杀的蜜蜂长时间地战斗期间，它怎样才能免受不报复一下就不肯死去的蜜蜂的螫刺呢？会不会发生什么事故呢？也许吧。

我在罩里放了四只蜜蜂和四只尾蛆蝇，想看看大头泥蜂在区别种类方面的动物学知识究竟怎样。在这些不同种类的居民中间爆发了角斗。突然，在混战中杀手被杀死了。它被打翻在地，腿

面对敌人时居然是一种满不在乎的态度，的确让人费解。

乱动，它死了。这一记打击是谁发出的？肯定不是嗡嗡叫而性情温和的尾蛆蝇，而是一只蜜蜂，它偶然地在混战中一下刺中了大头泥蜂。刺在哪里和怎么刺的，我不知道。虽然在我的笔记中这是唯一的一个例子，但这个事件却澄清了一个问题。蜜蜂有能力抵抗对手；它能够用螯针一刺，当即杀死想要杀死的对手。如果说它落入敌人的爪下时不能更好地自卫，是由于不会击剑术而不是武器不精。于是我再次思忖：大头泥蜂怎么学会了进攻而蜜蜂却学不会自卫呢？对于这个难题，我只有一个答案：一个不学而会，另一个不能学所以不会。

现在我们问问大头泥蜂为什么要杀死蜜蜂而不是使它瘫痪。杀死蜜蜂后，大头泥蜂一刻也没有松开，它用六条腿抓住蜜蜂，肚子贴着肚子，摆弄着猎物。我看到它非常粗暴地用大颚搜索着蜜蜂脖子的关节，有时也在前胸的前足窝搜索，虽然它的螯针没有利用这个最容易刺入的部位，可它却十分清楚那里的膜十分细嫩。我看到它用肚子压着蜜蜂的肚子，把蜜蜂放在压床底下。这种粗暴的摆弄，证明用不着小心翼翼了。蜜蜂是具尸体，不管从什么地方推撞，只要不弄得流出血来，猎物都不会被损坏。

这种种操作，尤其是压迫脖子，很快便取得了希望的结果：蜜囊里的蜜被压升到了蜜蜂的嘴上，蜜汁涌了出来。蜜汁一出现，马上就被这个贪食者舔掉了。这个强盗贪婪地吮着死蜜蜂带蜜的舌头，然后又重新搜索蜜蜂的脖子、胸部，重新用肚子压蜜袋。蜜汁来了，立刻又被舔尽了，蜜囊里的蜜就这样一小口一小口地被吸干了。大头泥蜂侧卧着，腿里抱着蜜蜂，淫逸地品味着从死尸胃里得到的丑恶的美餐。这种凶残的盛宴有时要持续半个多小时，最后，被吸干了的蜜蜂被抛弃了。

我简单的叙述足以说明蜜蜂杀戮者那奇怪的习性。我不否认大头泥蜂也以光明正大的手段取得食物。我看到它在花上同其他膜翅目昆虫一样勤劳，和和平平地吸蜜汁。因此我无法接受这样的看法，即它发挥残暴的才能仅仅是出于想靠吸干蜜囊来享受一顿美宴。它为什么要吸干蜜囊？肯定有什么事我们忽略了。也许在暴行后面隐藏着一个可以公之于众的目的。这目的是什么呢？

我深信任何事物都有它存在的圆满理由，所以不会相信大头泥蜂亵渎尸体仅仅是为了满足它的贪吃愿望。母亲们第一件关心

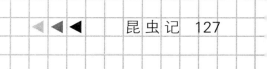

的事是家人的福利。我们只看到大头泥蜂为了美宴而捕猎，现在我们来看看它为了产卵而捕猎吧。如果只是为了吃几口美食，那么它在吸干蜜囊之后就会不屑一顾地把蜜蜂扔掉，对于它来说，这不过是没有价值的残渣。相反，如果它打算把蜜蜂贮存起来作为幼虫的食物，它就用两只中足抱着蜜蜂，用其余四只脚行走，在罩里转来转去，寻找出路以便带着猎物飞走。它用脚一直抱着猎物不放，充分说明大头泥蜂如果是自由的，它会把猎物直接运回巢穴中去。

　　为了了解大头泥蜂在自由情况下是怎样运送蜜蜂的，我便去一些大头泥蜂群附近窥伺。我看到大部分大头泥蜂肚子下面都抱着蜜蜂，急急忙忙往家赶。有的停在附近的灌木丛上，把死蜜蜂放在压床下，把蜜压出来，贪婪地舔掉。在做了这些准备工作之后，便把猎物贮存起来。所有一切怀疑都可以排除了：幼虫的食物要事先认真地把蜜挤干。

　　由于供应的猎物是死的，过不几天就会腐烂，所以蜜蜂的捕猎者不能在产卵前便在蜂房里装满食物，把口粮都备好，而只能随着幼虫逐渐长大，不时地提供所需要的粮食。一旦家里备好眼下足够的口粮，母亲便暂时停止外出狩猎，而在地下的家中忙着坑道的工程，把蜂房挖好。井下到密实的土中约一分米深处，井底是椭圆形蜂房，其中有些已有半透明的薄茧了。茧像椭圆形大肚瓶，瓶颈逐渐缩小。幼虫的排泄物把细颈的末端弄黑，使之变硬，茧就靠末端固着在蜂房底部而没有任何别的依托。有些蜂房有发育程度不同的幼虫，正在吃着食物。另一些蜂房里只有一只蜜蜂，还没被吃过，胸部上有一枚卵，这就是以后幼虫的第一份口粮。随着幼虫长大，蜂妈妈还会送来口粮的。因此，我的猜测得到了证实：蜜蜂的杀手大头泥蜂把卵产在贮存起来的第一只猎物的胸上，然后不时地给它的婴儿补充食物。

　　死猎物这个难题解决了，但还有一个很有意思的难题：为什么在把蜜蜂给幼虫吃之前要先吮干它的蜜呢？我说过并且我还要重复说，大头泥蜂的杀戮和压榨，不能只以满足自己的贪吃作为理由和借口，因此我想，涂着蜜的猎物很可能对于大头泥蜂的幼虫来说，是很讨厌和有害健康的菜肴。于是我喂养了一些已经开始长大的大头泥蜂幼虫，我没有从蜂巢里取猎物，而是用我自己

抓到的蜜蜂喂它们。我砸烂蜜蜂的头，幼虫也吃我的蜜蜂。开始时没有迹象证实我的怀疑；但很快婴儿们便萎靡不振，对食物不感兴趣了，随便地这里咬一口、那里咬一口，最后所有的幼虫都在咬过的食物旁边死掉了。但这还不能证明是蜜的缘故，可能有别的原因吧。幼虫习惯于生活在温暖潮湿的地下，也许是实验室里的空气和铺着的干沙损坏了幼虫娇嫩的表皮的缘故吧。那么再试试别的办法吧，我用画笔在死蜂身上轻轻涂上一层蜜。

大头泥蜂吃了第一口，我的问题就解决了。咬了涂蜜猎物的幼虫厌恶地离开了。它们长时间地游移不定，然后饿急了，又开始去咬猎物，它们试着这边咬咬、那边咬咬，终于再也不去碰这菜肴了。几天之后，它们都死了。有多少只幼虫吃了这食物，多少只都完蛋了。它们仅仅是因为不吃这种不合口味的食物而饿死的，还是因为吃了一口这么一点蜜被毒死的？我不敢说。可是，不管是哪种原因，事实证明有蜜的蜜蜂对于幼虫是致命的。

（梁守锵　译）

精华点评

　　这是一个弱肉强食的世界，"侵略"时有发生。在这个故事开始时，会因为大头泥蜂凶残的行凶方式而愤怒，同情那骤然失去活力的可怜的蜜蜂。就算是劫掠者，也不应不顾一切地"施暴"，一招使对手致命，没有任何还击的机会。甚至还要在杀死俘虏后舔食蜜蜂体内的蜜汁，满足自己的愿望。但当看到作者说的对于进攻和自卫，"一个不学而会，另一个不能学所以不会"，大头泥蜂把蜜压出来贪婪地舔食，是为了给幼虫补充食物时，内心多了一份理解。世界纷繁，为了生存，强者与弱者都必须进行抗争。弱者要做的，应该是在被人侵犯利益时，做一个强者。

延伸思考

　　每个生命都应该用怎样的态度来面对敌人的进攻与劫掠呢？这值得我们思考。

知识链接

　　正如爱因斯坦所说："学习知识要善于思考，思考，再思考。"法布尔作为昆虫学家，首先是一个思考者。在文中我们发现，他对问题的研究是不断深入的。为了引起读者注意，启发读者思考，书中运用了大量的设问句。"究竟这个杀手是在哪个击剑厅里学来这致命的一击呢？""它为什么吸干蜜囊？也许在暴行后面隐藏着一个可以公之于众的目的。这目的是什么呢？"……跟随法布尔的提问，我们也不断在思考，不断在寻找答案，从而获得新知。

导　读 ▶ ▶ ▶

　　比较与分类是非常好的思维方法。事物之间的差异性与共同性，是比较、分类的客观基础。比较能够启发人们对所研究的对象进行更广泛和深入的探索；分类能够帮助人们把复杂的事物条理化、系统化。本文就大量运用了这两种方法来帮助我们清晰而深入地认识蜜蜂。

黄斑蜂

一　织棉囊

　　我们地区有五种黄斑蜂，它们会在隐居所里铺上植物绒毛织成的毡子，但没有一种黄斑蜂会自建一所住宅。它们居无定所，放荡不羁，各自随意地捡拾其他昆虫的劳动成果作为藏身之所。

　　肩衣黄斑蜂钟情于髓质枯竭的荆条、被各种会钻孔的蜂儿营造成了一条孔道的干荆条。黑条蜂宽敞的通道很适合佛罗伦萨黄斑蜂，论身材它可是黄斑蜂中的老大。如果冠冕黄斑蜂继承了毛足条蜂的前厅甚或简陋的蚯蚓洞，它就自认为满足了；若是找不到更好的居所，它有时会住进卵石蜂破败不堪的穹顶屋内。我曾无意中发现一只色带黄斑蜂与一只泥蜂同居一屋，这两位，一主一客，共居在一个沙地孔穴里，倒也和平相处，各安其事。色带黄斑蜂通常隐居在残垣断壁的缝隙深处。除了他人的劳动成果这些隐居所外，还有深受各种绒毛收集者及壁蜂喜爱的芦竹，再加上一些最出人意料的隐居所，比如一块类似匣子的空心砖、迷宫

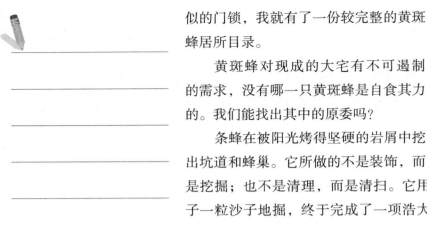

似的门锁，我就有了一份较完整的黄斑蜂居所目录。

黄斑蜂对现成的大宅有不可遏制的需求，没有哪一只黄斑蜂是自食其力的。我们能找出其中的原委吗？

肩衣黄斑蜂

条蜂在被阳光烤得坚硬的岩屑中挖出坑道和蜂巢。它所做的不是装饰，而是挖掘；也不是清理，而是清扫。它用大颚使劲地挖掘，一粒沙子一粒沙子地掘，终于完成了一项浩大的工程，挖出了输送食物的小道和产卵必需的蜂房，然后它必须将坑道及蜂房过于粗糙的内壁磨光并粉饰灰泥。经过漫长的劳动，建筑物终于落成了。

如果要条蜂接着往里面填棉絮，采集植物绒毛做成毡子，垫在盛蜜汁花粉的囊中，会发生什么呢？要制造出这么多的奢侈品，光靠条蜂的骁勇是不够的。挖掘工作既费时又费力，使它再没有闲情逸致去精心装饰家居，因而蜂房和坑道仍将是毛坯子。就像切叶蜂，若是失去了天牛的寝室，就必须自己在橡树上钻个窝，它同样没有足够的时间这么做。筑巢的艰苦劳动与装饰家居的艺术化工作，似乎无法并肩而行。昆虫就像人类一样，建造房屋的不会去装饰它，装饰房屋的并非建造房屋的。

只要观察一下黄斑蜂的窝就会深信，它的建造者不可能同时是一位执着的挖土者。它刚铺上棉毡但尚未涂蜜汁的棉囊，棉花雪白莹亮，最能体现昆虫筑巢艺术的优雅。在所有值得我们欣赏的鸟巢之中，没有哪一种在绒毛的精细度、外形的优雅和毡子的精致上，能与这令人叹为观止的棉囊相提并论，就连我们灵巧的双手借助工具也难以逼真再现。这蜂儿所用的工具与揉泥团的泥匠和编树叶的篾匠没什么两样，那么它是如何将一小团一小团运至巢中的绒毛，做成一块十分均匀的毡子，然后将毡子鞣成顶针形的棉囊的呢？对此我不想再深究。鞣毡大师的工具是足与大颚，与拌灰浆和切叶片的蜂儿一样。尽管它们所用的工具相同，但劳动产品却多么不同啊！

要亲眼观察黄斑蜂的筑巢活动似乎极为不易，它们活动在肉眼无法窥见的隐蔽处；要让它在光天化日之下干活儿，非我们力所能及。冠冕黄斑蜂、偃毛黄斑蜂及佛罗伦萨黄斑蜂，它们相当乐意住在我的芦竹蜂箱内。

当黄斑蜂在芦竹中筑起了几间蜂房后，便用一团厚厚的绒毛球将出口堵塞。壁垒的建筑过程从外部几乎就可以观察到，我只需耐心地等候好时机。

黄斑蜂终于到了，带来了修筑围墙的绒毛球。它用前足把绒毛球撕碎、展平；然后大颚不断一翕①一张，翕时往绒毛球里戳，张时往外抽，使那一团团绒毛变得非常柔软；最后再用前额将一层新的绒毛毡鞣到前一层上。然后蜂儿飞走了，一会儿又带着一团绒毛飞了回来，重复刚才的步骤，直到绒絮壁垒与出口齐平。尽管现在黄斑蜂所干的活儿十分粗糙，根本比不上它制棉囊的细致活儿；然而我却由此了解了这位艺术家筑巢的大致过程。它用足梳理绒毛，用大颚将其细分，再用前额压紧；令人赞叹的棉囊就在这些工具的作用下成形了。

我的观察对象主要是冠冕黄斑蜂，它是蜂箱里的常客。我打开一段约两厘米长、直径为十二毫米的芦竹。芦竹下部被一列由十个蜂房组成的棉囊占据，从表面看蜂房间没有任何分界，好像一根连续的圆柱体。各个蜂房都被紧密地黏合在一起，一个粘连着另一个，拉扯圆柱体一端，这棉花建筑虽未散架，但一间蜂房却被整个扯了下来。看上去一个圆柱体好像只有一间蜂房，而实际上它是由一系列蜂房组成的，每一间都是单独建造的。如果不剖开黄斑蜂软软的充满了蜜汁的蜂房，就无法看出蜂房的层数；再不然就得等到结茧以后，通过点数封盖绒絮形成的结节清点出蜂房数。

棉囊筑好之后要往里面贮存食物和产卵，接着是封闭蜂房。黄斑蜂用一层绒絮蒙住棉囊口，绒絮的边缘被黏合在出口边沿上。蜜囊和封盖粘连得如此紧密，以至于合二为一，难以分辨。一间蜂房完工后，黄斑蜂紧接着在上面修筑第二间蜂房。这间蜂房有自己独立的地板，黄斑蜂精心地将它黏合在前一间蜂房的天花板之上，两间蜂房就这样黏合在一起了。所有蜂房都被密密地黏合在一起，形成一个连续的圆柱体，彼此独立的棉囊的雅致消失不见了。

---

① 翕：闭合，聚合，收拢。

那段向我们提供了这些细节的芦竹下部，排了一列十只茧的圆柱体，前部还留有一段半分米长的空间。壁蜂和切叶蜂都习惯于将长长的前厅空置，黄斑蜂却在芦竹口塞上一大团更粗糙且不那么洁白的绒絮，整个蜂巢就大功告成了。用于封盖的材料在细腻度上略为逊色，但在牢固度上却高出一筹。

　　不同的部分所用的材料并不雷同，因此我认为昆虫懂得辨别，何种材料更适合用作幼虫柔软的吊床，何种材料更适合用作保护蜂房的壁垒。有时它们做出的选择非常明智。例如冠冕黄斑蜂，有很多次，尽管蜂房是由从矢车菊上采来的质量最好的白绒毛筑成，入口的栅栏却只是一堆从弯弯曲曲的毒鱼草上采来的星形绒毛，淡黄的颜色与蜂巢的其余部分很不协调。两种绒毛的不同作用极其明显，为了呵护幼虫细嫩的肌肤，必须有一只柔软的摇篮，因而雌蜂收集的都是绒毛植物上最好的莫列顿呢。而为了封锁门户，它在门口布满蒺藜及硬树枝上的星形硬毛，将敌人拦在门外。

　　这精妙的防御工事不是黄斑蜂唯一的防御系统。在一列蜂房筑成后，它立刻就在空置的前厅堆上一大堆乱七八糟的碎屑，都是它从蜂窝附近随意捡来的沙砾、小土块、木屑、泥粒、柏果、碎叶、蜗牛的干粪便，以及其他它可能找到的砾石。一堆真正的壁垒塞满了芦竹，仅留下离芦竹口两厘米左右的空隙，剩下的空间是留给最后一团棉塞的。当然，敌人是无法逾越那双重壁垒侵入巢中的，但它会绕开障碍。褶翅小蜂会飞来将长长的探针戳进芦竹上难以觉察的裂缝，然后往里输入它那可怕的卵，最终把城堡里的居民全部歼灭，一个不留。黄斑蜂处心积虑修筑起的防御工事就这样被瓦解了。

　　我特别强调一点，当昆虫的卵巢明显耗竭时，它仍将继续消耗自己的能量，不为产卵，只为工作的快乐而筑一些无用的巢。有绒毛塞子但里面什么都没有的芦竹并不少见，还有些芦竹中有一两间既无食物亦无卵的蜂房。采摘绒毛做成棉毡、堆成壁垒的本能，总是非常强烈，它促使昆虫坚持不懈地劳动，直至生命终结，尽管毫无结果。对于勤劳的昆虫来说，只有一种休息，那就是死亡。

二　美化居室

　　我们现在来看看棉囊中的居民和粮食吧。蜜汁呈淡黄色，色泽均匀，为半流质，非常浓稠，不会透过不防水的棉囊向外渗漏。卵就浮游在这堆食物的表面，头扎入花粉团中。追随幼虫的成长过程也不乏益趣。我准备了几间便于观察的蜂房，用剪刀将棉囊侧面截去一部分，使食物和蚕食者都暴露出来，然后把这间已被剥开的蜂房安放在一根短短的玻璃管中。最初几天一切都平淡无奇，那条可怜的小虫子总是将头泡在蜜汁里大口大口地吮吸，渐渐地长大。

　　一切幼虫，若靠母亲堆在狭窄的巢中的食物来喂养，都必须遵从一些卫生条件；这些条件是四处流浪的幼虫所不知道的，它觉着哪儿好就去哪儿，能找到什么就吃什么。无论隐居者还是流浪者，都不能完全吸收食物，因而会产生一点残渣。流浪者对自己的污秽之物毫不在意，它总是随处排泄粪便，排除麻烦。但对于隐居者，在塞满了食物的小屋里，它将如何处置它的食物废渣呢？可憎的混合似乎不可避免，我们想象一下那饮蜜汁的幼虫浮游在流质食物之上，时不时地往里排泄粪便将食物玷污吧。它的臀部只要稍微动一下，所有东西就会搅和在一起；对于娇嫩的婴儿来说，这是多么粗劣的菜肴啊！不，这不可能，这些挑剔的美食家一定有方法解决这个可怖的问题。

　　其实每种昆虫都有一种非常独特的解决方法。有些幼虫，如俗语所说，抓住牛角迎难而上，为了不弄脏食物，它们一直憋到用餐完毕才排泄；只要食物还没有全吃完，它们就会将肛门紧闭。这种方法似乎不是所有幼虫都能做到的，只有部分昆虫能做到，比如泥蜂和条蜂。

　　另一些昆虫，尤其是壁蜂，则采取折中的办法，等到巢中的食物被吃掉一部分，空出了足够大的空间时，才开始清除肠道垃圾。另一些昆虫更迫不及待，因为它们会加工粪便，可以更早地服从那共同的规律。凭着天才的灵感，它们把令人憎恶的粪便做成了可用于建筑的砾石。我了解百合花负泥虫的艺术，它用自己柔软的粪便做了一件避暑的外套。这是一种看起来十分土气，令人不悦的艺术。冠冕黄斑蜂则属于此类，它用自己的粪便制出杰

作，比如镶嵌工艺品和优雅的马赛克，可你压根儿看不出它们原来有多么卑贱。我们还是透过透明的玻璃管来观察这一技艺吧。

食物被吃掉差不多一半时，黄斑蜂就开始频繁地排便，一直持续到食物消耗殆尽。它的粪便是淡黄色的，勉强有大头针头那么大。粪便被排出后，幼虫向后一拱就把它们拱到了蜂房边沿，然后吐几根丝将它们系在那儿。其他昆虫要等到食物吃完才开始吐丝，可它与众不同，早早地就开始吐丝，并与进食交替进行。污秽物就是这样与蜜汁远远地隔开，解除了混淆的危险。垃圾最终越积越多，在幼虫四周形成了一道几乎绵延不断的屏障。这半丝半粪的粪便顶篷就是蛹室的毛坯，或更确切地说是一种脚手架，砾石在最终被派上用场前就堆在那上面。在加工马赛克的工作开始之前，这仓库可确保所有粮食都不受玷污。

无法扔出去的东西就悬在天花板上，使它不造成麻烦，这么做已经不错了；而将它做成一件艺术品，就更绝了。蜜汁不见了，幼虫现在开始正式造蛹室了。它用一层丝将自己裹住，这层丝先是纯白的，然后被一种黏胶染成淡红棕色。这层网眼稀松的纱布慢慢织成了，它离悬在脚手架上的粪粒也越来越近，最后它终于抓住了它们，将它们牢牢地嵌入织物中。待在棉囊里的黄斑蜂幼虫，只能用它所能拥有的唯一的固体材料来代替沙砾，对它而言，粪便就是沙砾。

它的作品并不因此而逊色，恰恰相反，当蛹室造好后，没有目睹制作过程的人，很难说出这件作品的质地。蛹室的色泽和优雅匀称的外形，令人想到用细竹条编成的竹篓，想到镶嵌着带有异国情调的小珠子的工艺品。起初我对它非常好奇着迷，不停地思量这位棉囊中的隐修者，究竟是用什么将蛹的居室装饰得这么漂亮，可没有找到答案。今天我了解了其中的奥秘，对这虫儿的创造性赞赏不已，它竟能将最令人恶心的材料变得实用而优美。

三　采集绒毛

我发现我家附近的各种黄斑蜂都不加区别地采摘一切绒毛植物。菊科植物提供了大部分绒毛，尤其是下列几种：二至生矢车菊、圆锥花序状矢车菊、蓝刺头、大鳍蓟、蜡菊、日耳曼絮菊；

还有唇形科植物，如普通夏至草、黑臭夏至草；最后是茄科植物，主要是毛蕊花属。

　　尽管我记录下的黄斑蜂所采集植物一览表很不完整，但它包括了好几种外观极不相同的植物。缀着红色绒球的大鳍蓟高傲的大烛台式的枝干，与长着天蓝色头状花序的蓝刺头卑微的茎干；毒鱼草宽大的蔷薇花饰，与二至生矢车菊瘦削的叶片；银光闪闪的埃塞俄比亚鼠尾草浓密的须毛，与不凋花属植物短短的绒毛；它们之间在形态上毫无相同之处。对黄斑蜂而言，这些普通植物学上的特征并不重要，只有一样东西在指引着它——绒毛的质量。只要这植物上或多或少地覆盖着柔软的绒毛就行，其他的对它来说都不重要。

　　除了绒毛要精细外，被采摘的植物还要满足另一个条件，那就是已经干枯，只有干枯的植物的绒毛才值得裁剪。充满了汁液的绒毛极易长霉，为了避免绒毛发霉，黄斑蜂从不在鲜活的植物上采集绒毛。

　　黄斑蜂对它认定适用的植物非常忠实，它会出现在上次采摘后而裸露部位的边缘继续采集绒毛。它用大颚刮削植物茎上的绒毛，把小撮小撮的绒毛慢慢传到前足中，前足则将这绒毛紧紧搂在胸前，并把迅速增多的绒毛揉成一个小圆球。当这只绒球有一颗小豆子大时，大颚将绒球叼住，咬在唇间，它就这样飞走了。收集食物会使采集绒毛中断一阵子；然后第二天，第三天，如果同一株植物上浓密的须毛还没有被刮净，它就会在同一根茎、同一片叶上继续刮啊刮。这工作似乎一直要持续到做隔墙的棉塞需

目标明确清晰，并且行动自始至终围绕着目标前进，那么注意力就不会轻易被转移，就能专注地达成目标，将事情做到极致。在这点上，黄斑蜂是我们的榜样。

在当地的土生植物中，黄斑蜂采集绒毛的植物范围很广

要更粗糙的绒毛时为止，筑隔墙的绒毛常常是和筑巢的精细绒毛一起采集的。

在当地的土生植物中，黄斑蜂采集绒毛的植物范围很广，我还想知道它是否会使用一些不为它的种族所知的异国植物，大颚在第一次刮到的绒毛植物面前是否会犹豫。我已在荒石园里种上了南欧丹参鼠尾草和巴比伦矢车菊，它们将成为采集场，采集者将是芦竹蜂箱内的房客冠冕黄斑蜂。

南欧丹参鼠尾草，一种普通的野菠菜，它是从国外引进的。我在荒石园里种了几丛野菠菜，在方圆几百里内，它完全是一种新的植物，在我播种这种植物之前，塞利尼昂的黄斑蜂还从未采过它的绒毛呢。巴比伦矢车菊，来自幼发拉底河流域的矢车菊，是我为了遮盖荒石园中贫瘠的石子地而引进的。它的茎秆如孩子的手腕般粗，三米高处长着一簇簇黄色绒球，宽大的叶子平展在地下形成巨大的蔷薇花饰。面对这样的发现，黄斑蜂会做什么呢？

在离芦竹蜂箱不远的地方，我放了几株晒得干枯的南欧丹参鼠尾草和巴比伦矢车菊，冠冕黄斑蜂立刻就发现这将是个大丰收。它一试便认定绒毛质量极佳，在筑巢的三四个星期内，我天天都看见它在采集绒毛，一会儿在南欧丹参鼠尾草上，一会儿在巴比伦矢车菊上。它似乎更喜欢巴比伦矢车菊，也许因为这种植物的绒毛更洁白、更细腻、更浓密吧。我仔细观察它们用大颚刮绒毛，用足将绒毛揉搓成团，我看不出这与它们在蓝刺头及二至生矢车菊上采集绒毛有什么不同。它们就像对待本土植物一样，对待这两种分别来自幼发拉底河和巴勒斯坦的植物。

在植物区系中，黄斑蜂并没有明确的采集范围，只要能找到筑巢材料，它会很自然地从一种植物采到另一种植物，无论是异国的还是本土的，都一样接纳。

（姜洁　译）

精华点评

我们总是喜欢凭印象臆断事物的优劣，一旦形成观点还很难改变，比如对于蜂，人们大多没有好感，它在人们心里只跟蜇人的疼痛甚至不惜牺牲自己也要报复有关。但其实，事物的多面性超越我们的想象，黄斑蜂就是高超的装饰艺术家、防御工事设计高手、励志的专注目标的高效率建筑师……

延伸思考

创造是件难事，专注是件难事，包容是件难事……黄斑蜂在这些方面都给予我们极大的启示，你是否有同感？

知识链接

《知识就是力量》杂志里曾介绍过一群"上天"筑巢的蜜蜂。这是1984年美国航天局"挑战号"航天飞机上所进行的一项崭新的科学实验。宇航科学家为了研究蜜蜂在太空失重情况下的表现，就在航天飞机上装进了一箱蜜蜂，共3300只。航天飞机一发射，这些蜂马上就拥向放食物的地方，然后不停地运动，并很快建成了一个蜂巢，与在地面做的蜂巢几乎一模一样。这些建筑大师真是厉害，竟然能那么快适应太空失重的环境，并且不忘展示它们筑巢的卓越本领。

导 读 ▶ ▶ ▶

　　自小喜欢低头看着地面，感动于蚂蚁忙忙碌碌地爬来爬去，于是，它们就是"勤劳"的代名词，再贴其他标签也是"团结""友爱"之类，却不知还有爱偷懒、会掠夺甚至驱使奴隶压迫同类的强盗蚂蚁。睁大眼睛，等待观念被刷新吧！

红蚂蚁

　　鸽子被运到几百里远的地方会返回它的鸽棚，燕子从非洲穿洋过海会重新回到旧窝定居。在漫长的旅途中，是什么东西指引它们的方向呢？一位睿智的观察者、《动物的智力》的作者图塞内尔认为，是视觉和气象指引着信鸽。

　　然而，猫第一次从迷宫般的大街小巷，穿越整个城市回到家，就不能归之于视觉的作用，也不能说是气候变化的影响。我做实验的石蜂穿过丛林回家，同样不是靠视觉指引。当石蜂从密林中飞出来时，飞得并不高，离地面才两三米，无法看到那地方的全貌从而画出地图来。它们干吗要了解地形呢？它们只犹豫一会儿，在实验者身边转了几个不大的圈后便朝北飞走了，尽管林遮树挡，尽管丘陵高耸绵延，它们仍顺着离地面不高的斜坡往上飞。视觉虽然使它们避开各种障碍，可并没有告诉它们要朝哪个方向飞。气象也不起作用，几公里的距离，气候并没有变化。

　　对于这些现象，我们不得不提出另外一种解释，即动物具有人类所没有的一种特别的感官。这种特别的感官能指引着在异地的鸽子、燕子、猫、石蜂以及其他许多动物返回自己的家。

这种未知的感官是否存在于膜翅目昆虫身上某个部位，以某个特殊的器官来感知呢？我们会立即想到触角。每当我们对于昆虫的行为不太明白时，总会想到触角，想当然地认为触角上会有我们所需要的东西。可是我有相当充足的理由怀疑触角具有指向的能力。

我剪掉几只高墙石蜂的触角，把它们运到别的地方然后放掉，可它们就像其他石蜂一样很容易地回到窝里来了。我还以类似的方法实验了我们地区个头最大的栎棘节腹泥蜂，这种捕猎象虫的节腹泥蜂也回到了它的地穴。因此我可以抛弃触角具有指向能力这种假设。那么这种感觉存在于什么地方呢？我不知道。

迄今为止，我实验的只是雌性昆虫，它们由于母性的义务对窝忠实得多。如果把雄蜂弄到别的地方，它们会怎么样呢？我对这些情郎不大信任。有那么几天，它们乱哄哄地在蜂房前面等待雌蜂出来，彼此争风吃醋要占有情人；然后不管工程正热火朝天地进行，便跑得无影无踪。我心想，回到出生的蜂房或者在别的地方安居，对于它们来说有什么要紧的呢？只要那个地方能找到老婆就行了！然而，我错了，雄蜂也回到窝里了。

我又做过几次实验，实验结果证实能够返回窝的有四种昆虫：棚檐石蜂、高墙石蜂、三叉壁蜂和节腹泥蜂。我能否因此推而广之，毫无保留地认为昆虫有从陌生地方返回故居的能力呢？然而，我不能这么说，下面的实验得出了相反的结果。

在荒石园里丰富的实验品中，我把红蚂蚁放在首位；这种红蚂蚁就像捕捉奴隶的亚马孙人，它们不善于哺育儿女，不会寻找食物，即使食物就在身边也不知道去拿，必须有用人侍候它们吃饭，为它们照料家务。

红蚂蚁会去偷别人的小孩来侍候自己的家族。它们抢劫邻居不同种类的蚂蚁，把别人的蛹运到自己窝里；不久后，小生命从蛹里出来，新生的异族就成为它们家中积极干活儿的用人。

当炎热的六七月来到时，我经常看到这些亚马孙人下午从它们的兵营里出来进行远征，蚁队有五六米长。如果路上没有什么东西值得注意，它们就一直保持着队形；但一旦发现有一个蚂

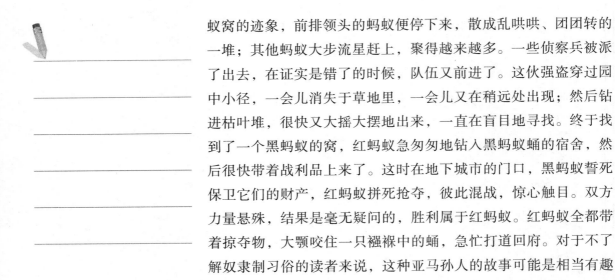

蚁窝的迹象，前排领头的蚂蚁便停下来，散成乱哄哄、团团转的一堆；其他蚂蚁大步流星赶上，聚得越来越多。一些侦察兵被派了出去，在证实是错了的时候，队伍又前进了。这伙强盗穿过园中小径，一会儿消失于草地里，一会儿又在稍远处出现；然后钻进枯叶堆，很快又大摇大摆地出来，一直在盲目地寻找。终于找到了一个黑蚂蚁的窝，红蚂蚁急匆匆地钻入黑蚂蚁蛹的宿舍，然后很快带着战利品上来了。这时在地下城市的门口，黑蚂蚁誓死保卫它们的财产，红蚂蚁拼死抢夺，彼此混战，惊心触目。双方力量悬殊，结果是毫无疑问的，胜利属于红蚂蚁。红蚂蚁全都带着掠夺物，大颚咬住一只襁褓中的蛹，急忙打道回府。对于不了解奴隶制习俗的读者来说，这种亚马孙人的故事可能是相当有趣的；很遗憾，我不想再谈下去了，这故事跟我们要谈的昆虫回窝的主题偏离太远。

抢劫蚁蛹的这伙强盗要运输的距离远近，取决于附近有没有黑蚂蚁。有时只要走十几步路，有时要走五十步、一百步甚至更远。我只看到过一次红蚂蚁远征到荒石园以外的地方。这些亚马孙人爬上荒石园四米高的围墙，翻过墙，一直走到远处的麦田里。至于要走什么路，对于这支前进的纵队来说是无所谓的。不毛的土地、浓密的草坪、枯叶堆、乱石堆、砌石建筑、草丛，它们都可以穿过，对于道路的性质它们并没有什么喜欢不喜欢的。

可是回来的路却是确定不移的，那就是走去时所走的那条路，不管原来那条路是多么弯弯曲曲，要经过什么地方，乃至于最难走的地方。由于捕猎的需要，红蚂蚁往往要走十分复杂的路途；如今它们带着战利品从原路回窝来了。原先它们走过哪些地方，现在还从那里走，对于它们来说这是绝对必须的，即使这样要加倍辛劳，危险万分，它们也不会改变这条路线。

假设它们穿过的是厚厚的枯叶堆，这条路对于它们来说简直是如临深渊，它们随时都会失足掉下去；而要从凹处爬上来，爬到摇摇晃晃的枯枝桥上，最后走出小路的迷宫，许多红蚂蚁都要累得精疲力竭。可是这有什么关系，回来时，虽然负重增加，它们肯定还要穿过这迷宫的。如果要想减轻疲劳，它们该怎么办？它们得稍微偏离一点，因为那里有一条好路，十分平坦，而且离原路几乎不到一步。可是它们根本没有看到这条仅仅偏离一点的路。

　　有一天我发现它们出去抢劫，在池塘砌栏内边排着队行走。我在前一天把池塘里的两栖动物换上了金鱼。北风劲吹，从侧面向蚁队猛刮，把整整几行士兵都刮到水里去了。金鱼急忙游来，张开深如巷道的大嘴把落水者吞了下去。雄关险阻，道路艰难，蚁队还没有越过天堑①就死了许多。我心想，它们回来时一定要走另一条路，绕过致命的悬崖。事情可不是这样。衔着蚁蛹的队伍仍然走这条危险的路，金鱼得到了双份从天上掉下来的礼物：蚂蚁和它的猎物。蚁队不愿换一条路线，而宁愿再一次被大量消灭。

　　这些亚马孙人去的时候走哪条路，回来时也非要走这条路不可。它们这样做肯定是因为长途远征、左兜右转，很少走同样的路，很难找到家的缘故。红蚂蚁如果不想迷路，是根本不可能随便挑什么路走的，它必须走它刚刚走过的那条路回家去。爬行毛虫从窝里出来，爬到另一根树枝、另一棵树上去寻找更合口味的树叶时，在走过的路上织了丝线，毛虫正是顺着这条拉在路上的丝线才返回住所的。这就是在远足时会有迷路危险的昆虫所能够使用的最基本的办法：一条丝线把它们带回家。比起爬行毛虫和它们幼稚的路来，我们对于靠特殊感官定向的石蜂和其他昆虫的了解就差得远了。

　　红蚂蚁这种亚马孙人虽然也属于膜翅目，可它们回家的办法却很有限，从它们必须由刚刚走过的路回来便可证明。它们是不是在某种程度上模仿爬行毛虫的办法呢？当然它们在路上不会留下指路的丝，它们身上没有从事这种工作的工具；它们会不会在路上散发某种气味，比方说，某种甲酸味，从而可以通过嗅觉来给自己指路呢？

　　据说蚂蚁是由嗅觉来指路的，而这嗅觉器官似乎就存在于动个不停的触角上。我对这种看法并不十分急于表示赞同。首先，我不相信嗅觉器官会在触角上；另外，我希望通过实验来证明红蚂蚁并不是靠嗅觉来指引方向的。

　　花整整几个下午观察我的亚马孙人出窝，往往劳而无功，

---

①　天堑：天然形成的隔断交通的大壕沟。此处形容路之险要。

把科学比喻为"贵妇人"，把观察当作崇高的职责和使命，这里不仅表现了露丝的可爱与热情，也表达了法布尔对科学的尊重与热爱。

这对于我来说的确是太费时间了。我找了个助手，她不像我那么忙，她就是我的小孙女露丝。这个调皮鬼对于我跟她谈的关于蚂蚁的事很感兴趣。她看见过黑蚂蚁和红蚂蚁的大战，对于抢劫襁褓小孩一事一直默默沉思。露丝满脑子充满着崇高的职责，对于自己小小年纪就为科学这位贵夫人效劳十分自豪。于是，她在天气好的时候便跑遍荒石园，她的使命是监视红蚂蚁，仔细辨认它们去到被劫蚁窝所走的路。她的热情已经经受过考验，我可以放心。一天，我正在写每天的笔记，房门口响起了声音：

"是我，露丝。快来，红蚂蚁进了黑蚂蚁的家。快来！"

"你看清楚它们走的路了吗？"

"是的，我做了记号。"

"怎么？做了记号！怎么做的？"

"像小拇指那样，我把白色的小石子撒在路上。"

我跑去了。事情就像我那六岁的合作者刚才告诉我的那样。露丝事先准备了小石子，看到蚁队从兵营里出来，便一步步跟着，在蚂蚁走过的路上隔一段距离撒下一点儿石子。亚马孙人抢劫后开始从用小石子标出来的那条路线回来了。回窝的距离有一百来米，我有时间进行事先策划好的实验。

我拿起一把大扫帚，把蚂蚁的路线全都扫干净，扫的宽度有一米左右。路面的粉状材料全都被扫掉，换上了别的材料。如果原先的材料有什么味道，现在已经换掉，会使蚂蚁晕头转向的。我把这条路的出口处分割成四个部分，彼此相距几步路。

现在蚁队来到了第一个切割处，显然十分犹豫。有的往后退，然后回来，再后退；有的在切开部分的正面徘徊不前；有的从侧面散开，好像要绕过这块陌生的地方。蚁队的先头部队先是聚集在一起，结成有几分米的蚁团，接着散开来，宽度有三四米。后续部队陆续到来，在障碍物前越聚越多，彼此堆在一起，乱哄哄的，不知所措。最后有几只蚂蚁冒险走上扫过的那条路，其他的也跟着来了；与此同时，少数蚂蚁则绕个弯子也走上了原先那条路。在其他切割处，蚂蚁也是同样的犹豫不决，不过它们终究或者直接或者从侧面绕道走到了原路上。尽管我设置了圈套，蚂蚁还是从原先用小石子标的路线回到窝里去了。

实验似乎说明嗅觉起着作用。凡在道路切割开的地方，蚂蚁都表现出同样的犹豫。蚂蚁仍然从原路回来，这也可能是扫帚扫得不彻底，一些有味的粉末仍然留在原地的缘故。绕过扫干净的地方走的蚂蚁可能受到扫到一旁的残余物的指引。因此，在表示赞成或者反对嗅觉的作用之前，我必须在更好的条件下再进行实验，必须去掉一切有味的材料。

几天后，我认真地制订了计划。露丝又进行观察，很快向我报告蚂蚁出洞了。这是我早就料到的，因为亚马孙人在六月闷热的下午，特别在暴风雨即将来临时很少不出发远征的。石子还是撒在蚂蚁走过的路上，一条水管的管口正对着路面；阀门打开了，蚂蚁的路被汹涌的急流冲断了。水流有一大步那么宽，长得没有尽头，冲洗了将近一刻钟。当蚂蚁抢劫归来，走近这里时，我放慢水的流速，减小水层的厚度，以免昆虫过分费力。如果亚马孙人绝对必须走原路，这就是它们所要越过的障碍。

蚂蚁在这里犹豫了很长时间；然后，它们踏着露出水面的卵石走进了急流；然后，踏脚的基石没有了，流水把那些最勇敢的士兵卷走了。可是，它们没有丢掉猎获的东西，它们随波逐流，搁浅在突出的地方，又到了河岸边，重新开始寻找可以涉水渡过的地方。地上有几根麦秸被水冲到了水面上，这就是蚂蚁要走上的摇摇晃晃的桥。一些橄榄树的枯叶成为带着辎重①的乘客的木筏，最勇敢者部分靠自己跋涉，部分靠着好运气，没有用过河工具而上了对岸。我看到有的被水流带到离此岸或者彼岸两三步远的地方，仿佛非常着急究竟要怎么办才好。<u>在溃散部队的一片混乱中，在遭到没顶之灾的危险中，没有一只蚂蚁丢掉战利品。它们宁死也要守住战利品。</u>总之它们凑合着渡过了急流，而且是从规定的路线渡过的。

在这之前不久，急流把地洗干净了，而且在渡河过程中一直有新的水流过去；我觉得经过这急流的洗涤，路上的气味问题可以排除在外了。如果路线上有丁酸味道，这气味我们的嗅觉感觉不出，至少在目前的条件下感觉不出来。现在，我用另一种强烈得多而且我们可以嗅出来的气味来实验，看看会有什么情况发生。

> "宁死也要守住战利品"，这是勇敢，是纪律，是责任，是集体利益高于一切的可敬精神！

---

① 辎重：原指行军时由运输部队搬运的军械、粮草、被服等物资，后扩用指外出时携载的物资。

我在第三个出口处警戒，在蚂蚁即将经过的地上，用几把薄荷把地面擦了擦，这薄荷是我刚刚从花坛里采摘来的。然后，我在路的稍远处，用薄荷叶将路面盖上。蚂蚁回来时穿过这些地方，对于擦过薄荷的区域，并不显得有什么担心；而在盖着叶子的区域犹豫了一下，然后就走过去了。

经过这两次实验，即急流洗涤路面和薄荷改变气味的实验之后，我认为再也不可以提出是嗅觉指引蚂蚁沿着出发时走的路回窝的了。其他一些测试会彻底让我们明白的。

现在我对地面不做任何改变，而是用几张大大的纸张横摊在路中央，用几块小石头压住。这个地毯彻底改变了道路的外貌，而丝毫没有去掉可能有气味的东西；可是，蚂蚁在地毯前比面对我的其他一切诡计，甚至面对激流，都更加犹豫。它们试了多次，从各方面侦察，一再尝试前进和后退，最后才冒险走进这个不认识的区域。它们终于穿过了铺着这几张纸的地区，队伍又恢复行进了。

在稍远处等待着亚马孙人的是另一个圈套，我用一层薄薄的黄沙把路切断，而路面原来是浅灰色的。仅仅这种颜色的改变就会使蚂蚁不知所措好一会儿，它们在这里就像在纸区面前一样犹豫起来，不过时间并不长，最后这个障碍就跟别的障碍一样被越过了。

沙带和纸带并没有使路线上的气味消失掉，既然蚂蚁在这些沙带和纸带前都同样的犹豫不决，都同样的止步不前，显然并不是嗅觉而是视觉使它们能够找到回家的路。用扫把扫地、水流冲地、薄荷叶盖住地面、纸的地毯把地遮住、用跟地的颜色不同的沙截断道路，不管我用什么办法来改变路的外貌，回家的队伍总是停下来，迟疑不决，企图了解究竟发生了什么变化。是的，是视觉，不过这视力非常近视，只要移动几个卵石就会改变它们的视野。由于视力非常狭隘，一条纸带、一层薄荷叶、一层沙、挥动一下扫把，乃至于更微小的改动，就会使得景色全非；于是想尽快带着战利品回家的这支队伍，焦虑不安地在这不认识的地方停了下来。它们之所以终于通过了这些可疑的区域，那是因为在反复尝试穿过这些改变了的区域中，有几只蚂蚁终于认出前面有些地方是它们熟悉的；而其他的蚂蚁相信这些视力好的，便跟随它们走过去了。

如果这些亚马孙人不是同时具有对地点的精确的记忆，那么光靠视力是不够的。一只蚂蚁的记忆力！究竟这记忆力会是什么样的呢？它跟我们的记忆力有什么相似的呢？对于这些问题，我无法回答；但是我只要用几句话就可以说明，昆虫对于它到过一次的地方会非常准确地记住而且记得很牢。这是我多次目睹的现象。有时会发生这样的情形：被抢劫的蚂蚁向这些亚马孙人提供的战利品太多，这支远征军一次搬不了；或者侦察过的地方黑蚂蚁非常多。于是有时在第二天，有时在两三天后，进行第二次远征。这一次，队伍不再沿途搜寻，而是直接奔向有许多蛹的蚂蚁窝，而且就走曾经走过的同一条路。我曾经沿着亚马孙人两天前走过的那条路用小石子来设置路标，我惊奇地看到这些远征的亚马孙人就走同一条路，走过一个石子又一个石子。我对自己说，根据作为路标的石子，它们要从这里走，要从那里过；果然它们沿着我的石桥墩，从这里走，从那里过，没有什么大的偏差。

这是过了好几天的事了，难道能够认为散布在路途上的气味还一直存在吗？谁都不敢这么说。因此，我们可以说，正是视觉指引着这些亚马孙人，除了视觉外，还可以加上对地点的记忆力。而这记忆力强得能够把印象保留到第二天乃至于更久；这记忆力是极其忠实的，它指引着队伍穿过各式各样高低不平的地面，走跟前一天相同的路。

如果这地方不认得，亚马孙人怎么办呢？除了对地形的记忆外，蚂蚁有没有石蜂那种小范围的指向能力呢？它能不能返回它的窝或者跟正在行进的部队会合呢？

这支抢劫军团并没有搜寻过荒石园的各个部分；它们特别喜欢探测的是北边，无疑那里抢劫的收获最丰富。所以这些亚马孙人通常是把它们的队伍带到兵营的北边去；在南边，我很少看到它们。它们对荒石园的南边即使不是完全不认得，至少不如北边那么熟悉。现在我们来看看在陌生地方，蚂蚁是怎么行事的。

我站在蚂蚁窝的附近，当部队捕猎奴隶归来时，我把一片枯叶放在一只蚂蚁跟前让它爬上叶子。我没有去碰它，而是把它运到离连队只有两三步远的地方，不过是在南边的方向。这足以使它离开熟悉的环境，使它彻底晕头转向。我看到这个亚马孙人被

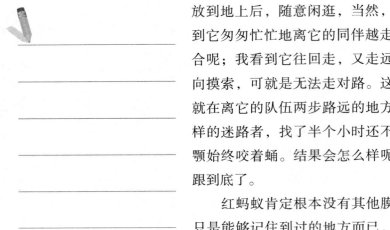

放到地上后，随意闲逛，当然，它的大颚总是衔着战利品；我看到它匆匆忙忙地离它的同伴越走越远，可它还以为是去跟它们会合呢；我看到它往回走，又走远去，东走走、西试试，朝许多方向摸索，可就是无法走对路。这个坚牙利齿的好战的黑奴贩子，就在离它的队伍两步路远的地方迷失方向了。我还记得有几只这样的迷路者，找了半个小时还不能走上正道而是越离越远，可大颚始终咬着蛹。结果会怎么样呢？我可没耐心对这些愚蠢的强盗跟到底了。

红蚂蚁肯定根本没有其他膜翅目昆虫所拥有的指向感觉。它只是能够记住到过的地方而已，再也没有别的能力了。只要偏离两三步路就足以使它迷路，无法跟它的家人团聚了；而石蜂却不会因为要穿过几公里不认得的空域而被难倒。这种奇妙的感官只是几种动物所特有而人却没有，我对此感到惊讶。两个比较差别这么大，不免会引起争论。现在这种差别不存在了：进行比较的是两种非常接近的昆虫，两种膜翅目昆虫。如果它们是从一个模子里出来的，为什么一种膜翅目昆虫有某种感官而另一种却没有呢？多了一个感官，这可是非常主要的特点啊！我等着进化论者给我说出一个站得住脚的理由来。

（梁守锵　译）

精华点评

　　科学的灵感，绝不是坐等来的。伽利略说，"一切推理都必须从观察与实验得来"；爱迪生则说，"我平生从来没有做出过一次偶然的发明，我的一切发明都是经过深思熟虑和严格实验的结果"。法布尔就是一个很有科学实验精神的人，大胆假设，小心求证，认真观察，严谨求真。

延伸思考

　　法布尔做了许多实验来寻找蚂蚁为什么不会迷路的答案，你是否也想过设计一些简便有趣的科学实验来证明自己那些关于世界的奇思妙想？

知识链接

　　不可否认，蚂蚁应该是我们最常见又最熟悉的小动物了，但以下关于蚂蚁的冷知识你知道多少——地球上所有蚂蚁的重量加起来超过了人类的体重总和。蚂蚁跟人类的数量比例是1500000 ：1。蚂蚁的足迹遍布全球，除了大洋洲、格陵兰岛、冰岛和几个荒凉的热带岛屿没有土生土长的蚂蚁外，全世界到处可见蚂蚁忙碌的身影。全球有超过12000种不同种类的蚂蚁，身体长度从2毫米到25毫米不等。而它们的寿命也大有不同，蚁后的寿命长达30年，而雄性工蚁的寿命只有几个星期。事实上工蚁有两个胃，一个用于储存自己的食物，一个用于为蚁群中其他蚂蚁储存食物。

导 读 ▶ ▶ ▶

据说一个弱女子能哭倒坚固的长城，据说一只小鸟能衔着小树枝填平大海，你信吗？传说既不是真实的人物传记，也不是历史事件的真实记录，虽然其中可能包含着真实历史的某些因素，但往往是通过艺术加工、幻想、虚构等手法渲染人或事突出的品质或特点，用来表达美好愿望或激励后人。让我们摒除传说里的偏见，重新了解蝉。

蝉

一　蝉与蚁的寓言

名声来自于传说；动物界也同人类一样，无稽之谈充斥于故事之中。如果说昆虫以某种方式引起了我们的注意，那是靠了民间故事才走运的，而民间故事却根本不把是不是事实当一回事。

比如说，大多数人都没有听到过蝉的歌声，因为蝉生长在有橄榄树的地区，但是谁不知道蝉？起码蝉的名字为众人所知。昆虫世界里，还有谁同它一样有名呢？蝉是靠了拉·封丹的寓言而著名的。寓言里说蝉在夏天整天唱歌不做事，严冬来到时，它没吃的，就跑到邻居蚂蚁家借粮，蚂蚁不理睬它，说："你过去一直唱歌！我很高兴，那么现在，你就跳舞去吧。"这朗朗上口的短小诗句便成了这个昆虫出名的主要原因。这寓言取材于希腊人的传说，拉·封丹从来没听见过蝉鸣，也没见过蝉；他说的这个著名歌手，肯定是蝈蝈儿。

蝉的若虫

说什么一到天冷蝉便挨饿。在我的村庄里，再无知的农民也不会不知道冬天绝对不会有蝉的。任何一个种田人当天气渐冷，要给橄榄树培土时，铁铲经常会挖出蝉的若虫；他千百次在路边看到这若虫在夏天怎样从它自己挖的圆洞中破土而出，攀缘树枝，后背开裂，脱去外壳，变成一只蝉。说什么它请求赈济几粒麦子，其实这食物根本不适合它那娇嫩的吸管。

我将替这个被寓言诬蔑的歌手昭雪。我承认蝉是个讨厌的邻居，每年夏天，上百只蝉来到我门外的两株梧桐树上，从日出到日落，刺耳的聒噪，令人头昏脑涨的合奏，使你无法思索，简直是身受酷刑。

蝉与蚁有时确实有关系，但这关系同寓言所说的正相反：蝉从不靠别人的帮助生活，从不到蚂蚁门前乞食；相反，是蚂蚁受饥饿所迫，向这位歌手求乞。我说什么？求乞！是的，掠夺者是没有借与还这种习俗的，蚂蚁剥夺蝉，无耻地抢劫它。这种劫掠，人们还不清楚，得解释一下。

七月，普通的昆虫在干枯萎谢的花朵上找不到饮料，干渴无力，可蝉对缺水却满不在乎。它用尖如钻针的喙刺穿一个取之不竭的饮料桶。它坐在树枝上，一边不停地歌唱，一边钻通坚固平滑、汁液饱满的树皮，将吸管插进桶孔，然后一动不动地畅饮。

我们再观察一会儿，也许就会看到意想不到的灾难。许多干渴的昆虫——胡蜂、苍蝇、球螋、玫瑰虫等，更多的是蚂蚁，在它身旁转悠。它们发现了渗出液体的饮料井，便一拥而上，围着甜蜜的钻孔，起初还有点小心翼翼，只是舐舐渗出的汁液；身材最小的为了走近清泉，钻到蝉的肚子下，蝉宽厚地抬起脚，让这些不速之客通过；身材大的，急不可待地跺着脚，迅速抢了一口便走开，到邻近的树枝上兜一圈，然后更大胆地回来。它们越发贪婪，刚才还谨慎小心，如今却变成一群乱哄哄的侵略者，要把凿井的蝉赶走。

在这群强盗的进犯中，最顽强的是蚂蚁。它们咬着蝉腿，

拖着蝉翼，爬上蝉背，戳着蝉的触角，我看到一只大胆的蚂蚁居然抓住蝉的吸管，拼命要把它拔出来。这个巨人被这些小人弄得心烦，无法忍耐，终于放弃了水井，向拦路抢劫者射一泡尿逃走了。对于蚂蚁来说，这种极端的蔑视算得了什么，它的目的达到了，成了井的主人；由于没有水泵从井里抽水，井很快干涸了，树汁很少但美味可口，毕竟终有所得。等待有机会时，它将再以同样的方式来饱饮一番！

可见，事实真相把寓言所虚构的角色颠倒了过来。肆无忌惮不惜进行抢劫的是蚂蚁，而甘愿与受苦者分享收获的勤劳生产者则是蝉。五六星期的欢乐之后，歌手身衰力竭，从树上掉落，太阳晒干了它的尸体。蝉翼还在尘土中颤抖，就被蚂蚁这伙强盗拖来扯去，剪断了躯干，肢解了尸体，分成碎屑，充实了它们的存粮，这便是这两种昆虫之间的真正关系。

二　地下隐居所

近夏至时开始出现蝉。在阳光暴晒、人来人往、踩得结实的小路上，地面上出现了一些指头粗的圆孔，蝉的若虫就从地底通过这些圆孔爬到地面羽化成蝉。圆孔通常位于最热、最干的地方，尤其是路旁。若虫有锐利的工具，可穿透泥沙和干土，我在考察它们抛弃的洞穴时，得用镐来刨地。

圆孔直径约二点五厘米，四周毫无清除的杂物，不像粪金龟这些掘地昆虫的孔穴外面总有一堆土，因为两者的工作方式不同。粪金龟从地面进入地下，从洞口开始挖掘，把挖出的土堆在洞外；而蝉的若虫则从地下钻上来，最后才打开出口的门，所以洞口不可能堆放泥土。

洞约四厘米深，圆柱形，目测略有弯曲，但总近于垂直，上下通行无阻，底部密闭，形成略为宽敞的穴，四壁光滑，没有与任何地道相通的痕迹。根据其长度和直径，挖土约两百立方厘米，但这些土都到哪里去了呢？既然是在干燥易碎的土中挖洞，洞壁应有粉末易坍①，若虫用有爪的腿爬上爬下，会将泥土刮下，

---

① 坍：倒。

堵住洞。但我十分惊奇地发现，就像矿工用支柱撑住巷井、隧道建设者用砖石砌固地道一样，蝉的若虫同样聪明，它在洞壁涂上一层泥浆，把土粘牢了。

这洞穴是若虫的长期居住所和气象观察站。它在来到阳光下羽化成蝉之前，必须先了解气候好不好；所以它耐心地用几个星期，也许几个月时间，挖土清路，巩固垂直的洞壁，用一层一指厚的土与外界隔绝。它在洞底修了个隐避所、等候室，待到预感天气良好时，便爬上来，通过顶上的薄盖，了解外部空气的温度和湿度。如果天气不理想，会刮风下雨，对纤弱的若虫蜕皮成蝉是极其严重的事件，它便爬回洞底等候；反之，它就扒开天花板，爬上地面。所以它要用泥浆固定住洞壁，免得因不断爬上爬下，把洞弄坍塌了。

但是挖出来的土怎么会完全不见了？原来蝉的若虫在成熟前，体积较大，浑身涨满液体，仿佛得了水肿病。它在掘洞时，把挖出来的土抛到身后，尾部渗出一种清澈的液体，姑且称之为尿，弄湿粉状的泥土，使它变为泥浆，粘在洞壁上，并用它的身体把泥浆压进土粒缝隙中去，压实洞壁，从而得到不见挖出的泥土而又通行无阻的巷道。正因此，若虫从十分干的土里出来时，身上都多少粘着或干或湿的泥，前腿满是泥块，后腿带着泥浆。若虫总是寻找地下有树木须根的地方挖洞，从须根吸取身体所需的液体；若虫出土成蝉后，所剩下的液体用作防御手段，如果遇到讨厌的对手，便射出一泡尿然后飞走。

三　金蝉脱壳

若虫出土后，在附近徘徊片刻，寻找离地后的立足之处：一棵小荆棘，一丛百里香，一根禾稿秆，或者一枝灌木丫。找到后它便爬上去，用前腿的跗节紧紧抓住不放，躯体横卧，仰着头，休息一会儿。蜕皮从中胸开始，先在背上的中线裂开，露出淡绿颜色，慢慢扩大，几乎与此同时，前胸也裂开向上直至头后，向下直至后胸。跟着外皮开裂，露出红色眼睛。绿色的蝉体鼓胀，尤其在中胸形成鼓泡，这鼓泡后来按两条最脆弱的十字线成为护胸甲。头出来后，接着是喙和前腿，最后是后腿和褶皱的蝉翼。

蜕皮的第一阶段只需十分钟。

在第二阶段，蝉要做两次翻跟头的体操动作。此时，蝉已完全蜕出，只有尾部仍固着在钩住枝干的旧皮上。依靠这个支点，蝉垂直翻身，头朝下。这时蝉的颜色暗绿带黄，皱褶的蝉翼伸直、张开，然后蝉以几乎看不出来的动作，用腰部的力量又将身体翻上来，恢复头朝上的正常姿势，前足抓住空壳，把尾部从蝉壳中脱出。第二阶段需要半个小时。

完全蜕皮的蝉，两翼透明，湿而沉重，翅脉嫩绿，前胸中部略带棕色，其他部分有的淡绿，有的淡白。它还很虚弱，需要空气和阳光使身体强壮，改变颜色。经过两个小时，情况仍无明显变化，它只靠前足钩住旧皮，稍有微风，便摇摆起来。最后颜色变得越来越深暗，完成变色过程，只要半小时。我看到蝉上午九点悬在树枝上，到十二点半才飞走。旧壳一直牢固地挂在枝上几个月，甚至整个冬天。

四　歌唱新生活

在雄蝉的胸部下，紧靠后爪的后面，左右各有一个半圆形的大响板，响板下有大空腔，空腔前后有鼓膜，这些就构成了蝉的发音器官。但是即使用剪刀戳破鼓膜，剪掉响板，蝉仍然会唱歌，只不过声音弱些。空腔是共鸣器，它不发声，但通过前后鼓膜的振动增强声音，并靠响板开闭的程度使声音发生变化。真正的发音器在别处。左右响板的外侧，蝉的腹背交接处有一个半开的小孔，姑且称之为"音窗"，通过空腔（音室）。紧靠后翼连接点的后面，有一个轻微隆起物，这是音室的外壁，发音器——音簧就藏在这里面。音簧是一块弹性小薄膜，靠弹性张缩而发出清脆的声音。响板是不动的，依靠腹部的鼓起和收缩使音室开闭。腹部收缩时，响板盖住音室和音窗，于是声音微弱、暗哑、窒息，反之则清脆响亮。腹部振荡的速度与音簧肌肉的同步收缩，决定着声音响亮程度的变化。

如果天气炎热晴朗，中午时分，蝉的歌唱延续几秒钟；短暂沉默后，歌声又突然开始，迅速提高，保持几秒钟；随着腹部的收缩而逐渐降低，成为呻吟；然后又突然重新单调地重复。有

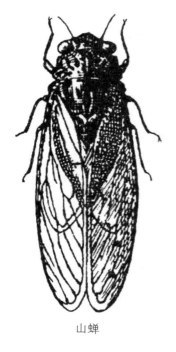

山蝉

时，尤其是闷热的傍晚，蝉被太阳晒得头昏脑涨，便缩短沉默时间，甚至一直唱个不停，但总是渐强渐弱交替进行。蝉在早晨七八点开始唱歌，到晚上八点左右暮霭沉沉时才停止。如果是阴天，或者吹着冷风，蝉就不唱歌了。

那么蝉歌唱的目的是什么呢？人们都会答复说：这是雄蝉在召唤伴侣。但我对这个答复有不同看法。十五年来，我不得不与蝉为邻，虽然我不乐意听它们唱歌，却相当热情地观察它们。它们雌雄混杂成行，栖息在梧桐树枝上，吸管插入树枝，一动不动地吮吸树汁，日影移动，它们也在树枝上跟着慢慢转动，总是朝着最亮最热的方向，但不管是吮吸还是移动位置，歌声一直不断。这种无休止的歌唱能够视为爱情的召唤吗？在这群蝉的聚会中，既然雌雄并排偎依，就不会一直几个月都喁喁求偶的；而且我从未见过一只雄蝉跑到叫声最响的乐队中去。那么这是迷惑和感动无动于衷者的方法吗？我仍有怀疑。当情人们奏起最响亮的音簧时，我从未见过雌蝉有任何满意的表示，有丝毫扭动、爱抚的动作。由此我只能说，这种漠然置之似乎说明雌蝉对歌声是完全无动于衷的。另外，对歌声敏感的，一定有敏锐的听觉，这听觉是警惕的哨兵，一有轻微声响，就会警觉到有危险。鸟是优秀的歌手，它有极敏锐的听力，只要枝上有一片树叶摇动，只要过路人说一句话，它们就噤声不唱了，惴惴不安地提防着。啊！蝉完全没有这样的激动不安的情绪。

蝉的视觉非常灵敏。它的复眼能看到左右两边发生的事，它的三只单眼能探索头上的空间，它只要看到我们走来，就立刻不叫飞走了；但如果我们站在它背后，那么不管我们说话、吹哨、拍手，用两块石头相击，它都不理睬，仍然镇定自若地继续吱吱叫，好像没事似的。

我就此做了多次实验，这里只说最令人难忘的一次实验。一天，我借了两支圣人节用的土铳①，装满火药，放在梧桐树下，没采取任何伪装措施，因为在树上唱歌的蝉看不到下面发生的事。为了防止震破玻璃，我将窗户打开。我们六个听众都看清了歌手的数目，注意观看这空中乐队会发生什么。放枪了，声如霹雳……可树上的蝉没有任何激动不安，歌手的数目依然那么多，歌唱的节奏依然不变，歌声依然那么洪亮。我们六人都一致证实，强大的爆炸声对蝉的歌唱没有丝毫影响。我又放了第二枪，结果还是一样。

由此我能否推断说蝉听不见声音呢？我不敢贸然这么说，但如果有更大胆的人肯定这个推断，我也提不出任何理由来反驳，至少<u>我不得不承认蝉听觉迟钝，可以把这个著名的俗语用在它身上：叫喊得像个聋子</u>。

> 很有意思的一句俗语，让我想起雨果小说《笑面人》里的一句诗："我也是瞎子，我只知道说啊说啊，没有看见你们都是聋子。"生动地讽刺了那些不听劝告的人。

五　灰色童年

普通的蝉都在干树枝上产卵。它尽可能寻找像干草或铅笔粗细、外有一层薄薄的木质、内含丰富汁液的细枝，只要这些条件具备，什么植物都无所谓。细枝多少有点垂直翘起，最好比较长、匀整而且光滑，好在上面产下所有的卵。

蝉用自己短而尖利的胸针自上而下斜插进树枝，在横向上刺成一系列小孔，撕裂木质纤维，把纤维挑出。如果树枝匀整、光滑、长度合适，这些孔便几乎距离相等，不太偏离直线。孔的数目不等，在三四十个。母蝉总是只身仰着头在树上产卵。产卵管长约一厘米，整个插入树枝内。母蝉轻轻扭动身体，鼓起和收缩腹部末端，频频颤动，这就是产卵的全过程。从钻孔到排卵结束约十分钟。之后母蝉慢慢离开，洞穴由于木质纤维重新闭合而自动封闭起来。接着它又垂直爬到一翅之长的高处，又钻新孔，又产卵。卵就产在这些孔内的小穴中，洞穴是一条狭窄小径，入口处无遮盖。卵一枚枚排列于穴内，每穴卵数六到十五枚，平均为十枚，因此一只母蝉产卵总数在三四百之间。

这个昆虫家族的确庞大，产卵多是为了预防许多毁灭性的危险。这危险并非来自麻雀，因为成年的蝉目光锐利，可猛然飞

---

① 土铳：用火药发射铁弹丸的管形土造火器。

起而且飞得快；它栖息于高枝上，也不怕草地上的强盗。当它受到进攻时，会向袭击者射出一泡尿，然后一走了之。所以不是麻雀迫使它产这么多的卵，危险是来自他方，而那危险对它的卵和卵的孵化都是致命的。凶手是一种极小的小蜂科昆虫，我不知道它叫什么名字，它有四五毫米长，浑身黑色，有多节的触角，在腹下近中央处也有穿刺工具，伸出来时与身体成直角，蝉卵刚产出，它就把它们消灭掉。

虽然蝉比起这个天敌来是庞然大物，只要把足按在它身上便能把它压扁，可这种小蜂科昆虫镇定自如，胆大无比。我曾见到有三四只掠夺者跟在产卵的母蝉身后也刺洞，或者等待有利时机。当母蝉在一个穴里产了卵，爬上较高地方再钻洞时，一只强盗就跑到被抛弃的洞穴，公然毫无畏惧地几乎就在蝉足下，像在自己家里一样，完成它的丰功伟业。它伸出穿刺工具刺入蝉卵，把自己的卵产进去。当母蝉产完全部的卵飞走时，它的大部分洞穴里都有这些异族的卵；这些卵很快便孵化出幼虫，它们以蝉卵为食粮，取代了蝉的家族。

可怜的产妇，你没有从千百年的经验中吸取任何教训。当这些可怕的钻探者在你身旁准备干坏事时，你敏锐的眼睛一定会看到它们的；你当然看到了它们，知道它们跟在身后，可你仍然若无其事地听任敌人这样对待你。宽厚的庞然大物啊，你转过身来，把这些侏儒踩扁吧！可你从来不这样做，你甚至无法为了改变你作为母亲身受灾难的命运而改变你的本能啊！

蝉卵白如象牙，有光泽，长形，两端有壳，长两毫米半，宽半毫米，成行排列，彼此略有重叠。到九月末，变成乳酪的棕色。十月初，前部出现两颗栗褐色明亮的眼睛，几乎立即能看到东西。若虫前部呈圆锥形，像极小的无鳍鱼。身下有两只连在一起的前腿朝后伸直，构成一种鳍，它能微微活动，用来使若虫钻出卵袋，艰难地爬出纤维质的穴道。穴道非常狭窄，只够一只若虫爬出，而且蝉卵不是首尾相接，而是略微重叠，后面的若虫必须穿过前面已孵化而遗留下来的卵壳钻出。这样，若虫戳破卵壳后穿过穴道困难重重：碍事的触角、展开的长腿，尖端弯曲的穿刺工具沿途会钩住东西，这一切使若虫难以迅速得到解放。一个穴里的卵几乎同时孵化，前面的新生儿必须尽快离开，好给后来

者留下自由的通道。

若虫爬出洞穴至少需要半小时，它一出洞穴立即从前到后缓慢地把皮蜕下，蜕下的皮悬在枝上，若虫尾部嵌在旧皮内；它在落地前，先在这里沐浴阳光，强壮身体，蹬蹬双腿，试试力气，系着安全带懒洋洋地摇晃。它的触角相当长，现在自由了，它左右挥动，腿前后伸缩，前足比较粗壮，张合自如。它靠后腿悬挂，微风一吹，就摇动起来，并在空中准备翻个筋斗降落世间；有的半小时就落地，有的要几小时，有的甚至要等到第二天。我没有见到过比这小小的体操运动员更奇特的表演。

若虫终于落地了。这个虚弱的小家伙只有跳蚤那么大，现在它投入严酷的生活中了。我可以预感到它会遇到千难万险。微风会把它吹到坚硬的岩石上、车辙的积水中、不毛的黄沙里，或者硬得钻不下去的黏土上。它需要一块容易钻入的非常松软的土，以便立即藏身在土中。天气渐冷，寒霜将降，在地面游逛会有死亡的危险。

当若虫找到合适的地方后，便用前腿的弯钩在地面挖洞。借助放大镜，我看到若虫挥动锄头，把土耙到地面，几分钟后，一个土穴稍稍打开了，它钻了下去，埋入土中，就再也看不见了。

显然，在地下，它只能靠植物的根汁为食物。但是它什么时候开始吮饮第一口呢？我现在还不清楚。

蝉在地下的初期生活，至今我还没有亲眼看到，对老熟若虫的生活也不太清楚。不过我们知道它在地下生活的时间是四年，而它在空中的生命则比较容易估算出来。接近夏至时，我听到蝉的第一声歌唱，到九月中旬，音乐会结束。由于并非所有的蝉都在夏至出土，我们取首尾这两个日期的平均数，得出蝉在阳光下歌唱的时间为五个星期。

四年在地下干苦工，一个月在阳光下欢乐，这就是蝉的寿命。我们不要责备成年的蝉狂热地高奏凯歌，因为它在黑暗中待了四年，披着皱巴巴的肮脏外套，如今它突然穿上标致的服装，长着堪与飞鸟媲美的翅膀，沐浴在温暖的阳光下，微醉半醺，在这个世界里，它极其欢乐。为了庆祝这得之不易而又这么短暂的幸福，歌唱得再响亮也永远不足以表示它的欢愉啊！

（梁守锵　译）

精华点评

　　苦苦地下蕴蓄四年，才等来阳光下仅一个月的生命。蝉在树上不是鸣叫，是在高唱生命的赞歌。民国时期的《开明国语课本》里有一篇课文："三只牛吃草，一只羊也吃草，一只羊不吃草，它看着花。"几句简单的话，却让人感觉妙趣横生，那只不吃草而懂得欣赏花的羊是多么有灵性、有情趣的一只羊啊！它实实在在地给我们上了生动的一课：活着不应该只是吃饱这么简单，还应该学会享受吃饱之上更高境界的精神愉悦，这样的生命才更幸福、更充实！生命就应该像蝉一样，虽然短暂，也要执着等待，更要勇敢怡然地高唱和欢歌。

延伸思考

　　《孙子兵法》的三十六计中有一计就叫"金蝉脱壳"，了解了蝉脱壳的过程，你能猜到这一计的内容吗？

知识链接

　　美国儿童读物《小兔子之书》与中国传统故事《龟兔赛跑》内容完全相反——"乌龟总以为它们能在赛跑中击败兔子……但它们不可能做得到。"但你不妨到中国的幼儿园或者小学去问一问，看看孩子中有几个不认为兔子因为骄傲而落后于乌龟的？只注意到寓言的想象，而忽略了科学的事实，这不能不说是一种遗憾。兔子比乌龟跑得快，这是不变的科学常识，我以为孩子们只有认识到知识的永恒性，才会具备批判性思维，并增强独立思考能力，才能做到"吾爱吾师，吾更爱真理"。

圆网蛛

一 结网

就那卑劣手段的巧妙而言，圆网蛛的网堪与捕鸟者的网相媲美。如果耐心地加以研究，我们可以发现这高度完美的蛛网的主要特点，蜘蛛的技巧甚至超过了人类。为了吃几只苍蝇，需要多么卓绝巧妙的技术啊！还没有哪类昆虫由于吃的需要，具有比它更巧妙的办法。读者如果读了下面的叙述，肯定就会同意我的赞赏的。

首先，有必要目击织网的情况；必须看如何建筑，再看，然后再看；因为一项如此复杂的工作的说明书只能一个片段一个片段地阅读。

在荒石园里，我精心准备了最有名的几种圆网蛛，我观察了其中的六种。这六种身材都很大，都是才能卓绝的纺纱姑娘，它们就是：彩带蛛、丝蛛、角形蛛、苍白蛛、冠冕蛛和漏斗蛛。

在气候宜人的季节，随便什么时候，我都可以观察它们，密切注意它们的工作。

每天傍晚，我都从一株迷迭香到另一株迷迭香，一步一步地沿着花径观察。如果事情拖的时间很长，我就在灌木丛下坐下来，在光线照到的地方，面对着纺织厂，孜孜不倦地注意观察。每次这么兜一圈，我都能得到某个细节，补充我们原有概念中的某个空白。

对于这六种圆网蛛，用不着一一重复各自的工作步骤；除了某些细节之外——这些细节过会儿将要叙述——这六种蛛的工作方法相同，织出的网相似，所以我在这里对各种圆网蛛的共同点做一综述。

我的观察对象是不太肥壮，跟秋末冬初时相差很远的小圆网蛛。肚子——丝袋的体积几乎只有梨的种子那么大。我们可不要因为纺织姑娘这么小，而错误地预计它们的织网能力。它们的才能并不是与年俱增的，发育完全的虽然肥大，织网还不如它们哩！

另外，对于观察者来说，小圆网蛛还有一个宝贵的优点：它们在白天，甚至在阳光下工作；而老圆网蛛则只在夜间很晚的时候才织网。前者慷慨地把纺织厂的秘密告诉我们，而后者却把秘密掩盖起来。

七月，太阳下山前两小时，工作开始了。这时荒石园里的纺织姑娘离开了它们白天的隐藏所，选择好工作岗位，开始干了起来。它们数目众多，我选择停在了一只圆网蛛面前，它正在为自己的建筑奠基呢。

它没有任何明确的次序，便在迷迭香的绿篱上，大拇指到小指宽的范围内，从枝丫的一端跑到另一端，用后步足的剥棉栉从丝袋里拉出一根丝固定在上面。在这个准备工作中，<u>丝毫看不出有什么精心安排好的计划。它充满热情地，仿佛随意地来回走动；它爬上爬下，再爬上再爬下，用多道缆绳，把分散在各处的系着点加固起来，结果做出来的是一个杂乱无章的很难看的框架。</u>

能够说这是杂乱无章的吗？也许不能。圆网蛛的眼光比我更内行，能够辨认出工地的总体布局；然后据此建造用绳索纺织的建筑物，这建筑物在我看来非常不合规则，却非常适合蜘蛛的计划。圆网蛛要求的是什么呢？是能够把网镶上去的牢固的框架。它刚刚建造的框架正符合所要求的条件；这框架划定了一块可自由通行的平面垂直空地。这就是它所需要的一切。

不过这个框架只存在很短的时间，每天傍晚都要彻底翻修，因为猎物在一夜之间会把它都毁掉；这种蛛网比较娇嫩，经不住被捕猎物绝望的挣扎；不像成年圆网蛛的网是由比较牢固的丝编成，能够保存一段时间；所以圆网蛛必须更加精心地建好网的框架，这一点我们在下面将会看到。

一根专门的丝横穿过这个随意划出来的空地，这才是网的第一个部件。这根颤悠悠的长丝和任何可能妨碍它延伸的枝丫隔开了一段距离，从而与其他的丝区别开来。在这根长丝的中央，绝对会有一个大白点；它是插在未来建筑物中心的标杆，是指引圆网蛛在令人惊诧的混乱中按部就班地工作的基准点。

下文还有"令人惊诧的混乱中按部就班地工作"，这看似矛盾的句子也体现了相似的表达效果。

纺织捕虫网的时刻来到了。蜘蛛从中心位置的白色基准点出发，依靠那根横穿的丝桥，迅速到达周边，即围绕着空地的那个不规则的"框架"。然后它猛地一跳，从周边返回中心；又开始来回走动，往左往右，往上往下；它攀登，下沉，又上升，落下，通过完全料想不到的斜角，总是返回到中心点的标杆上。每走一次，它就铺下了一道"辐射丝"；一会儿在这里，一会儿在那里，总之是非常杂乱无章的。

操作进行得如此随心所欲，所以必须坚持不懈地观察，才能最终看出个究竟。蜘蛛通过一条已经铺好的辐射丝到达空地的边缘，把丝固定在框架上，然后从来时的原路返回中心。

在这种折线式的行程中所产生的丝，一部分用作辐射丝，一部分绕在框架上，这丝线比起从周边到中心点的距离长得多。当它回到中心点后，便调整线的长度，按合适的程度拉线，把线固定住，把多余的都聚集在中心的基准点上。每拉出一根辐射丝，对多余的部分都做同样处理。结果基准点越来越大，它最初是一个点，到了最后成了一个线团，甚至成了有一定体积的小坐垫。

我们过一会儿就会看到，蜘蛛这个精打细算的家庭主妇，存放它节余下来的线头的这个小坐垫会变成什么样子。眼下我们看到的是圆网蛛在每铺放一根辐射丝后，用步足对小坐垫进行加工，用小爪调整小坐垫的位置。这种孜孜不倦的精神，不由得引起我们的注意。这样，它便给了所有的辐射丝一个牢固的共同支撑物，这个支撑物就像是车轮的毂。

工程最终所具有的规则性似乎证明，这些辐射丝就是按它们在蛛网上的先后次序编织出来的，而且越来越近，每一根都紧接着邻近的那一根。虽然，它进行的方式最初显得杂乱无章，事实上它却是非常合理的。

圆网蛛在一个方向铺了几根辐射丝之后，便跑到对面，从相反的方向也铺几根辐射丝。这样突然改变方向是非常符合逻辑的，表明蜘蛛十分精通如何让绳索得到平衡。如果绳索一直都在一个方向，那么一组辐射丝由于没有对抗的辐射丝，它们的张力就会使工程变形，甚至由于没有稳定的依托而毁坏整个工程。在继续铺设辐射丝之前，有必要铺一组反向的辐射丝，这样依靠它的抗力，维持住所有的辐射丝。对于任何向一个方向绷紧的系统，必须用另一个向相反方向绷紧的系统来与之相对抗，静力学是这样教导我们的。蜘蛛是绳索织网的大师，它无须学习，它正是这样实践的。

通过这种表面上杂乱无章的不断工作，会产生出据说是混乱的作品。这种看法是错误的。所有的辐射丝距离相等，形成了一个十分规则的太阳形图案。辐射丝数目各不相同。角形蛛的蛛网有二十一根辐射丝，彩带蛛有三十二根，丝蛛有四十二根。这些数目虽然不是绝对固定不变，但变化很小。

但是，我们中有谁无须长时间摸索，无须测量仪器，便能一下子把圆面分成那么多开度相同的扇形面呢？圆网蛛捧着沉重的丝袋，在被风吹得摇摇晃晃的丝上蹒跚行走，无须小心翼翼，便把这微妙的扇形面划分好了。我们的几何学家说它的方法荒谬，可是它却能做到这样的划分，能以杂乱无章的方式进行井井有条的工作。

可是我们也不要对它的本领过分夸大。这些角度只是大致相等。这种相等看起来符合要求，却经不起严格的测量。不过，数学的精确性是多余的，我们对于它所取得的成绩已经赞叹不已了。圆网蛛这么奇怪地成功处理了困难重重的问题，它是怎么做到的呢？我再次思忖。

大概许多人都以为观察小动物是一项不费脑力的幼稚活动，但其实动物比我们更懂物理和数学，少一点知识积累你都看不懂此文，更不懂蜘蛛。

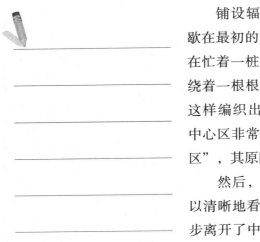

铺设辐射丝的工作结束了，蜘蛛神态傲然地踞在中心区，歇在最初的瞄准点，那由切断的丝线头所构成的小坐垫上。它又在忙着一桩细心的工作：用一根非常细的丝线，从中心点出发，绕着一根根辐射丝编织非常密的螺旋丝。在成年蜘蛛的蛛网上，这样编织出来的中心区有一巴掌大；而在幼年蜘蛛的蛛网上，中心区非常小；但总有这么一个中心区。我把这个区称为"休息区"，其原因下面再说。

然后，丝线逐渐增粗，第一根丝几乎看不出来，第二根就可以清晰地看到了。蜘蛛大步斜走，移动位置，稍稍转了几圈，逐步离开了中心，把细丝固定在穿过的辐射丝上，最后来到了框架的下部边缘。它刚刚画了一个螺旋圈，圈的宽度迅速增长，从一个圈到另一圈的平均距离为一分米，甚至幼年圆网蛛的网也是这样。

螺旋这个字眼令人想到一条曲线，但千万别误会了。圆网蛛的网中是根本没有任何曲线的，只有直线和直线的组合。我们在这网中看到的是一条多边形的线，这种线在几何学中列入曲线之内。这条多边形的线是临时性的作品，随着真正的捕虫网的织成，它注定要消失。我把这种多边形的线称为"辅助螺旋丝"。

这种丝的作用是提供横梁，提供支撑的梯级；尤其是在边缘地区，那时辐射丝彼此相隔太远，更是需要适合的支撑物。这种丝的另一作用是指引蜘蛛进行即将从事的极其微妙的工作。

但是在从事这项工作之前，还必须注意一件事。辐射丝所占据的空地太不规则，它是由作为支撑物的枝丫很不规则所决定的。在一些隐蔽的角落，枝丫突出，靠得很近，会破坏所要编织的网的秩序。圆网蛛需要有一个合适的空间能让它有规则地一步步地把螺旋丝安放上去。另外它还不能留下空隙，让捕获物能够找到逃逸的出路。

蜘蛛对于这类事十分在行。它很快就发现了这些隐蔽的角落，必须把它们填补好。于是它先在一个方向，然后在另一个方向来回运动，在这些角落支撑辐射丝的枝丫上放上一根丝，这根丝在有缺陷处的侧面边缘猛然弯折了两次，画了一道"之"字形曲线。

现在，所有角落都布满了这种"之"字形充填丝；编织捕虫网的时刻来到了，其他的一切工作只不过是打基础而已。圆网蛛紧抓住辐射丝和辅助螺旋丝的横档，朝着放置辅助螺旋丝相反的方向走动；它原先是离开中心，现在是向中心走近；它每走一次，圈子就密一些，数目就多一些。

这之后的活动，观察起来很艰难，因为蜘蛛们动作太迅速、太急剧，而且不连贯。这一连串突如其来的急奔、摇晃、跳跃，使目光应接不暇，很不舒服，必须坚持不懈地注意和反复考察，才能稍微弄明白它的工作进程。

两条后步足是纺织工具，它们在不断活动。我根据它们在这个纺织厂中的地位，把圆网蛛走路时朝着绕线中心的那只步足称为内足，而把位于绕线外面的那只步足称为外足。

外足把细丝从丝器中拉出来，递给内足，内足以优美的动作把细丝放在穿越过的辐射丝上。与此同时，外足负责了解距离；它抓住已经放好的最后一个圈，把丝线将与辐射丝连接起来的那个点拉到合适的距离。丝线一碰到辐射丝，就靠自己的黏结剂固定在辐射丝上。这一过程中没有慢吞吞的动作，连接处也没有接头儿，焊接是自动进行的。

当它以狭窄的度数转过身来，纺织姑娘就接近了刚刚作为依托的辅助横档。最后，当横档彼此离得太近时，这些横档就该消失了：因为横档妨碍了作品的匀称。于是蜘蛛便抓住一行的梯级作为支撑，随着它的行进，把已经没有用的横档收回来，聚拢成为一个小球，放在下一根辐射丝的连接点上。这样就产生了一系列丝粒，它标志着已经消失的螺旋丝曾经通过的路程。

已经毁掉的丝线仅有的残余就是这些点，这些丝点要光线正好照到才能分辨得出来。要不是这些丝点分布得非常有规则，令人想到已经消失的螺旋丝，我们还会把它们当作是灰尘的微粒哩。直至整个网最后毁掉为止，这些丝点一直都存在，始终都能辨认得出来。

就这样，蜘蛛转着圈子，再转着圈子，一直转着圈子，向中心接近，把丝线焊接在穿过的每根辐射丝上。整整半个小时，成年蜘蛛甚至一个小时，都要花在这种螺旋圈上。丝蛛的网有五十来圈，彩带蛛和角形蛛的网有三十来圈。

最后，在离中心一定距离处，在我称之为休息区的边缘，蜘

蛛突然结束了纺织螺旋圈，而余下的空间实际上还够它转好几圈哩。我们过一会儿就会发现它这样突然停止转圈的原因。这时，圆网蛛不管是哪一种，也不管是年幼的还是年老的，都扑向中央的小坐垫，把它拉出来，卷成小球，我想它将会把这小球扔掉。

不，它秉性节约，不会这样挥霍。它把这个先是作为原始标杆，然后成为一团丝球的小坐垫吃下去了；它把可能要吞到丝库里去的东西，放到消化器里去加以溶解。吃下的东西是啃不动的，靠胃很难消化，但它毕竟很宝贵啊，丢掉太可惜了。把小坐垫吞下去便结束了织网工作，于是圆网蛛立即稳坐在网的中心，头朝下，摆出等待捕猎的姿势。

我们刚看到的这个织网厂的运作令我们思索。我们生来便惯于使用身体的右边部分，关于这种不对称现象的原因我们还不清楚。我们的右半边身子比左半边有力、灵活，这种明显的不均匀现象特别表现在手上。语言为了表示右手得天独厚的明显优势，便用"轻巧""灵活""敏捷"这些字眼来指称。

动物是不是也惯用右手，或惯用左手，或者完全不同呢？我们已经有机会看到蟋蟀、螽斯，以及其他许许多多拉着琴弓的昆虫，它们的琴弓就在右前翅上，而发音器官位于左前翅。它们也都是习惯使用身体右半部分的。

当我们用脚原地旋转时，如果不是有意，我们总是以右脚跟为支撑点，从比较壮实的右边转到比较无力的左边。带螺壳的软体动物卷动它们的蜗状物时几乎全都是从左到右。在许许多多水生动物和陆地动物中，除了几种外，几乎都是自右向左旋转的。

稍微弄清楚在二元结构的动物中，哪些惯用身体的右半部分，哪些惯用左半部分，不是没有意义的。不对称现象是不是普遍的呢？有没有某些中性动物，身体两边都同样灵活，同样有力呢？是的，有这样的动物，圆网蛛就是其中之一。它具有一种很令人羡慕的特性，它的左边身体同右边一样灵活。下面的观察将证明这一点。

为了架设捕虫螺旋丝，任何圆网蛛都可以随便从哪个方向转动，我们通过坚持不懈的观察看出了这一点。至于是什么原因决定它朝哪个方向转，这还是秘密。但是一旦决定了，即使有时发生了某些变故打乱了它的工作进程，这个纺织姑娘也不会改变转动的方向。我曾看到过这样的情况：突然，一只小飞虫陷入了已经织好的那部分网中，蜘蛛立即暂停织网，向猎物跑去，将它捆绑起来，然后回到停止干活儿的地方，按原先的次序，继续编织螺旋丝。

由于刚开始工作时，它一会儿从这个方向回转，一会儿又朝着那个方向回转，所以圆网蛛在向中心铺设螺旋丝时，一时用右边身子，一时用左边身子。然而，我们前面说过，它总是用后面的内步足，即对着中心点的步足来织网的，也就是说，在某些情况下，它用右步足，在另一些情况下，它又用左步足来安放螺旋丝。铺丝的作业是非常精细的，它必须严格保持距离相等，而蜘蛛的动作又很迅速，所以蜘蛛必须相当灵活。任何人只要看到它今天用右步足，明天用左步足，做出的操作都那么精确，他就会深信，圆网蛛是非常卓绝的左右手都十分灵活的昆虫。

二 蛛网的电报线

在我所观察的六种圆网蛛中，只有两种——彩带蛛和丝蛛，即使在炙热的阳光下，也始终等在它们的网上。其他的一般只在夜间露面，它们在离网不远处的灌木丛中，有一个简单的隐蔽所，一个由几片挂着蛛网的叶子构成的埋伏地。它们白天通常都一动不动，集中精神驻守在那里。

使圆网蛛感到不适的强烈光线给田野带来了欢乐。此时蝗虫比任何时候都跳得更欢，蜻蜓比任何时候都飞得更轻捷。另外，带黏胶的捕虫网虽然夜间被撕破了些，但通常还可以使用。要是有哪个莽撞者被粘住了，藏身在远处的蜘蛛会知道这意外的收获吗？别担心，它会即刻赶来。它是怎么得到消息的呢？我来解释一下吧。

网的颤动比亲眼看到猎物更会让它警觉起来，一个很简单的实验便可以说明。我在彩带蛛的黏胶网上放上一只刚刚因硫化碳中毒窒息的蝗虫，把死蝗虫摆在守在网中心的蜘蛛的附近。如果实验对象是白天躲在树叶中的蜘蛛，死蝗虫就搁在网上离中心或近或远处，怎么放都可以。

不管是哪种情况，开始时都毫无动静，即使蝗虫就摆在它

面前不远处，蜘蛛也一直不动。它对猎物无动于衷，似乎一无所知。终于我不耐烦了，便用一根长麦秆稍稍拨动了一下死蝗虫。这一下，彩带蛛和丝蛛立刻从中心区跑过来了，别的蜘蛛也从树叶丛中下来，全都奔向蝗虫，用丝把它捆起来，就像对待在正常情况下捕捉到的活猎物那样。可见需要网发生震动才会使蜘蛛决定发起进攻。

蜘蛛是极端近视的。何况在许多情况下，蜘蛛是在漆黑的夜间捕猎，这时它的眼力再好也没有用。

如果眼睛即使在非常近的地方也不是好向导，那么当需要从远处侦察猎物时，该怎么办？在这种情况下，一个远距离传递信息的仪器是必不可少的。要找到这个仪器毫不困难。

我们随便观察一只白天躲在隐藏处的蜘蛛，会看到有一根丝从网的中心拉出来，呈斜线往上拉到网的平面之外，直到蜘蛛白天待的埋伏地。除了中心点外，这根丝同网的其他部分没有任何关系，跟框架的线也没有任何交叉。这条线毫无阻碍地从网中心直通到埋伏地。线平均长度一肘。角形蛛高踞于树上，线的长度有二三米。

无疑，这根斜丝是一座丝桥，使蜘蛛在有紧急事务时能够急忙来到网上，而在巡查完毕后又能返回驻地。这实际上也就是我看到它来回行走的路。但是仅此而已吗？不，因为如果圆网蛛只是为了在隐蔽所和网之间有一条快速通道，那么把丝桥搭在网的上部边缘就行了，这样路程会更短，而且斜坡也不那么陡。

另外，为什么这根线总是以黏性网络的中心为起点，而绝不在别处呢？因为这个中心点是辐射丝的汇聚处，是一切震动的中心点。一切在网上动荡的东西都把它的颤动传到这里来，所以只要一根从这个中心点拉出来的线，就可以把猎物在网上任何地点挣扎的信息输送到远处。这根超出网平面的丝不只是一座桥，它首先是个信号器，是根电报线。

我们看看实验的情况吧。我放了一只蝗虫在网上，被粘住的昆虫拼命地挣扎；蜘蛛随即热情地跑出住所，从丝桥上下来，奔向蝗虫，按惯例把它捆起来，对它施行手术。过一会儿它用一根丝把蝗虫固定在丝器上，把它拖到自己的隐蔽处，慢慢地饱餐一顿。直到这时为止，都没有任何新鲜玩意儿，事情的经过一如既往。

让蜘蛛去忙它自己的事吧，过几天我再来插手。我打算给它的还是一只蝗虫；但这次我没有触动任何东西，只是用剪刀轻轻地把电报线剪断了。猎物放到了网上，完全成功了；蝗虫挣扎着，晃动了网，可蜘蛛却一动不动，似乎对这些事情完全无动于衷似的。

人们也可能会认为，圆网蛛一动不动地待在住所里，是因为丝桥断了，没办法跑过来。快醒悟过来吧！它有百十条路可以走到它该到的现场。网由许许多多丝系在枝丫上，走起来全都很方便。可是圆网蛛哪条路都不走，它一直集中精神，一动不动地待着。

为什么？因为它的电报线坏了，它没有得到网颤动的信息。它看不见抓住的猎物，猎物离它太远了，它不知道这回事。整整一个小时过去了，蝗虫一直蹬着腿，蜘蛛一直无动于衷。最后圆网蛛终于警觉起来，它脚下的信号线被我的剪刀剪断了，它感觉到这线不再绷得紧紧的，便过来了解情况。它随便踏着框架上的一根丝，毫不困难地进入了网中。于是它发现了蝗虫，立即把它捆起来，然后又去架设信息线，取代我刚才剪断的那根。通过这条路，蜘蛛拖着猎物返回了家。

我有机会进行观察的另一种圆网蛛，虽然保留着信息线的基本机制，但大大简化了。它就是漏斗蛛。这种蜘蛛生长在春季，特别擅长在开花的迷迭香上捕捉蜜蜂。

它在一根枝丫长着叶子的末端用丝做了个海螺壳式的住所，大小和形状就像一个橡栗的壳斗。它就待在那里，大肚子放在圆圆的窝里，前步足支在边缘上，时刻准备着跳出去。它很惬意地待在那里，等待猎物的来临。

漏斗蛛

它的网也遵循圆网蛛的惯例，是垂直的，十分宽，总是离住所很近。另外，这网由一个角形的延伸物与住所相连；在这个角中总有一根辐射丝，漏斗蛛的步足始终搭在这根辐射丝上。辐射丝来自网的中心，而网上任何一处的颤动都要传到这个中心来，所以这辐射丝能够把信息及时地传递给蜘蛛。这根丝是支撑着捕虫网网架的一部分，通过振动向圆网蛛发出信号，那么在这种情况下就不需要专门的一根线了。

其他蜘蛛则相反，它们白天住在一个远离蛛网的隐蔽所，不能没有一根专门的线一直与蛛网保持着联系。实际上，所有的蜘蛛都有这根电报线，不过只有到了喜欢休息和长时间打瞌睡的年龄时才有。年幼的圆网蛛非常警觉，也不会打电报的技术。再说它们的网转瞬即逝，到了第二天，几乎什么都不存在了，所以没有必要架设类似的装置。只有年老的蜘蛛在绿荫下沉思和假寐，才需要靠一根电报线来了解网上发生的事情。

三　撒网捕猎

在带黏胶的捕虫网上，蜘蛛一动不动地耐心等待真令人敬佩。网上没有任何动静，仿佛蜘蛛整个身心都沉浸在狩猎之中了。可是当出现了什么可疑的东西时，它会让网颤动起来，这是它威慑不速之客的办法。它不用冲击，而是用它的纺器使自己摆动起来。没有跳跃，没有明显的用力，蜘蛛身上什么都没动，可是整个网却颤动起来了。

一会儿，它又平静下来，恢复了原来的姿势。整个白天，阴霾密布，好像一场暴风雨就要来临。可是蜘蛛不怕大雨的威胁，我的邻居对气象变化非常敏感。它仍然从柏树丛中出来，在惯常的时间着手重新织网。它猜测得很准确，夜间真的是好天。我拿着提灯注意观察，但是在朦胧的灯光下，无法准确地观察。最好的观察对象应该是从来不离开蛛网，主要在白天捕猎的蜘蛛。我只得亲自把一只猎物放在捕虫网上。猎物的六只脚都被粘住了。即使它抬起或缩回一个跗节，那根恶毒的丝也会跟着过来。那根丝稍稍拉长螺旋圈，既不会放松，也不会扯断，始终自如地应付着猎物绝望的抖动。就算猎物挣脱了一只脚，也只不过是使其他的脚粘得更紧罢了，而且这只脚很快又会被粘住的。它根本无法逃跑，除非猛地用劲弄破捕虫网，可这即使是最强壮有力的昆虫也并不总是都能办到的。

由于震动，圆网蛛得到信号，便跑来了；它围着猎物转圈，远距离侦察，以便在发起进攻前知道要冒多大的危险。圆网蛛是根据猎物的力量来决定将采取什么样的捕捉办法。我们假设，通常的情况也正是如此，这是一只不大的猎物：尺蛾、衣蛾，或者随便什么双翅目昆虫吧。

面对着俘虏，蜘蛛稍稍收缩一下肚子，用丝器的尖端碰碰这只昆虫，然后用跗节旋转俘虏。松鼠关在笼子里的活动圆缸中，敏捷的动作也没有蜘蛛这么优美、快速。一根黏胶螺旋丝的横档是这小机器的轴，这轴转动，轻捷地转动，就像一根烤肉铁钎①似的。看着它这样转，眼睛可真过瘾啊！

它为什么要这样旋转呢？原来是这样的：丝器的短暂接触拉出了丝头，现在需要把丝从丝库里拉出来，慢慢地绕在俘虏的身上，给它包上一块裹尸布，不让它有任何力量抵抗。我们的拉丝厂里所使用的也正是这种方法：纺纱筒在发动机带动下转动，它一边转动着把金属丝从一个狭小的钢板孔里拉出来，一边把丝卷起来。

圆网蛛也是这样工作的。它的前跗节是发动机，被俘虏的昆虫就是转筒，丝器的孔就是钢板孔。要精确而仔细地把俘虏捆绑起来，没有比这更好的办法了，既花费不大，又效率高。

下面我们将看到的这种办法使用得比较少。蜘蛛迅速扑向猎物，猎物不动而蜘蛛自己绕着猎物转，一边转一边拉出丝来捆绑猎物。黏胶丝的弹性很强，圆网蛛可以在网上接连跳几下而且不会损坏网。

现在假设捕到的是只危险的野味，例如一只修女螳螂，它挥动着带弯钩和双面锯的腿；一只大胡蜂，它狂怒地伸出凶残的螫针；一只强壮的鞘翅目昆虫，它披着角质的盔甲所向无敌。这些都是圆网蛛很少见到的不同寻常的野味，我特意把它们放在网上，它们会被接受吗？

圆网蛛吃这些东西，不过很谨慎。当它看出接近野味有危险时，便不面对面，而是背朝着它，用自己的纺器向它瞄准。这时候，纺器里发射出来的不是一根孤单单的丝，而是整个炮台同时开炮，发射出来的是真正的带子，是一片轻纱；后腿把这些轻纱撒成扇形，抛到被粘住的猎物身上。圆网蛛注视着猎物的蹦跳，两腿把捆绳撒在猎物的前身、后身、腿上、翅膀上，让它全身都

---

① 铁钎：一端有尖刃的细铁棍，最早用于矿山打孔，后来因其细尖改良为烧烤穿肉用具。

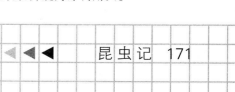

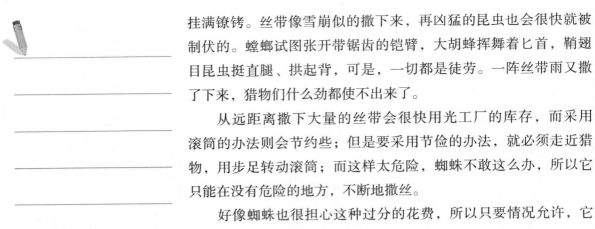

挂满镣铐。丝带像雪崩似的撒下来，再凶猛的昆虫也会很快就被制伏的。螳螂试图张开带锯齿的铠臂，大胡蜂挥舞着匕首，鞘翅目昆虫挺直腿、拱起背，可是，一切都是徒劳。一阵丝带雨又撒了下来，猎物们什么劲都使不出来了。

从远距离撒下大量的丝带会很快用光工厂的库存，而采用滚筒的办法则会节约些；但是要采用节俭的办法，就必须走近猎物，用步足转动滚筒；而这样太危险，蜘蛛不敢这么办，所以它只能在没有危险的地方，不断地撒丝。

好像蜘蛛也很担心这种过分的花费，所以只要情况允许，它很乐意在撒下丝带使猎物不能动弹后，恢复使用转筒的办法。

现在不管是弱小的还是强有力的猎物，都已经被捆绑好，接着便是施展致敌于死地的战术。蜘蛛永远都是采用这种战术：轻咬被捆扎起来的俘虏，并不留下任何明显的伤口；然后走开，让螫伤发生作用。这一切都发生在转眼之间。蜘蛛很快又回来了。

如果是小猎物，例如衣蛾，那么就在现场，就是在抓到它的地方把它吃掉。如果猎物的块头较大，要吃好久，甚至好几天，那就需要有一个餐厅，在那里用餐不用担心会被网粘住。为了到餐厅去，蜘蛛先把猎物向第一次转动的反方向转，以摆脱旁边的那些辐射丝。猎物脱离了蛛网后，蜘蛛用一根丝把它挂在身后，拖着它去到蛛网中心的休息区，把它挂在休息区内。这休息区既是监视站，也是餐厅。

当它正在美餐时，我们想一想刚才它轻轻地螫咬被捆绑的猎物究竟起什么作用。蜘蛛把俘虏咬死是不是为了避免猎物做垂死挣扎呢？

我有好些理由对此表示怀疑。首先，进攻并不引人注目，完全像是普通地接个吻。另外，它并不挑剔，碰到哪里就咬哪里。那些高明的杀手都非常精明，它们攻击颈部或者喉咙，伤害神经中枢——脑神经节。施行麻醉手术的昆虫是优秀的解剖学家，它们毒害运动神经节，它们知道这种神经节数目有多少，在什么位置。圆网蛛完全没有这种惊人的学问，它把钩子随便插入什么地方，就像蜜蜂把螫针随便螫在哪里一样。它并不挑选这个部位而不要另一部位，只要能够咬到，咬哪里都无所谓。

所以它的毒液一定毒性非常剧烈，才会不论注射到哪里，在

很短的时间内就使猎物像死尸般地失去了生机。我不敢相信昆虫这种抗毒性非常强的生物会立即死去。

再说，圆网蛛主要靠吸血而不是靠吃肉维生，它真的会要一具尸体吗？活的生物由于血管的搏动，血液流动着，比起血液已经凝固的死生物，它吮起来不是更方便吗？蜘蛛将要吸干液汁的猎物很可能没有死。这一点很容易便可以得到证实。

我在蛛网上放上蝗虫，在蜘蛛轻轻咬了猎物后，我把蝗虫拿出来，小心地去掉丝质的裹尸布。蝗虫并没有死，根本没有死，甚至可以说它没有受到任何苦难。我徒劳地用放大镜在被解救者身上找来找去，我没有发现任何伤痕。

它是不是丝毫没受到伤害呢？我真想肯定这一点，因为它在我手指间那么激烈地踢蹬。可是我把它放到地上，它却走得不灵活，跳不起来。也许这是由于被捆在网上而极度不安，所产生的暂时的生理障碍吧，这种现象很快便会消失的。事态发展的结果会是这样的吗？

那只蝗虫住在玻璃罩下，一叶生菜可能会减轻它的痛苦，然而那些生理障碍并没有消失。一天过去了，到了第二天，那只蝗虫还是没有去碰一碰这些叶子，它的食欲完全没了，动作更不灵活，仿佛无法抑制的麻木现象使它动不起来了。在第二天，它死了，彻底地死了。

圆网蛛的轻蜇不会一下子杀死猎物，它使猎物中毒而全身无力，从而在它彻底死亡而停止血液流动之前，自己有充分的时间去吸吮它的血而没有任何危险。

如果猎物体积大，这顿饭要延续二十四小时，那也用不着担心。因为直到吃完以前，俘虏都还有一线生命，圆网蛛有的是时间把汁液彻底吸尽。这又是一种高超的屠杀手段，它与那些麻醉大师和高明杀手所使用的战术很不相同。这里没有任何解剖学的技巧。圆网蛛并不了解俘虏的身体构造，它只随便刺一下，其他的事就由注入的毒汁来处理了。

不过也有一些非常罕见的例外，蜇咬很快便会致死。一次，网激烈地颤动着，看来猎物会从绳缆上挣脱掉了。这次是一只蜻蜓，蜘蛛从绿叶中的住所一跃而出，大胆地奔向敌人。它向猎物射出一束丝后，没采取任何预防措施，就用步足勒住它，想把它

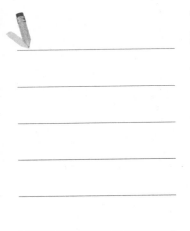

制伏。它把弯钩插入猎物的背上，咬的时间长得令我惊奇。这次不再是我常见的那种轻轻的接吻，而是深深地蜇进了肉里。然后，蜘蛛走到一旁去等待毒汁的效果。

我立即把这只蜻蜓取下来，它死了，真正死了。我把它放在桌上让它休息二十四小时，它没再动弹一下。我用放大镜也找不到它伤在哪里，可见蜘蛛的武器尖端极细。虽然如此，只要它多刺一会儿，就足以把庞然大物杀死。比较起来，响尾蛇、角蝗、洞蛇等等臭名昭著的杀手，似乎还不及圆网蛛的手段高明。

这些蜘蛛对于昆虫来说是可怕的，可我却毫无畏惧地摆弄它们。我的皮肤不适合它们咬。同样的毒汁在不同的机体上会起不同的作用。会使昆虫致命的，对于我们很可能是无害的。不过我们不要把这一点过分地推而广之。狼蛛，这个昆虫的热心捕捉者，如果我们跟它亲近，就要付出昂贵的代价。

看圆网蛛就餐是蛮有意思的。我曾见过一次，那是在下午三点钟左右。一只彩带蛛刚刚抓了一只蝗虫。它高踞在网中央的休息区里。它一口咬住野味的一个腿关节，之后它再没有做出任何动作，甚至连嘴都没动一下。它的嘴一直紧紧地叮着第一次蜇咬的那个地方，像是在连续地长吻。它的大颚没有前伸后缩，也没有吃一口就停一下。

我不时前去看望圆网蛛。它的嘴一直没有改变位置。我最后一次去拜访是晚上九点钟，嘴还在老地方。吃了六小时，嘴都一直吃着右腿的下半部。那俘虏的液体，不知怎么就这样不断地流到这个恶棍的大肚子里去了。

第二天早上，圆网蛛还在吃。我把蝗虫从它嘴里拿走了。蝗虫的样子几乎还没变，但全身却被吸干了，好几个地方还露出了窟窿，它只剩下一张皮了。可见夜里圆网蛛又改变吃法了。为了抽出不流动的剩余物——内脏和肌肉，必须把僵硬的外皮戳破。蝗虫浑身被戳了好几个洞，然后被圆网蛛整个放到大颚上咀嚼，最后变成一小团渣滓，被吃得饱胀的蜘蛛扔掉了。

（梁守锵、鲁京明　译）

精华点评

看此文让我几次张大嘴巴惊叹：惊叹于织网的"杂乱无章"而又合理科学，惊叹于左右手同样灵活同时开工，惊叹有那么智慧省事的"电报线"，惊叹能那么聪明地制伏猎物而又同时"保鲜"，惊叹坚持六小时姿势不变的吃态和这背后透露出来的耐心坚忍……但我也注意到，作者并没有把一切一概而论，写圆网蛛的每个特点时作者都注意观察和思考是否有罕见的例外，这真是严谨的科学精神。

延伸思考

有没有考虑过依照法布尔的描述来画一张蛛网？我相信你会在这个过程中增进不少物理学和几何学知识。

知识链接

1794年深秋，拿破仑进军荷兰。紧急关头，荷兰人打开瓦尔河水闸，用洪水阻挡法军，法军被迫后退。途中有人发现许多蜘蛛在忙着结网并报告了拿破仑。拿破仑当即下令军队原地待命。不久，江河封冻，法军踏过冰河，发动进攻，荷军大败。为何？原来有一种蜘蛛会在寒潮将至的时候大量吐丝并开始织网，织好网后它们就钻入其中，开始冬眠。蜘蛛对大气中湿度变化也很敏感，有"活湿度计"之称。据观测，在我国许多地方，如见蜘蛛张网，阴雨天气将转晴；如见蜘蛛收网，天气将转为阴雨。这是因为蛛丝中含有的胶状物很易因吸收水分而失掉黏性。所以空气一旦转向潮湿，蜘蛛就会停止结网。

导 读 ▶ ▶ ▶

　　观察是一种很重要的能力，从小父母和老师就在这方面尽心培养我们。但我们会愿意去观察豆芽怎么生长、雏菊如何开花、蚂蚁怎样搬食、蜜蜂如何采蜜、小狗如何被驯服，却绝不愿意去看猪笼草怎样吞食老鼠、蟑螂如何翻吃泔水，或者去研究水蛭。因为后者可怕又危险。法布尔却能勇敢而又智慧地直面有毒的、可怕的狼蛛。

黑腹狼蛛

　　蜘蛛的名声不好，在大多数人眼里，这种动物是可恨的坏家伙，大家都急忙要把它踩死。对于这种简单的判决，观察者则以蜘蛛艺高手巧、善于织网、巧于捕猎、爱情悲惨等等很有意思的习性特点来反驳。蜘蛛的毒液对于我们来说是没有什么危险的，它还没有一只库蚊蜇得疼。至少对于我们地区大多数的蜘蛛来说，这一点是可以肯定的。

红带蜘蛛

　　不过有一些蜘蛛却是可怕的，其中首推科西嘉农民十分害怕的红带蜘蛛。我曾见过它在田塍①上安营扎寨，编织罗网，大胆地扑向块头比它还大的昆虫；我曾经欣赏过它那带胭脂红点的黑绒

---

① 田塍：田间的土埂、小堤。

卡拉布尼亚狼蛛

衣服；我还听到过人们谈起它时所说的令人不安的话。在阿雅克修①和博尼法西奥郊区，人们都说被它咬了是很危险的，甚至是致命的。乡下人这样断言，医生却不敢否定。收割者谈起暗色球蛛都胆战心惊，这种蜘蛛是杜福尔第一个在卡塔洛涅山②上发现的。据他们说，被咬了会有严重的后果。意大利人把狼蛛说得很可怕，人被它蜇了一下就会浑身痉挛，乱舞乱跳。他们保证说，要治好狼蛛病，被这种意大利蜘蛛蜇过所产生的病，必须借助于音乐，这是唯一的特效药。我记下了一些专门治狼蛛病的曲子，有医用舞谱和医用音乐。而我们，不也有节奏强烈的塔兰特拉舞③吗？它说不定就是卡拉布尼亚④农民治疗学遗留下来的。

对于这些怪事，是要认真对待还是一笑置之呢？

关于这个问题，我们地区最大的蜘蛛黑腹狼蛛⑤，现在将向我提供值得深思的材料。我根本不想谈医学问题，我首先关心的是本能问题；但是由于有毒螯牙在捕猎者的战争手段中扮演着首要角色，我也附带谈谈这些螯牙的作用。狼蛛的习俗，它如何埋伏，它的诡计，它杀死猎物的方法，这些就是我的研究主题。

黑腹狼蛛的身材只有卡拉布尼亚狼蛛的一半大，腹面长着黑绒，腹部有棕色人字形条纹，足节灰白相间。它喜欢住在干旱多石、被太阳炙烤且生长百里香的地方。在荒石园里，黑腹狼蛛的窝有二十来个。我每次从这些窝旁走过很少不朝窝底瞧一眼的，在窝底有四只大眼睛，隐居者的四个望远镜，像钻石似的在闪闪发光；另外四只单睛则小得多，在洞穴深处看不见。

如果想要更大的收获，我只需走到离家几百步附近的高原上

> 实在很喜欢这样的比喻，文风马上就活泼起来，动物也可爱起来，让我完全释然了刚进入文章时对狼蛛的厌恶与胆战心惊。

① 阿雅克修：法国科西嘉省的首府。

② 卡塔洛涅山：法国东部的一座山脉。

③ 塔兰特拉舞：意大利南方的一种速度极快的民间舞蹈。

④ 卡拉布尼亚：意大利南部地区名。

⑤ 黑腹狼蛛：即纳博讷狼蛛。

去，这个佩特腊阿拉伯是狼蛛的乐园；在一个钟头里，我在一小块地方就发现了一百个窝。这些洞穴是深约一法尺的井，先是垂直的，然后弯成曲肘，平均直径为一法寸。在洞口边上竖立着井栏，是用麦秸、各种小颗粒甚至榛子那么大的石子黏合蛛丝筑成的。蜘蛛经常只是把旁边草地上的干叶扒过来，用纺丝器的丝把叶子捆住，而没有使叶子和

普通狼蛛

植物分离；但它更喜欢用小石子砌造的石头工程而不要木建筑。井栏的性质取决于建筑工地狭窄的范围内，只要靠得近，一切材料都可以。

根据建筑材料的不同，建造防御性围墙所花的时间大不相同，高度也不一样，有的围墙是一法寸高的角塔，有的只是一个简简单单的凸边。所有这些井栏，各部分都用丝牢牢连在一起，井栏跟地道一般宽，是地道的延长。地下庄园和前沿棱堡的直径没有差别；在洞口没有像意大利狼蛛那样，为便于伸出腿，而在角塔上留出可自由通过的平台。一口井上面直接搭个井栏，这就是黑腹狼蛛的建筑物。

如果是同质的泥地，要建什么样子都没有什么障碍，那么狼蛛的住宅就是个圆柱形的管子；如果房子建在石子地，那么房屋的形状则根据地形而有所不同，但一般是一个粗糙的洞穴，弯弯曲曲，洞壁上有石块突出来，这是因为挖掘时从石头旁边绕了过去的缘故。庄园不管是规则的还是不规则的，洞壁总是用丝涂了一层，涂层可防止坍塌，在快速出去时便于攀登。

我采用以下这两种办法捕获了狼蛛。我把一根麦秸尽可能深地伸进窝里，麦秸穗粒饱满，蜘蛛可以整个咬住。我晃动诱饵，饱满的穗粒轻轻碰到蜘蛛，蜘蛛张口去咬；麦秸头被狼蛛的螯牙抓住而产生震动。我小心翼翼慢慢地把麦秸往外拉，狼蛛则用腿顶住洞壁往下拉，当蜘蛛来到垂直通道时，我尽量躲起来，以免被它看到，我就这样一点一点地把它一直拉到洞口。现在到了艰难的时刻，如果我继续这么轻轻地拉，蜘蛛觉得自己被拖出了窝，就会立即返回洞底，用这样的方法把多疑的蜘蛛拉到外面

来是不可能的。于是，当狼蛛到了跟地一般齐的时候，我猛地一拉，狼蛛被雅纳克①的这一记吓得来不及松开螯牙，它钩在小穗上，被扔到离窝几法寸远的地方。这时，抓住它就没什么困难，蜘蛛离开了窝，惊恐万状，呆若木鸡，把它赶进纸袋只是举手之劳。

要想把咬着小穗诱饵的狼蛛拉到洞口上来，需要相当的耐性。下面我介绍一种更快捷的方法。我准备了一些活的熊蜂，把一只熊蜂放到一个大小可以塞住洞口的小细颈瓶里面，然后将装着诱饵的仪器翻过来卡在洞口上。这只健壮的熊蜂在玻璃牢房里先是飞啊叫啊，然后看到一个跟它的家相似的窝便毫不犹豫地钻了进去。它倒霉了，它下去时，蜘蛛走了上来，彼此在垂直过道里相遇。这时，我的耳边响起了丧歌，这是熊蜂对于蜘蛛的接待发出抗议的鸣叫。丧歌唱了一会儿，然后，突然什么声音都没有了。这时我把小瓶拿走，把一个长柄镊子伸入井里。我把熊蜂拉出来，可它已经死了，触角耷拉着。刚才发生了多么可怕的悲剧啊！狼蛛跟着熊蜂上来了，它不愿放弃如此丰富的战利品，猎物和猎人都被拉到洞口来了。有时，狼蛛满心狐疑，上来后又马上回去；但是只要把熊蜂搁在门槛边，甚至离门槛几法寸远处，狼蛛又会出现。它走出它的堡垒，大胆地再来咬猎物。这正是时候，用手指或者一块石头把窝盖住，于是，狼蛛就束手就擒了。

狼蛛是个热情的猎人，它只靠自己的这一行来谋生。它不为后代储备粮食，它吃自己抓来的猎物。它不是麻醉师，麻醉师巧妙地给猎物留下一线生命，并使它整整好几个星期保持新鲜；它是个杀手，它把野味立即装进肚里去。这种杀手不采取活体解剖法，不会有条不紊地消灭对手的运动能力而不消灭其生命，而是尽可能快地让对手彻底死亡，以免受到被攻击者的反戈一击。

另外，狼蛛的野味应该是粗壮的，而粗壮的并不总是十分温和。这个埋伏在角塔里的狼蛛，它的食物应当是一种可以与它的力量相匹配的猎物。我不时会看见大颚坚硬的肥蝗虫、性情暴躁的胡蜂、蜜蜂、熊蜂和别的带着毒匕首的昆虫中了蜘蛛的埋伏。

---

① 雅纳克：法国中世纪一个绅士，在一场决斗中他突然在对手膝盖弯处猛地击了关键的一记而转败为胜，于是"雅纳克的一记"成为成语，指"巧妙而关键的手段"。

决斗在武器方面，双方几乎势均力敌。狼蛛舞着有毒的螯牙，胡蜂挥动有毒的螯针。这两个强盗谁会占上风呢？双方殊死肉搏。狼蛛没有任何第二种防御手段，没有绳圈来捆绑猎物，没有捕兽器来捕捉猎物。它的行为要靠碰运气。由于它只有勇气和螯牙，它必须扑向危险的猎物，灵巧地控制住对方，以迅雷不及掩耳之势把对方击倒。

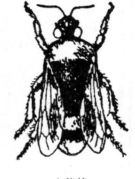

土熊蜂

　　迅雷不及掩耳地击倒对方，我从致命的洞穴里拉出来的熊蜂可以充分说明这点。

　　我总是在最大的熊蜂——长颊熊蜂中挑选熊蜂斗士的。两者势均力敌，熊蜂的螯针可与蜘蛛的螯牙一试高低；在我看来，被熊蜂螯刺比被狼蛛咬着更可怕。可为什么狼蛛总是占上风，在一场非常短暂的战斗后总是安然无恙呢？光靠毒汁无法做到这点，它肯定拥有巧妙的战术。名声吓人的响尾蛇也不会这么快地杀死对手的，它需要几个小时，可狼蛛甚至连一秒钟都用不着。可见蜘蛛击中的部位，比它凶残的毒汁更具有性命攸关的重要性。

　　这个部位在哪里呢？用熊蜂做实验是无法看出来的，它们进入洞穴，我看不见谋杀是怎样进行的。因此我必须用另一个不是非要进入洞穴不可的对手。我们地区有一种长得最大最粗壮的膜翅目昆虫——紫色木蜂，身着黑绒外衣，紫红翅膀如轻纱一般，身材比熊蜂大，约有一法寸长。它的螯针很凶狠，被刺一下皮肤就会肿起来，而且疼的时间很久。

长颊熊蜂

　　我要送上的猎物会慑服对手的，于是我挑选了最粗壮、最勇敢、饿得最厉害的狼蛛。我用一只木蜂做诱饵的瓶子翻转过来卡在一只被选中的狼蛛的门口，木蜂在瓶里大声嗡嗡叫；猎手从洞穴里上来了，它来到自己的门槛上，不过是在门里。它瞧着，等着，我也等着。一刻钟一刻钟，半小时半小时过去了，什么也没发生，狼蛛又回到自己家里去了，很可能它认为出击太危险。我到第二个洞、第三个洞、第四个洞去，都没有成功，猎手不愿走出它的巢穴。

　　我利用十分谨慎选好的隐蔽所和这个季节炎热的天气，耐心地等待，好运终于降临了。一只狼蛛突然从洞里跳了出来，大概是由于长时间没有东西吃而忍不住了。在瓶子里演出的悲剧，眨眼工夫就宣告终结，粗壮的木蜂死了。凶手是在什么部位打击它的呢？我很容易就看出来了。狼蛛没有放掉对手，螯牙插在木蜂的颈后部。杀手正像我猜想的那样的确真有技巧；它瞄准生命的中心进攻，把带毒的螯牙戳入木蜂的脑神经节。总之，它咬的是伤势会骤然致死的那个唯一的部位。凶手的这种知识真令我佩服。我的表皮被太阳烤焦了，可我得到了补偿。

　　一次不是常态，我刚才看到的，是偶然的行为吗，这一记是预先考虑好的吗？我向别的狼蛛请教。尽管我十分耐心地等待，许多狼蛛，大多数的狼蛛都顽固地拒绝从它们的窝里跳出来向木蜂进攻。果然有两只狼蛛也许更饿，终于向木蜂扑了过去，并在我眼前重复了那典型的谋杀案例。它们仍然是咬住颈部，专门咬颈部，猎物立即死了。我亲眼看到在同样的条件下进行了三次凶杀，这便是我两次从早上八点到中午十二点进行实验的结果。

木蜂

　　我已经看得很清楚。狼蛛是一个彻头彻尾的"刺颈师"。现在我还得用室内的实验来证实露天实验的结果。我给这些响尾蛇一样毒的家伙布置了一个动物园，来检测它们毒汁的毒性和螯牙刺在身体不同部位的效果。我用读者已了解的办法捉来囚犯，把它们分别放在一打宽底瓶和试管里。

　　如果狼蛛不屑于或者不敢进攻放在宽底瓶里的对手，我就把对手放在它的螯牙下面，它就会毫不犹豫地去咬。我用镊子夹着蜘蛛的胸部，我把要让它刺的昆虫放在它的嘴边。如果狼蛛不是因为经过多次实验已经疲劳，它就会立即打开螯牙刺到对手身上去。我先是在木蜂身上实验螫刺的效果，颈部一被刺中，木蜂立

　　"几个苍蝇咬几口，决不能羁留一匹英勇的奔马。" "凡事欲其成功，必要付出代价。" 显然，法布尔很明白这些道理。

即死掉了。这种猝死，我在狼蛛窝门口已经看到了。如果木蜂被刺在腹部后再放到宽底瓶中让它自由活动，起先似乎没什么严重问题，它飞舞，乱跑，嗡嗡叫；但是半小时后立即死去了。如果螯牙击中的部位是背面或者侧面，木蜂则腿踢蹬，肚子抽动，表明还有生命存在。这种状况一直持续到第二天，然后，一切都停止了，木蜂成了一具尸体。

这种实验有一定的价值，刺在颈部，强壮有力的木蜂当即死掉；因此狼蛛用不着害怕一场稳操胜券的斗争会有什么危险。刺在其他部位，刺在腹部，木蜂还可以使用它的螯针、它的大颚、它的腿；而狼蛛如果被螯到就要倒霉。我曾看到有些狼蛛咬的部位很接近螯针，结果自己的嘴被螯，过了二十四小时，它就死掉了。因此，对于这种危险的野味，必须采取伤害脑神经中枢立即将其击毙的办法；否则猎手自己的性命也会搭上去，这种情况太常见了。

第二类接受手术的是直翅目昆虫：一指长的蝗虫、肥头大耳的螽斯、距螽。如果颈部被咬，这些昆虫也同样会猝然死亡；而其他部位，尤其是腹部被螯，它们能够挺住相当长的时间。我曾见到一只距螽腹部被咬，在笼子牢房里坚持了十五个小时，一直牢牢地趴在光滑而垂直的罩壁上，最后它掉下来死了。体质纤弱的膜翅目昆虫在半个小时内死了，而粗大的直翅目昆虫则可以坚持整整一天。除了这些由于机体敏感性程度不同而产生的差异之外，我可以总结出两点：大个子昆虫，如果颈部被狼蛛咬着，立即就会死去；别的部位被咬，它也要死去，不过要过一段时间之后，时间的长短，根据不同的昆虫而有很大的差别。

实验者在狼蛛的洞口给它送上丰富但危险的野味时，狼蛛为什么会长时间犹豫，令实验者心中急不可待，原因已经十分清楚。绝大多数狼蛛拒绝扑向木蜂，是因为像这样的野味的确不是无缘无故令人害怕的。如果狩猎者随便乱咬什么地方，很可能会危及自己的性命，只有伤害颈部才能置对手于死地；因此，必须抓住对手的这个部位而不是别的部位；如果不是一记就把对手杀死，就会激怒对手，使它变得更加危险。狼蛛很清楚这点，因此它躲在自己的门槛上，而且如果需要，迅速后退，窥伺着有利的时机。它等待肥大的膜翅目昆虫正面呈现在它面前，这时它可以轻易抓住对手的颈部。如果出现了这个必胜条件，它便猛地一跳，向对手发起进攻；相反，如果猎物动来动去，它感到厌烦，便回到窝里去。毫无疑问，这便是我为什么需要花四个小时的时间，才能看到三个屠杀案例的原因。

我过去受到膜翅目昆虫麻醉师的教导，曾企图亲自在昆虫的胸部注入一小滴氨水，来麻醉象虫、吉丁、金龟子这些昆虫，它们的神经系统集中在一起，便于进行这种生理学手术。学生的操作符合老师的教导，我曾经麻醉过一只吉丁和一只象虫，几乎跟节腹泥蜂干得一样好。今天我为什么不也模仿狼蛛这个职业杀手呢？我用一根细钢针把一小滴氨水注进木蜂或者蝈蝈儿脑部，它们除了痉挛外没别的动作，它们立即死掉了。脑神经节受到刺激性液体的伤害，功能停止，于是死亡来临。但是这种死亡并不是猝死，痉挛还持续了一段时间。在立即死亡方面的实验结果还不够理想，原因何在呢？原因在于氨水根本不像狼蛛的毒汁那么有效，不会迅速置昆虫于死地。狼蛛的毒汁是相当可怕的，我们下面就会看到。

我让狼蛛咬一只羽毛刚丰的麻雀，一滴血淌下来，伤口四周泛起红晕，接着变成紫色，麻雀几乎立即提不起腿了，那只腿耷拉着，爪趾弯曲；它只能用另一只腿来跳。不过这个伤员似乎伤势不是太严重，一直保持着好胃口。我的女儿们用苍蝇、沾了蜜的面包、杏子肉喂它，它的身体会复原，会恢复力气；这只因我对科学的好奇而受害的麻雀，将会重新获得自由。这是我们大家的愿望，是我计划实验的事。十二小时后，麻雀似乎有希望治愈；伤残者很乐意接受食物，如果太迟给它喂食，它还会要呢。可是那条腿始终不听使唤。我以为这是暂时的麻醉，很快就会消失的。第三天，小鸟拒绝进食，它什么也不想吃，羽毛蓬松，它在赌气，时而一动不动，时而突然一跳。我的女儿们在掌心上呵气来给它取暖。痉挛变得越来越频繁，最后它微微张开嘴，表明一切结束了，小鸟死了。

晚饭时，餐桌上的气氛有点冷清。我从家里人的目光中看出，大家在无声地责备我的实验，我感觉得出一种沉闷的气氛笼罩在我的周围，大家谴责我行为残忍。这只可怜的麻雀使全家人难受，我自己在良心上也有点自责，我觉得为了取得这么微不足道的成绩，所付的代价太大了。那些为了一点小事，就把狗拿来开膛破肚却连眉头也不皱一下的人，他们的心真不是肉做的。

不过，我还有勇气重新开始，这次我用一只鼹鼠做实验。当它正在糟蹋一畦莴笋时被我逮住了。我担心，如果必须把它关几天，饥肠辘辘的囚犯会令人怀疑它的死，可能不是因为被刺伤，而是因为饥饿。如果我无法频繁地向它提供食物，我也许会把饥饿致死看作是毒汁的威力，因此，我首先得看看自己有没有可能饲养鼹鼠。我将鼹鼠关在一个大的容器里，喂给它各种昆虫，金龟子、蝈蝈儿，特别是蝉，它津津有味地咀嚼起来。用这些食物喂养了二十四小时后，我深信鼹鼠接受这样的食品，有耐心适应囚居生活。

我让狼蛛咬伤它的嘴角。放到笼子里后，鼹鼠老是用它宽大的脚来擦脸，似乎它的脸在灼疼、发痒。从此，它吃得越来越少；第二天晚上，它甚至根本不吃了；被蜇刺后大约三十六小时，鼹鼠在夜里死了。它不是因为没有吃东西而饿死的，因为在容器里还有半打蝉和几只金龟子。

因此不只是昆虫，就是某些动物，如果被黑腹狼蛛咬伤也是可怕的。它可以毒死麻雀、鼹鼠，它还可以毒死什么动物呢？我不知道，我的研究没有进一步扩大范围。不过，根据我所看到的这些情况，我觉得人如果被这种蜘蛛刺伤，那也不是微不足道的事故。我要向医学说的话就是这些。

对于昆虫哲学，我要说的是另外的事，我要向它指出，杀手们的这种深奥的技术，可以与麻醉师的技术媲美。我把杀手写成复数，因为狼蛛可能会让其他许多蜘蛛，尤其是不用网捕猎的蜘蛛分享它的谋杀技术。靠吃猎物维生的昆虫杀手们，蜇刺猎物的脑神经节使它们一下子就死掉；想为幼虫保存新鲜食物的昆虫麻醉师则蜇刺猎物别的神经节，使它们不能动弹。这两类昆虫都蜇刺神经节，不过它们根据所要达到的目的而选择不同的部位。如果要猎物死，而且一下子就死掉，从而对猎手没有危险，便刺颈部；如果只是简单的麻醉，就不刺颈部而刺在后面的节段，根据牺牲品机体的秘密，有的只刺一个节段，有的刺三个节段，有的刺所有的节段。

麻醉师自己，至少其中某些昆虫，完全了解脑神经节具有生命攸关的重要性。我曾经看到，为了使猎物暂时麻痹，毛刺砂泥蜂咬幼虫的脑袋，朗格多克飞蝗泥蜂咬距螽的脑袋，但它们只是压压脑袋而已，而且十分小心；不会把螫针刺入这个生命攸关的生命中枢；没有一个麻醉师打算这么做，否则，它们就会得到一具幼虫不吃的尸体。可蜘蛛却把它的两把匕首插在颈部，而且只插在颈部；如果插到别的地方，只会使猎物受伤，反而会因此激怒猎物而引起反抗的。它需要的是现杀现吃的猎物，因此它粗暴地把螫牙插到其他昆虫小心翼翼地不去碰的这个部位。

如果这些巧妙的谋杀者，不管是杀手还是麻醉师，它们的本能不是动物与生俱来的天赋，而是后天的习惯，我绞尽脑汁也弄不明白这种习惯是如何养成的。随便你想给这些事实笼罩上怎样云遮雾障①的理论，这些事实显然已经证明属于先天预定的范畴，这是你永远也无法掩盖住的。

（梁守锵　译）

---

① 云遮雾障：云雾遮挡视线，看得很模糊。

精华点评

捕捉和观察有毒的狼蛛实在是件危险而又艰难的工作，比起作者对狼蛛的描写研究，我更感兴趣于作者与狼蛛斗智斗勇并最终捉住和制伏狼蛛的过程。这让我看到了一位科学家的细心、智慧以及一位斗士的勇敢、敏捷。那生动的动作细节描写俨然就是好看的侦探小说片段，让我饶有兴味、爱不释卷。

延伸思考

有条不紊、反戈一击、势均力敌、迅雷不及掩耳、稳操胜券、微不足道，此文多处运用简明的成语来生动地描述场面、表达情感，你体会到这种写法的妙处了吗？

知识链接

人类按照动物的体型结构和特殊功能，发明新设备、工具，创造先进新技术，这就是仿生学。蜘蛛就是生动例子：生物学家发现蛛丝的强度相当于同等体积的钢丝的5倍。受此启发，研究制造出高级丝线、抗撕断裂降落伞与临时吊桥用的高强度缆索，英国剑桥一所技术公司甚至因此试制成犹如蛛丝一样的高强度纤维，并在此基础上制作防弹衣、防弹车、坦克装甲车等结构材料。蜘蛛大腿内充满奇特液体，相当于液压装置，根据情况自行调节液压强弱。一旦遇到紧急情况，蜘蛛大腿内就会充满液体而使腿由软变硬，爆发出力量一跃而起。仿生学家模仿这种奇妙的液压腿，研制出一种步行机，行走弹跳灵活敏捷。

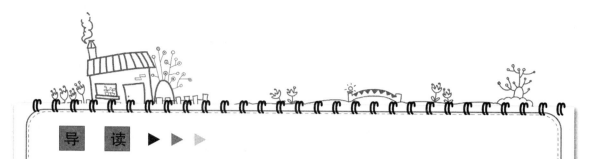

导 读 ▶ ▶ ▶

有这样一句古语——"燕雀安知鸿鹄之志"，表达自己远志的同时，狠狠讽刺了燕子、麻雀依赖人类居所栖身的特性。法布尔却不愿简单地在道德上批判这些弱小生物，他执着地追溯起它们古老的习俗，他相信这些"侨民"在过去人类居所还未出现时也曾有过自己独特的筑巢本领。是啊，人类没有居所前，它们住哪儿呢？

燕子和麻雀

长腹蜂给我们提出了一个问题：很久以前，在小茅屋、洞穴隐身处，以及人这个最后一个来到世界舞台上的动物出现以前，长腹蜂在哪里筑巢呢？我们很快就会发现，这个问题并非没有意义，而且，也不是孤立的。在窗户和烟囱出现以前，燕子在哪里筑窝呢？在瓦屋顶和有窟窿的墙壁出现以前，麻雀会为它的家人选择怎样的栖身处呢？

"就这样孤独地在屋中度过"，大卫王①已说过。从大卫王的时代起，每逢盛夏酷暑，麻雀就躲在屋檐瓦片下，悲戚地叽叽喳喳，就像现在一样。那时的建筑与我们今日的没有多大区别，至少对麻雀来讲都一样舒适；它很早就以瓦片为藏身处了。但是，当巴勒斯坦只有骆驼毛织成的帐篷时，麻雀又选择何处栖身呢？

---

① 大卫王（公元前1010—前970）：希伯来人的第二位国王，传说是《圣经》中部分诗篇的作者。

维吉尔谈到善良的艾万德①，他在两只高大的牧羊犬的带领下，来到主人埃涅阿斯②身旁。维吉尔指给我们看大清早就被鸟儿的歌声唤醒的艾万德：

艾万德在陋室中，亮光惊醒了友好的报晓的鸟儿，它们尽情歌唱。

这些从曙光初现时就在拉丁姆③老国王的屋檐下，啁啾鸣叫的鸟儿是什么样的呢？我只见到两种：燕子和麻雀。两者都是我的隐庐的闹钟，跟农神时代一样准。艾万德的宫殿没有丝毫奢华的地方，诗人并不隐瞒。"这是一间陋室"，他说。另外，家具也说明建筑的简陋，主人用一张小熊皮和一堆叶子给显赫的客人铺床：

……给埃涅阿斯铺一张利比亚熊皮的树叶床。

艾万德的卢浮宫是一间比其他茅屋稍大一点的陋室，也许是用树干垒起的，也许是用芦竹和黏土拌成的柴泥砌成的，在这间乡村宫殿上覆盖一个茅草屋顶是最适当的。无论居住条件有多原始，燕子和麻雀总在那里，至少诗人肯定它们就在那里。但是，在以人类居所为栖身处之前，它们住在哪里呢？

麻雀、燕子、长腹蜂和其他许多动物，筑巢时不可能依赖于人类的建筑工艺；每一种动物都应具备一门至关重要的建筑技艺，使它可以更好地使用可支配的场地。若有更好的条件出现，则加以利用；若条件很差，则仍旧使用古老的方法，虽然古法施行起来很艰难，但至少总是可行的。

麻雀将第一个告诉我们，当还没有墙壁和屋顶时，它的筑巢

---

① 艾万德：古罗马传说中的英雄，是众神使者墨丘利和一个山林仙女之子，维吉尔在《埃涅阿斯纪》中将其写成埃涅阿斯的盟友。

② 埃涅阿斯：古罗马传说中的特洛伊王子，古罗马缔造者的祖先。维吉尔长篇史诗《埃涅阿斯纪》以此为本。

③ 拉丁姆：意大利中部地区，在第勒尼安海边。

艺术是什么样的。树洞，由于高高在上可以避开不知趣的家伙，由于洞口狭窄使雨打不进来，且洞窟又足够宽敞，因而对麻雀来说，树洞是它中意的最佳住所，即使附近到处都是老墙和屋顶。村中掏鸟窝的小孩子都知道，而且大肆去掏这样的鸟窝。在利用艾万德的陋室和大卫建筑在丝隆①岩石上的城堡之前，中空的树干是麻雀的第一府邸。

麻雀筑巢的材料更绝妙，它那张奇形怪状的床垫，杂乱无章地堆集着羽毛、绒毛、破棉絮、麦秸等，似乎必需一个固定而平展的支撑物。可是，麻雀对此嗤之以鼻，时不时地，由于一些令我费解的原因，它会想出一个大胆的方案，它打算在树梢上，仅以三四根小枝丫为依托筑个巢。这个笨拙的织垫工想有一个悬在半空、摇摇摆摆的窝，这可是精通编织技艺的篾匠和织布工的绝活。可它终于还是成功了。

它在几根枝丫的树杈间，积聚了它能在民居周围找到的所有可以用于筑巢的东西：碎布头、碎纸片、线头、羊毛絮、小段的麦秆和干草、禾本科植物的枯叶、纺纱杆上落下的卷麻或卷羊毛、在野外暴晒了很久的狭长树皮、果皮等。它用这些五花八门的破烂玩意儿，做成了一只大大的空心球，侧面有一个窄窄的出口。麻雀窝的体积极其庞大，因为穹形②窝顶必须要有足够的厚度，才能抵御瓦片阻挡不住的雨水；它的窝布置得很粗糙，没有任何艺术性，但相当结实，经得住一季的风吹雨淋。如果找不到一棵有树洞的树，麻雀就得这样从头干起。现在，这种原始的艺术，无论在材料还是时间上都代价太高，已很少采用。

两棵高大的法国梧桐的浓荫遮蔽了我的宅子，树枝触及屋顶。整个美丽的夏季，麻雀都在那里繁衍生息。雀儿数量之多，令我的樱桃树不堪重荷。梧桐交相掩映的青枝绿叶是麻雀飞出巢的第一站，小麻雀在能够飞起觅食前，都待在树枝间叽叽喳喳叫个不停；一群群吃得肚满肠圆的麻雀从田间飞回来，在那里歇息；成年麻雀在那里聚头，照管家中刚出巢的小雀儿，它们一边训诫不谨慎的孩子，一边鼓励胆小的孩子；麻雀夫妇们在那里拌

① 丝隆：耶路撒冷的一座山丘名，它通常用来指代耶路撒冷。

② 穹形：向上隆起的半球体。

嘴；还有些在那里议论白天发生的事情。从早到晚，它们就在梧桐树和屋顶间不停地飞来飞去。然而，尽管它们这么不辞辛劳地飞来飞去，十二年间我却只见过一次麻雀将巢筑在树枝间。有一对麻雀夫妇决定在一棵梧桐树上筑空中鸟巢，但它们似乎对这个成果并不满意，因为第二年它们没有在那里重筑新窝。从此我再没有亲眼见过哪只麻雀，将大大的球状巢安在树梢，随风摇晃。瓦屋顶提供的庇护所，既稳又省力，自然深受雀儿们的偏爱。

我现在对麻雀最原始的艺术已有了充分的了解，接下来燕子会告诉我们什么呢？有两种燕子经常光临我们的居所，一种是城里的燕子——窗燕，另一种是乡下燕子——烟囱燕。这两个名字都取得很糟，无论是学者的术语还是粗俗的口语都一样。修饰语"窗"和"烟囱"，把一种燕子形容成一个城里人，而将另一种形容成一个村姑；其实，两个名字完全可以张冠李戴，无论住在城里还是乡村对它们都一样。限定词"窗"和"烟囱"的精确性非但很少为事实所证明，相反总是被事实所驳斥。为了使我的散文更明晰，也为了符合我们地区的这两种燕子的习性，我将第一种称为"墙燕"，第二种为"家燕"。这两种燕子之间最明显的区别是窝的外形。墙燕将巢塑成球形，只留一个容燕子勉强通过的小圆孔；家燕则将巢塑成一个敞开的口杯。

至于筑巢地，墙燕不像家燕那样和人亲近，从不选择我们居所的内部。它喜欢在户外筑巢，支撑物很高，远离不知趣的家伙；但同时一个能遮雨的庇护所又是必不可少的，它的泥巢几乎跟长腹蜂的巢一样怕湿，因此它更喜欢安身在屋檐下和建筑物突起的墙饰下。每年春天，燕子都会来拜访我。它们喜欢我的屋子，屋檐向前伸出有几排砖那么宽，就像人们给屋子搭的凉棚一样，屋檐拱曲成半圆形。屋檐下有一长串排成半圆形的燕窝，上面的砖石为它们挡住雨水，朝南的一面又可以接受阳光的温暖。在这些如此整洁、安全的燕窝中，燕儿唯一的尴尬便是不知选哪一个好。燕子为数之多，总有一天那里会成为燕子的殖民地。

除了我家的屋檐以外，以及教堂这座唯一有文物气派的建筑物的墙饰下，我没见村里其他地方被燕子认可为是合适的筑窝点。总之，户外一堵可以挡雨的墙，就是燕子对我们的建筑物的全部要求。

陡直的峭壁是天然的墙，如果燕子发现峭壁上有一些凌空突出好似挡雨檐的突出部分，一定会将它选作筑巢点，它和我们的屋檐没什么两样。其实，鸟类学家知道，在深山密林、人烟稀少的地方，墙燕会在山岩的峭壁上筑巢，只要球形泥巢能在庇护物下保持干燥。

在我家附近矗立着吉贡达山脉，这是我曾见过的最奇怪的地理形态，长长的山脉陡然倾斜，连在高处驻足都不可能；能够上去的那面山坡也得攀缘而上。在其中一座陡峭的悬崖下，裸露着一张巨大的岩石平台，好像泰坦人的城墙，平台上是锯齿状陡直的山脊，当地人将这独眼巨人①的城墙称为"花边"。一天我在巨石底部采集植物，突然我的视线被一大群在裸露的石壁前繁衍的鸟儿吸引。我一眼就认出了墙燕，它静默的飞翔、白色的腹部以及附在岩石上的球形燕窝，使我能够认出它来。这一次，我终于从书本以外了解到，如果没有建筑物的墙饰和屋檐可供选择，墙燕会将巢筑在笔直的岩石壁上。在人类建筑产生以前，它就开始筑巢了。

关于家燕，问题更棘手②。家燕比墙燕更信赖热情好客的人类，并且也许更惧怕寒冷，它们总是尽可能将巢安顿在我们的居所内。在紧急时刻，窗洞里、阳台下都行；但它们更喜欢仓库、谷仓、马厩和弃置的房间。与人同居一屋共同生活，是它已熟悉和习惯的，它与长腹蜂一样毫不惧怕占有人类的地盘。它在农庄的厨房里安家，在被农家的烟灰熏黑的托梁上筑巢；它甚至比那种陶制昆虫更富冒险精神，将客厅、储藏室、卧室和一切像样的、容许它来去自由的房间，都变成自己的家。

每年春天，我都必须提防它在我家大肆抢占地盘。我自觉地将仓库、地下室的门廊、狗窝、柴房和其他零散小间都让给它。但它野心勃勃，并不满足，它还要我的实验室。有一次它想将巢安在窗帘的金属杆上，另一次是在打开的窗扇边上。在它为筑巢铺上第一块草垫的时候，我就把它的巢给掀了个底朝天，试图让它明白，将巢筑在活动的窗扇上是多么危险，窗扇经常开啊关

---

① 独眼巨人：指古希腊神话中的独眼巨人库克普罗斯，一般用来形容庞大的事物。

② 棘手：像荆棘一样刺手，比喻事情难办。

的，很可能会碾坏它的小窝，碾死窝中的雏燕；而且窗帘会被它的泥窝和雏燕的屎尿弄得肮脏不堪。然而，我白费心机，根本无法说服它；为了中止它固执的工作，我不得不一直关着窗。如果窗开得太早，它又会衔着泥飞回来重新筑巢。

从这次经历中我才明白，家燕向我如此强烈地要求的殷勤好客，会让我付出怎样的代价。假如我在桌上摊着一本贵重书，或一张早晨刚画好的墨汁未干的蘑菇素描，它一定会在飞过时往上面落一团泥巴、一摊鸟屎。这些小小的惨剧使我变得疑虑重重，对这位令人腻烦的来访者，我必须处处小心提防。

我仅有一次未经受住它的诱惑。燕窝安在墙与天花板间的一个角落里，就在天花板的石膏线上。燕窝底下是大理石托架，我通常在上面放一些我要查阅的书。由于预料到可能会发生的事，我便将小书架挪到别处去了。直到雏燕孵出，一切都很顺利；但雏燕一出壳，事情就全变了样。食物在它们无底洞似的肚子里穿肠而过，一会儿就被消化、分解。六个新生儿渐渐变得令人难以忍受，它们一刻不停地在那里"扑啦""扑啦"，鸟粪像雨点般洒落在托架上，啊！假如我可怜的书还在那里，该怎么办！尽管我用扫帚清扫，我的实验室还是充满了鸟屎味。再者，这是一种怎样的奴役啊！这间屋子晚上通常都关着，公燕便睡在外面；当雏燕渐渐长大时，母燕也睡到了户外。可是，天蒙蒙亮它们便等在窗口了，对玻璃的阻隔懊恼不已。为了给这对悲伤的父母开门，我不得不匆忙起身，由于困倦眼皮还沉沉的呢。不，我再不会受它们的诱惑，再不会允许燕子在一间晚上得关闭的屋子里栖息，更不会让它们进入实验室。正是我的过分仁慈，才招致了发生在实验室里的不幸事件。

燕窝呈半口杯形的燕子完全称得上是"家养的"，它就居住在我们的房屋内部。因此，家燕在鸟类中的地位，就如长腹蜂在昆虫中的地位一般。于是，关于麻雀和墙燕的问题再次闪过我的脑际：在人类的屋宇出现以前，它们居住在哪里呢？除了以我的隐庐为庇护，我从来未见过它在别处筑巢。我查阅过有关图书，但作者的知识似乎并不比我多多少，压根儿没人提及中世纪领主的小城堡，除了平民百姓的居所外，不知燕儿是否曾在这些小城堡中栖过身。难道是因为它与人群相处时间太久，且在其中找到了安逸与舒适，而使人们将这种鸟儿的古老习俗忘得一干二净了吗？

我不相信，动物对古老的习俗并不健忘，在必要时它会回忆起这些习俗。现在某些地方仍有燕子不依赖于人类而独立生活，就像它在最原始的时代一样。如果通过观察无法得知燕子选择的栖息地，我期望通过类比弥补观察的不足。对家燕来说，我们的居所意味着什么呢？意味着抵御恶劣天气的庇护所，能够抵挡对其半圆形泥巢构成极大威胁的雨水。天然的岩洞、洞穴以及岩石崩溃形成的坑洼都可以作为庇护所，也许脏了点，但毕竟是可以接受的。毋庸置疑，当人类居所还未出现时，它就是在那里筑巢的。与猛犸和驯鹿同一时期的人类，也和它们一起分享岩石下的穴居，两者的亲密关系便在那时形成。然后，慢慢地，茅屋取代了洞穴，简陋的小屋取代了茅屋，陋室也为房屋所取代；鸟儿的筑巢点也逐步升级换代，它也跟着人类搬进了无比舒适的家中。

先结束有关鸟类习性这个离题话，回到长腹蜂上来，我将运用收集到的有关资料对长腹蜂加以分析。我们认为，每一种在人类居所中筑巢的动物，开始时一定都曾经在人类的房屋很少见的条件下筑过巢，以后一旦遇到这种情况，还会施展它们的技艺。墙燕和麻雀提供的证据尽善尽美；家燕对自己的秘密保守得很严，只提供了一些较确实的可能性。长腹蜂和家燕一样固执，始终拒绝透露古老的习俗。对我来说，长腹蜂的原始窝居一直都是个难解的谜。我们的壁炉内这位充满热情的侨民，过去远离人类时在何处栖身呢？我认识它已有三十多年，而它的故事总是以问号结尾，在我们的居所以外寻不到一点长腹蜂窝的痕迹。但我仍然坚持进行那些无用的考察，终于皇天不负苦心人，在我认为绝对有利的情形下，幸运三次降临于我，补偿我的不懈努力。

塞利尼昂地区的古采石场上满是一堆堆的碎石子，堆积了几个世纪的废料。我曾在这里三次遇见长腹蜂的窝，有两只窝安在一堆石子的深处，贴着一堆比两只拳头稍大点的碎石；第三只巢固定在一块平坦的大石头下，就像地面上的一个穹顶。这三只终日在外经受风吹雨淋的蜂巢，结构与筑在我们屋内的蜂巢一样。筑巢的材料仍然是具有可塑性的泥巴，防御设施也只是一层同样的泥巴。危险的筑巢点，并没有启发这位建筑师对蜂巢进行任何

想想看，早期的原始人类也是不会筑巢的，也要和动物们分享岩石下的洞穴！

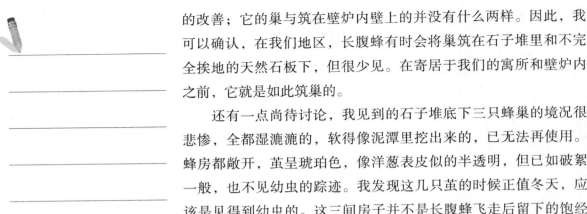

的改善；它的巢与筑在壁炉内壁上的并没有什么两样。因此，我可以确认，在我们地区，长腹蜂有时会将巢筑在石子堆里和不完全挨地的天然石板下，但很少见。在寄居于我们的寓所和壁炉内之前，它就是如此筑巢的。

还有一点尚待讨论，我见到的石子堆底下三只蜂巢的境况很悲惨，全都湿漉漉的，软得像泥潭里挖出来的，已无法再使用。蜂房都敞开，茧呈琥珀色，像洋葱表皮似的半透明，但已如破絮一般，也不见幼虫的踪迹。我发现这几只茧的时候正值冬天，应该是见得到幼虫的。这三间房子并不是长腹蜂飞走后留下的饱经沧桑的旧巢，因为出口的门还关得严严实实的。蜂房侧面豁了口，很不规则，长腹蜂出茧时绝不会如此猛烈地将茧撬开。它们都是些新巢，当年夏天刚筑的巢。

蜂巢破败的原因是它们没有受到很好的保护，雨水渗进一堆堆石子中，而石板下的空气中则充满了水气，如果再下点雪，苦难就更深重；于是这些可怜的蜂巢开始分化、坍塌，使茧半裸在外。失去泥盆的保护，幼虫便成了屠杀弱者的强盗的战利品，某只经过那里的田鼠，也许饱餐了一顿鲜嫩的幼虫。

面对这些废墟，我心头起了疑惑，长腹蜂的原始技艺在我们地区可行吗？若在乱石堆中筑巢，这制陶昆虫能确保家人的安全吗，尤其是在冬季？这是相当令人怀疑的。在如此条件下筑巢的例子之罕见，说明长腹蜂母亲对这些地方非常厌恶；我发现的那些蜂巢的破烂景象，也似乎证明这些地方很危险。如果不太温和的气候使长腹蜂无法成功地运用先祖的技艺，这不证明了长腹蜂是个外来者，是从一个更炎热、更干燥、没有可怕的连绵不断的雨，尤其是没有雪的国度迁移来此的侨民吗？

我很乐意想象长腹蜂来自非洲。很久以前，它飞越西班牙和意大利一步步来到法国，长满橄榄树的地区差不多是它向北扩张的界限。它是个入了普罗旺斯籍的非洲客。听说在非洲，它们常把巢筑在石头底下，我想这不应该使它们厌恶人类的居所，只要能在人类居所中找到安宁。在马来西亚，与它同属的长腹蜂也经常光临人类的住宅，它们与寄居在我们壁炉内的长腹蜂习性相同，都同样偏爱飘动的布料和窗帘。从世界的这一端到那一端，所有长腹蜂都同样爱吃蜘蛛，爱筑泥巢，爱躲在人类的屋檐下。

假如我在马来西亚，我会将石子堆都翻遍，我很可能会再发现一
个相似点：石板下的原始筑巢法。

精华点评

这么多章节里，我以为本篇是最温情的一章。作者两次描写自己的宅子的片段让我读
到作者对麻雀和家燕满满的善意。麻雀一家、燕子一家的生活幸福又可爱，彼此之间的相
亲相爱、相依相偎一点不逊于人类。这些细腻生动的描写固然源于作者细致的观察，也源
于作者对动物真诚的包容与喜爱吧。

延伸思考

长腹蜂、燕子和麻雀都依赖作者的居所筑巢，其中长腹蜂最早激发了作者对它们古老
居住建筑习俗的思考，但在写作过程中，作者却先写麻雀，再写燕子，最后写长腹蜂。你
以为作者这样安排写作顺序的原因是什么呢？

知识链接

长期以来，人们一直认为人类最早的建筑行为是为了遮风避雨。但是，不同文化背景的
建筑空间与造型的巨大差异常常使人感到困惑。人类历史上的建筑及其空间形态究竟是怎样
创造出来的呢？其实在原始人的观念中，房屋本身的存在可能与一定的神秘力量相关，最早
的房屋很可能是供神灵居住的，用于举行祭祀或巫术礼仪活动。比如人类在没有能力建造较
大的建筑空间时，往往会利用山岩间发现的洞穴，在洞穴中支起火塘，并在洞穴深处的石壁
上绘画，这其中隐含了昼夜守护大地中心的含义。又或者原始人对太阳以及大自然的敬畏和
崇拜催发了建筑。据说古埃及建造高耸的方尖碑，是供太阳临时驻足用；埃及古老建筑金字
塔的葬仪就是对太阳由上界至下界巡游过程的模仿；中国则出现了为举行献祭仪式而建造的
祭坛，这是迄今发现的人类最早的建造物之一。

导 读 ▶ ▶ ▶

在漂亮的橡树干里住着一群神奇的天牛，当所有人都在为这位"也许"能够嗅出不同玫瑰花香味的天牛成虫而惊叹不已时，细心的法布尔却发现了天牛幼虫的神奇能力——预知未来，这群"可以爬行的小肠"用自己的行动让人类明白：天生我材必有用！

天牛

我年轻时曾经对著名的肯迪拉克的雕塑崇拜万分。他认为天牛有天赋的嗅觉，它们嗅着一朵玫瑰花，仅仅依靠闻到的香味，便能产生各式各样的念头。我曾有二十年深信这种形式上的推理，听取这个富有哲学思想的教士的神奇说教，感到十分满足。我以为我只要嗅一下，雕塑便会活过来，能产生视觉、记忆、判断能力和所有心理活动，就像一粒石子可以在一潭死水中激起层层涟漪。然而在我的良师昆虫的教育之下，我放弃了幻想。昆虫所提出的问题比起教士的说教更深奥，正如同天牛将告诉我们的那样。

当灰色的天空预示寒冬即将来临的时候，我便开始着手储备冬天取暖用的木材。忙碌给我日复一日的写作带来了一点点消遣。在我再三叮嘱之下，伐木工在伐木区内为我选择了年龄最大且全身蛀痕累累的树干。我的想法让他感到好笑，他寻思我出于什么念头，需要蛀痕累累的木材，他认为优质的木材更易于燃

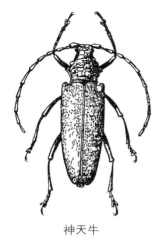
神天牛

烧。我当然有我的打算，这忠厚的伐木工按我的要求为我提供了木材。

现在我开始进行观察。漂亮的橡树干上有一条条蛀痕，有些地方甚至被开膛破肚，橡树带着皮革味道的褐色眼泪在伤口发光。树枝被咬，树干被啮噬^①，在树干的侧面又有些什么呢？是些对我的研究极为珍贵的财富。在干燥的沟痕中，各种各样越冬的昆虫已经做好了宿营的准备。扁平的长廊，是吉丁的杰作；壁蜂已经用嚼碎的树叶，在长廊中筑好了房间；在前厅和卧室里，切叶蜂已经用树叶制成睡袋；在多汁的树干中，则憩息着神天牛，它们才是毁坏橡树的罪魁祸首。

相对生理结构合理的昆虫，天牛幼虫多么奇特啊！它们就像一些蠕动的小肠！每年在这个季节，即中秋时节，我都能看到两种年龄的天牛幼虫，年长的幼虫有一根手指粗细，另一种只有粉笔大小。另外，我还看到过颜色深浅各异的天牛蛹和一些天牛成虫，它们的腹部都是鼓胀的，等到天气转暖，它们就会从树干中出来。它们在树干中大约要生活三年，这样漫长而孤独的囚禁日子，天牛是如何度过的呢？天牛幼虫缓慢地在粗壮的橡树干内爬行，挖掘通道，用挖掘出来的木屑作为食物。修辞学中有"约伯的马吃掉了路"的比喻，而天牛幼虫吃掉了路却是实实在在的。它的大颚像木匠的半圆凿，黑而短但极强健，虽无锯齿却像一把边缘锋利的汤羹，用它来挖掘通道。被钻下来的碎屑经过幼虫的消化道之后被排泄出来，堆积在幼虫身后，留下一条被啮噬过的痕迹。工程中所挖出来的碎屑进入幼虫的肚子后，给幼虫开辟出了前进的空间，幼虫一边挖路，一边进食。随着工程的进展，道路被挖掘出来；随着残渣不断阻塞在身后，幼虫不断地前进。所有的钻路工一般都是这样从事自己的工作的，既获得食物同时又找到安身之所。

---

① 啮噬：咬嚼；比喻折磨。

为了使两片半圆凿形的大颚能顺利工作，天牛幼虫将肌肉的力量集中于身体前半部，使之呈现出杵头的形状。另一个优秀的木匠吉丁幼虫，也是用同样的姿势进行工作。吉丁幼虫的杵头更为夸张，用来猛烈挖掘坚硬木层的那部分身体，具有强健的肌肉；而身体的后半部由于只需跟在后面，因此显得较纤细。最重要的是，大颚作为挖掘工具，应该有强力的支撑和强劲的力量。天牛幼虫用围绕嘴边的黑色角质盔甲，来加固半圆凿状的大颚。除此之外，幼虫其他部位的皮肤像缎面一样细腻，像象牙一样洁白。光泽与洁白来源于幼虫体内营养丰富的脂肪层，这对饮食如此贫乏的昆虫来说，是多么难以想象啊。确实，整天不停地啃啊嚼，是天牛幼虫唯一的事情。不断进入天牛幼虫胃里的木屑，不间断地补充些微的营养成分。

天牛幼虫的足分三节，第一节呈圆球状，最后一节呈细针状，这些仅仅是退化的器官。足长仅仅只有一毫米，对于爬行是毫无帮助的；因为身体肥胖，它们够不到支撑面甚至不能用作支撑身体。天牛幼虫用于爬行的器官非常独特。花金龟幼虫已经向我们展示过，利用纤毛和背部的肥肉仰面爬行，把普通的习俗颠倒过来。天牛幼虫更为灵活，它既可以仰面爬行也可以腹部朝下行走；它用爬行器官取代胸部软弱无力的足，这种爬行器官背离常规，长在腹部。

天牛幼虫腹部的前七个体节，背腹面各有一个四边形的步泡突，使幼虫可以随意膨胀、突出、下陷、摊平。背面的四边形步泡突再一分为二，以背部的血管为界，腹面的四边形步泡突则看不出有两部分。这就是天牛幼虫的爬行器官，类似棘皮动物的步带。如果天牛幼虫想前进，它首先鼓起后部的步泡突，压缩前半部的步泡突。由于表面粗糙，后面几个步泡突将身体固定在窄小的通道壁上以得到支撑，而压缩前面几个步泡突同时尽量伸长身体，缩小身体的直径，这样它便向前滑动爬行半步。走完一步，它还要在身体伸长之后，把后半部身体拖上来。为了达到这一目的，幼虫前部步泡突鼓胀起来作为支点，同时后部步泡突放松，让体节自由收缩。

借助背腹面的双重支撑，交替收缩和放松身体，天牛幼虫在自己挖掘的长廊中进退自如，就像工件能在模子里进退自如一

样。但是如果背腹面的行走步泡突只能用一个，那么它就不可能前进。如果将天牛幼虫放在光滑的桌面上，它会慢慢弯起身体乱动，它伸长身体，收缩，却不能向前一步。一旦将它放在有裂痕的橡树干上，因为树表粗糙，凹凸不平，好像被撕裂了似的，天牛幼虫便可以从左到右，又从右到左，缓慢地扭曲身体的前半部，抬起、放低，又重复这个动作，这是它最大的行动幅度。它那退化的足一直没有动，丝毫不起作用。它为什么会有这样的足呢？如果在橡树内爬行真的使它丧失了最初发达的脚，那么完全没有脚岂不更好？环境的影响使幼虫长着步泡突，真是太绝妙了；但让它留下残肢，不又太可笑了吗？那么，是不是天牛幼虫的身体结构，不是受生存环境的影响，而是服从其他法则呢？

如果这些残弱的足是成虫足的原基，但成虫敏锐的眼睛在幼虫身上却没有丝毫雏形，在幼虫身上，任何微弱的视觉器官痕迹都没有。在厚实而黑暗的树干内生活，视力又有什么用处呢？天牛幼虫也同样没有听觉能力。在橡树内生活，没有任何声响，听觉当然也毫无意义。在没有声音的地方，为什么需要听觉能力呢？如果有人对此抱有怀疑，我可以用以下的实验来回答。剖开树干，留下半截通道，我便能跟踪这个正在橡树内工作的居民。环境很安静，幼虫时而挖掘前方的长廊，时而停下来休息片刻，休息时它用步泡突将身体固定在通道两壁。我利用它休息的时间，来了解天牛幼虫对声音的反应。无论是硬物碰撞发出的声音、金属打击发生的回响，还是用锉刀锉锯子的声音，测试都毫无效果。天牛幼虫对声响无动于衷，既没有皮肤的抖动，也没有警觉的反应，甚至我用尖头硬物刮它身旁的树干，模仿其他幼虫啮噬树干的声音，也没有取得更好的效果。人为的声响对于天牛幼虫，就像是对于无生命的东西一样毫无影响，天牛幼虫是毫无听觉能力的。

天牛幼虫有嗅觉吗？各种情况都说明它没有。嗅觉只是作为寻找食物的辅助功能，天牛幼虫是无须寻找食物的。它以它的居所为食，以它栖身的木头维生。我做了几个实验。我在一段柏树干中挖了一条沟痕，直径与天牛幼虫长廊的直径完全相同；然后，我将天牛幼虫放入其中。柏树有很浓的味道，具有大多数针叶植物都拥有的强烈的树脂味。当天牛幼虫被放入气味浓郁的柏树沟痕之中，很快幼虫便爬到了通道的尽头，接着就不动了。这难道不就证实了天牛幼虫缺乏嗅觉能力吗？对长期居住在橡树内的天牛幼虫来说，树脂这种独特的气味总会引起它的不适和反感吧，而这种不快的感觉应该会通过身体的抖动或逃走的企图表现出来。然而，它完全没有类似的反应。一旦找到合适的位置，幼虫便不再移动。我于是又做了更好的实验，我将一撮樟脑放在天牛幼虫的长廊里，距天牛很近的地方，仍然没有效果。我又用萘进行同样的实验，仍然是徒劳。经过这些毫无效果的实验之后，我认为，否定天牛幼虫有嗅觉不会有太大的问题。

天牛幼虫有味觉是无可争议的，但是，这是怎样的味觉呀！在橡树内生活了三年的天牛幼虫，唯一的食物便是橡树，再没有别的。那么天牛幼虫的味觉器官又如何评价这唯一的食物的滋味呢？吃到新鲜多汁的橡树干会觉得美味，吃太干燥又没调味品的树干会觉得乏味，这可能就是天牛幼虫全部的品味标准。

天牛幼虫还有触觉。触觉相当分散，而且是被动的，任何有生命的肉体都具有触觉，被针刺会痛苦扭曲。总之，天牛幼虫的感觉能力只包括味觉和触觉，而且都相当迟钝。它让我想起肯迪拉克的雕塑，哲学家心中理想的生物，只有嗅觉这一种感觉能力，同正常人一样灵敏；而现实中的生物，橡树的破坏者天牛幼虫，却具有两种感觉能力，但两者加起来，与肯迪拉克所谓能分辨玫瑰花的嗅觉能力相比，则迟钝得多。现实与幻想大相径庭。

那么，像天牛幼虫这样消化功能强大而感觉能力极弱的昆虫，它的心理状态是什么样的呢？我们脑海中常常会有个不切实际的愿望：用狗迟钝的大脑进行几分钟思考，用蝇的复眼来观察人类。那么，事物外表的改变会是多么巨大呀！如果通过昆虫的智力来解释世界，变化就更大了！触觉和味觉会给已经退化的感觉器官带来些什么呢？很少，几乎没有。天牛幼虫只知道，好的木块有一种收敛性的味道，未经仔细抛光的通道壁会刺痛皮肤，这就是它的最高智慧。相比之下，肯迪拉克所认为拥有良好嗅觉的天牛，真的是科学中的一大奇迹，一颗灿烂的宝石，是创造者溢美的杰作。它可以回忆往事，比较、判断，甚至推理；可是在现实中，这个半睡眠的大肚虫子，它会回忆吗？会比较吗？会推理吗？我把天牛幼虫定义为"可以爬行的小肠"，这个非常贴切

可怜的天牛幼虫，毕生的美味就只有新鲜多汁的橡树干。

当我们在生活中遭遇困难时，不妨把自己假想成一只昆虫，换个角度，或许问题就能迎刃而解了。

的定义为我提供了答案：天牛幼虫所有的感觉能力，就是一节小肠所能拥有的全部。

然而这个无用的家伙却有神奇的预测能力，它对自己现在的情况几乎一无所知，却可以清楚地预知未来。我现在就来解释一下这个奇怪的观点。在三年之中，天牛幼虫在橡树干内流浪生活。它爬上爬下，一会儿到这里，一会儿到那里；它为了另一处美味而放弃眼前正在啮噬的木块，但始终不会远离树干深处，因为这里温度适宜，环境安全。当危险的日子来临时，这个隐居者不得不离开蔽身之所，挺身面对外界的危险。光吃还不够，它必须离开此处。天牛幼虫拥有良好的挖掘工具和强健的体魄，要钻入另一环境优良的地方并非难事；但是未来的天牛成虫，它短暂的生命应该在外界度过，它有这样的能力吗？在树干内部诞生的长角昆虫，知道为自己开辟一条逃走的道路吗？

这个困难必须依靠天牛幼虫凭直觉来解决。虽然我有清晰的理性，但不如它那样熟知未来，我还是求助一些实验来说明问题。从实验中我首先发现，天牛成虫想利用幼虫挖掘的通道从树干中逃出，是不可能的事情。幼虫的通道就好比是一个复杂、漫长且堆放了坚硬障碍物的迷宫，直径从尾部向前逐渐缩小。当钻入树干时，幼虫只有一段麦秆大小，到现在它已长成手指般粗细了。三年中在树干里挖掘，幼虫始终是根据自己身体的直径进行工作，因此幼虫进入树干的通道和行动的道路，已经不能作为成虫离开树干的出口，成虫伸长的触角，修长的足，还有无法折叠的甲壳，会在曲折狭窄的通道内碰到无法克服的阻碍，它必须先清理通道里的障碍物，并大大加宽通道的直径。对于天牛成虫而言，开辟一条笔直的新出路难度要小一些。但是，它有能力这么做吗？我们拭目以待。

我将一段橡树干劈成两半，并在其中挖凿了一些适合天牛成虫的洞穴。在每一个洞穴中，我放入一只刚刚羽化的天牛成虫，然后将两半树干用铁丝合起来。这些天牛是我十月从过冬的储备木材中发现的。六月到了，我听到树干中传出了敲打的声响。天牛们会出来吗？还是无法从中逃脱？我认为它们逃跑不会太艰辛，只需钻一个两厘米长的通道便可以逃走。然而，没有一只天牛逃出来。当树干没有响动的时候，我将树干剖开，里面的俘虏

全部死了。洞穴里只有一小撮木屑，还不足一口烟的烟灰量，这便是它们全部的工作成果。

我对天牛成虫的大颚这强劲的工具期望过高。但是，我们都知道，工具并不能造就好的工人。尽管它们拥有良好的钻孔工具，但是这个隐居者由于缺乏技巧，在我的洞穴中死去了。我于是又让另一些天牛成虫经受较为缓和的实验，我把它们关在直径与天牛天然通道直径相当的芦竹茎中，用一块天然隔膜作为障碍物，隔膜并不坚硬，有三四毫米厚。有一些天牛从芦竹茎中逃出了，另一些则不行，那些不够勇敢的天牛，被隔膜堵在芦竹茎中，死了。如果它们必须得钻通橡树干，会是什么样呀！

于是，我深信，尽管体魄强壮，天牛成虫靠自己的力量，还是无法从树干中逃脱出来。开辟解放之路，还得靠貌似肠子的天牛幼虫的智慧。天牛以另一种方式再现了卵蜂虻的壮举。卵蜂虻的蛹身上长有钻头，为了让以后那长了翅膀却无能的成虫钻出通道。出于一种不可知的神秘预感的推动，天牛幼虫离开安宁的蔽身所，离开无法被攻克的城堡，爬向树表，尽管它的天敌啄木鸟正在找寻味美多汁的昆虫。它冒着生命危险，固执地挖掘通道，直到橡树的表皮层，只留下一层薄薄的阻隔作为遮掩自己的窗帘。有时，有些冒失的幼虫甚至捅破窗帘，直接留出一个窗口。

这就是天牛成虫的出口，它只需用大颚和额角轻轻捅破这层窗帘便可逃生。如果窗口是畅通的，无须付出劳动便可以从已经打开的窗口逃走，这是常有的事情。因此，天牛成虫这身披古怪羽饰、笨手笨脚的木匠，等到天气转暖时就能从黑暗中出来。

在为将来逃走做好准备之后，天牛幼虫又开始操心眼前的工作。挖好窗户之后，它退回到长廊中不太深的地方，在出口一侧凿了一间蛹室。我以前还未曾见过如此陈设豪华、壁垒森严的房间，蛹室是一个宽敞的扁椭圆形的窝，长达八十至一百毫米，截面的两条中轴长度不一样，横向轴长为二十五至三十毫米，纵向轴则只有十五毫米。这个尺寸比成虫的长度更长，适合成虫的足自由活动。当打破壁垒的时刻来临时，这样的居室不会给天牛成虫造成任何行动的不便。

这壁垒是天牛幼虫为了防御外界敌害而设置的房间封顶，有两至三层，外面一层由木屑构成，是天牛幼虫挖掘出来的残屑，

里面一层是一个矿物质的白色封盖，呈新月形。通常情况下，最内侧还有一层木屑壁垒与前两层连在一起，但并不是绝对如此。有了这么多层壁垒的保护，天牛幼虫便可以安稳地待在房间里准备化蛹。天牛幼虫从房间壁上锉下一条一条的木屑，这便是细条纹木质纤维的呢绒，天牛幼虫将呢绒贴回到四周的墙壁上，铺成一层不到一毫米厚的墙毯。房间四壁就这样被天牛幼虫挂上了莫列顿绒呢挂毯。这就是这个质朴的幼虫为蛹精心准备的杰作。

现在我们回头再看看布置最奇特的部分，那层堵住入口的矿物质封盖。这个白石灰色的椭圆形帽状封盖，主要成分是坚硬的含钙物质，内部光滑，外面呈颗粒状突起，好似橡栗的外壳。外表突起的结构说明，这层封盖是天牛幼虫用稀糊一口一口筑成的。由于天牛幼虫无法触碰到封盖外部，无法修饰，于是外部凝固成细小的突起；内侧一面在幼虫的能力范围之内，则被锉得光滑、平整。天牛幼虫给我们展示的这个绝妙的标本，奇特的封盖，有什么性质呢？它像钙那样，既坚硬又易碎，不用加热就可以溶于硝酸，并随之释放出气体。溶解的过程很漫长，一小块封盖往往需要数小时才能溶化；溶化之后剩下一些带黄色的、看上去类似有机物的絮状沉淀物质。如果加热，封盖会变黑，证明其中含有可以凝结矿物的有机物。在溶液中加入草酸氨之后，溶液变得混浊，而且留下白色沉淀。从这些现象便可以知道，封盖中含有碳酸钙。我想从中找到一些尿酸氨的成分，这种物质在昆虫化蛹过程中很常见；但是我没有发现，因而我可以断定，封盖仅仅是由碳酸钙和有机凝合剂构成，这种有机物大概是蛋白质，使钙体变得坚硬。

如果条件更好一些，我可能已经研究出天牛幼虫分泌石灰质物质的器官了。不过我深信，提供钙物质的应该是天牛幼虫的胃，它是个能进行乳化作用的生理器官。胃从食物中将钙分离出来，或者直接得到钙，或者通过与草酸氨的化学反应来获得。在幼虫期结束时，它将所有的异物从钙中剔除，并将钙保存下来，留待设置壁垒时使用。这个石料工厂没有什么令我惊讶的，工厂经过转变之后，开始进行各种各样的化学工程。某些芫菁科昆虫，如西芫菁，通过化学反应在体内产生尿酸氨；飞蝗泥蜂、长腹蜂、土蜂则在体内生产蛹室所需的生漆。今后的研究我还将会发现器官能够生产的更多的产品。

通道修好，房间用绒毯装饰完毕，用三重壁垒封起来之后，灵巧的天牛幼虫便完成了它的使命。于是，它放弃挖掘工具，进入蛹期。处于襁褓期的蛹虚弱地躺在柔软的睡垫上，头始终朝着门的方向。表面上看来，这是无关紧要的细节；实际上极为必要。幼虫由于身体柔软，可以随意在房间里翻转，因而头朝向哪个方向并没有什么区别。然而，从蛹中羽化出的天牛成虫却没有自由翻转的特权，由于浑身穿有坚硬的角质盔甲，天牛成虫无法将身体从一个方向转向另一个方向，它甚至会因为房间狭窄而无法弯曲身体。为了避免不被囚死于自己建造的房间里，它的头必须朝向出口。如果幼虫忽略了这个细节，如果在蛹期天牛头朝向房间底部，天牛成虫就必死无疑，它的摇篮将会变成无法逃脱的囚笼。

为了保障天牛成虫安全抵达阳光下，可见幼虫的"心思"是多么缜密啊！

但是我们无须为危险而担忧，这节肠子如此会为将来打算，它不会忽略这个细节而头朝里进入蛹期的。暮春时节，力气恢复的天牛向往光明，想参加光辉的节庆，它想出门了。它面前是什么呢？一些细小的木屑，三两下便可以清除；接下来是一层石质封盖，它无须将它打碎；只要用坚硬的前额一顶或用足一推，这层封盖便会整块松动，从框框中脱落。

我发现被弃置的封盖都是完好无损的，接着是第二层由木屑构成的壁垒，与第一层一样容易清除。现在，道路通畅了，天牛成虫只要沿着通道便可以准确无误地爬到出口。如果窗户事先没有打开，它只要咬开一层薄薄的窗帘即可到阳光下。现在天牛出来了，长长的触角激动得不停地颤抖。

天牛对我们有什么启发呢？天牛成虫没有任何启发，但幼虫却对我们启示颇多。这个小家伙感觉功能这么差，预见能力却如此奇特，令我深思。它知道未来的成虫无法穿透橡树而从中逃走，于是它冒着危险，自己动手为成虫挖掘出口。它知道成虫由于披有坚硬的甲壳而无法自由翻转身体，找到房间的出口，便关怀备至地头朝房间门而卧。它知道蛹肌体柔弱，于是用木质纤维的毛绒布置卧室。它知道敌害随时会在漫长的蛹期发动进攻，于是为了完成修筑洞穴和壁垒的工程，它便在胃内储存石灰浆。它能够准确地预知未来，或者更确切地说，它正是按照对未来的预见而工作的。它的行为动机从何而来呢？当然不是靠感觉的经验。对于外界它又了解些什么呢？我再重复一遍，只是一节肠子所能知道的那么多。这贫乏的感觉让我赞叹不已。我非常遗憾，那些头脑灵活的人只想象出一种只能嗅出玫瑰花香的肯迪拉克式动物，却没有想象出一个具有某种本能的形象。我多么希望他们能很快认识到：动物，当然包括人类，除了感觉能力之外，还拥有某些生理潜能，某些先天的而并非后天的启示。

（鲁京明　译）

阅 读 札 记 ▶ ▶ ▶

精华点评

当你在沟壑纵横的橡树干上发现一只天牛正在沐浴阳光的时候，我想你的脑海中定会浮现出这只天牛在幼虫时期所做的缜密部署，蛹房的布置、通道的长度、逃生窗帘的厚薄……这些竟全是其凭借本能的直觉完成，难怪法布尔对于辨别玫瑰花的天牛不感兴趣，却钟情于这"爬行的小肠"，它完全是将上帝赋予的潜能发挥得淋漓尽致。同样作为上帝宠儿的人类也拥有许多其他生物不曾拥有的天赋能力，比如我们的细致观察力被法布尔发挥到了极致，自强不息的坚强精神被海伦·凯勒发挥到了极致，对于音乐的感知能力被贝多芬发挥到了极致……那么，手捧这本书的你有没有某种天赋的才能？你又打算如何发挥它呢？

延伸思考

作为人类的我们应该如何向天牛幼虫学习呢？

知识链接

早在1000多年以前，我国宋代诗人苏轼在《天水牛》一诗中就对天牛进行了详细的描述："两角徒自长，空飞不服箱。为牛竟何事，利吻穴枯桑。"与法布尔对天牛幼虫的态度不同，在长期以农耕生活为主的中国，天牛虽然与忠厚的牛一样也有角，但是它的角却会破坏庄稼的生长，所以，自古以来，中国人就将天牛视为害虫。

提起苍蝇、蛆虫，恐怕大家都要因为它们一贯的坏名声而连忙摇头，但是法布尔通过他的实验向我们展示了一位勤勤恳恳的动物界"入殓师"。"落红不是无情物，化作春泥更护花"，正是这位勤劳"入殓师"的妙手回春，才使无情变成有情，使生命的终结不再充满悲剧色彩，而是焕发出新生的力量。

绿蝇

一生中，我有过的几个愿望，都不会妨碍别人的安宁。我曾经希望在我家附近拥有一个能避开冒失的路人，周围长着灯芯草，水面上漂着水浮莲的水塘。空闲的时候我可以坐在杨柳树荫下，想象水中的生活。那是一种原始的生活，比我们现在的生活更单纯，在温情和野蛮之中带着淳朴。

我可以对软体动物的天堂进行观察，可以欣赏豉甲嬉戏、尺蝽划水、龙虱跳水和仰泳蝽的顶风航行。仰泳蝽仰躺在水面，挥动着长桨划水，两条短短的前足则收在胸前，等待捕捉猎物。我可以研究扁卷螺产卵，它那模糊不清的黏液中凝聚着生命之火，就像朦胧的星云中聚集着恒星。我可以欣赏新生命在

仰泳蝽

蛋壳里旋转，勾画出螺纹，也许这就是未来哪个贝壳的轮廓。如果扁卷螺略懂一些几何学，它就能勾画出犹如地球绕着太阳运转的轨道来。

经常到池塘边漫步可以带回很多思想，可是命运却做出了另一种安排，池塘成了泡影。我试着用四块玻璃建造人工池塘，可是资源很贫乏，这个水族实验室还比不上骡子在松软的泥土上留下脚印后、经阵雨积满了水、生命奇迹般地充溢其间的小坑。

春天，当英国山楂树开花，蟋蟀齐鸣时，第二个愿望不止一次在我的脑海里闪现。我在路上碰上一只死鼹鼠和一条被石块砸死的游蛇，两者均死于人的愚蠢行为。鼹鼠正在掘土，驱除害虫，农民的铁锹挖到它，将它拦腰斩死，然后扔在一旁。游蛇被四月的融融暖意唤醒，来到阳光下，擦破皮肤，换上一层新皮。有人发现了它，说道："啊！可恶的东西，我要做一件大快人心的事。"于是，这条无辜的蛇，这条在保护庄稼、在消灭害虫的激烈战斗中，帮助过我们的无辜的蛇死了，它的头被砸得稀烂。

两具尸体已经腐烂发臭，谁从那里经过，都像没看见，转身便走开了。观察家停下来，从脚边捡起两具死尸，瞧了瞧，有一群活物在上面攒动，一群生命力旺盛的虫子正在噬咬尸体。还是把它们放回原处，让殡葬工去继续处理吧，它们能非常圆满地完成任务。

了解那些清除腐尸的清洁工的习俗，观察它们忙忙碌碌地分解尸体，仔细地研究它们将死亡物质迅速地加工后收进生命的宝库，这个愿望长久以来一直在我的脑海里萦绕。我遗憾地离开了躺在满是灰尘的路面上的鼹鼠，瞥了一眼那具尸体和它的开发者们，我该走了。这里臭烘烘的，不是高谈阔论的地方，否则，过路人会怎么想啊！

如果我让读者身临其境，他们又会怎样想呢？关注这些卑下的啃尸者，难道不会玷污我们的双眼吗？哦，请你别这么想。我的好奇心主要牵挂的事情，一个是起始，一个是终结。物质是如何积聚，获得生命的？当生命停止时，又是如何分解的？如果有个池塘，那些带着光滑螺纹的扁卷螺，就可以为第一个问题提供资料；那只略微发臭、还不十分令人恶心的鼹鼠，将回答第二个问题，它会向我们展示熔炉的功能，一切都在熔炉里熔化，重新

开始。不必再忸怩作态了！让外行人离开这里吧，他们是不会理解有关腐烂物这个高深课题的。

　　我现在可以实现我的第二个愿望了。我有场地，有安静的小院，没有人会来打扰我、笑话我，我的研究也不会得罪任何人。到目前为止，一切都挺顺利，但还是有点麻烦事。虽然我已经摆脱了路人，但是我还必须提防我的猫，它们经常闲逛，如果我的观察物被它发现，准会遭到破坏，被叼得七零八落。预计到它们的破坏行为，我建造了空中作坊，只有那些专营腐烂物者才能飞抵的作坊。

　　我把三根芦竹绑在一起，做成三脚架，安放在荒石园里的不同地点，每个支架上都吊着一个离地面一人高、盛满细沙的罐子，罐子底部钻一个小孔，如果下雨，水可以从小孔流掉。我把尸体放在罐子里，游蛇、蜥蜴、癞蛤蟆是首选物，它们的皮肤上没有毛，便于我监视入侵者的举动；毛皮动物、禽类和爬行动物、两栖类交替使用。邻居的孩子在两分硬币的诱惑下，成了我的供应商。每当春夏季节，他们常扬扬得意地跑到我家来，有时用棍子挑着一条蛇，有时用包菜叶包着一条蜥蜴。他们给我送来了用捕鼠器捕到的褐家鼠、渴死的小鸡、被园丁打死的鼹鼠、被车轧死的小猫和被毒草毒死的兔子。买卖双方都很满意，以前村子里从不曾有过这样的交易，将来也不会有。

　　四月过去了，罐子里的动物增加得很快。第一个来访者是小蚂蚁，为了让这些不速之客离远点，我才把罐子吊得高高的，可是蚂蚁在嘲笑我的用心良苦。一只死动物放进罐子里还不到两小时，仍然是新鲜的，闻不到什么味，它们就来了。贪婪的敛财者顺着三脚架的支脚爬上去，并开始解剖，如果这块肉合口味，它就会在沙罐里住下来，挖一个临时蚁穴，逍遥自在地开发丰富的食物。

　　这个季节蚂蚁始终是最忙的，它总是第一个发现死动物，总是当死尸被啃得只剩下一块被太阳晒得发白的骨头时，才最后一个撤离。这个流浪汉离得那么远，怎么就知道在那看不见的三脚架顶上有吃的东西呢？而那些真正的肢解尸体者则要等待尸体腐烂，靠强烈的臭气来通知它们。因为蚂蚁的嗅觉比谁都灵，它在臭气开始散发之前就赶来了。

　　为了更好地进行科学研究，以及与动物沟通交流，科学家们总需要做出一些可能使常人感到匪夷所思的事情，就像《动物笑谈》里的康拉德·劳伦兹一样，做一个执着投入的科学家。

当搁置了两天的尸体被太阳烘熟，散发出臭气时，啃尸族突然拥来了。皮蠹和腐阎虫、负葬甲和葬尸甲、苍蝇和隐翅虫，向尸体发起了进攻，它们消耗尸体，几乎把它消耗得一点不剩。如果仅仅靠蚂蚁每次搬走一点，打扫卫生的工作得拖很久才能完成，可是眼下这些虫子做起这项工作来个个雷厉风行，有些使用化学溶剂的虫子效率更高。

最值得一提的自然是后一类，高级净化器。它们是苍蝇，种类非常繁多，如果时间允许，这些骁勇善战的战士，每一位都值得我去观察。但是，那会使读者和观察家都不耐烦。我只要了解几种苍蝇的习性，便可知道其他种类的苍蝇的习性，因此我将观察范围限制在绿蝇和麻蝇身上吧。

浑身亮闪闪的绿蝇是人人都熟悉的双翅目昆虫，它那通常是金绿色的金属光泽，可以和最美丽的鞘翅目昆虫花金龟、吉丁和叶甲相媲美。<u>当我看到这么贵重的衣服穿在清理腐烂物的清洁工身上时，着实有几分惊讶。</u>经常光顾我那些吊罐的三种绿蝇是：叉叶绿蝇、常绿蝇和居佩绿蝇。前两种都是金绿色的，为数不多，第三种闪着铜色亮光。三种绿蝇的眼睛都是红色的，周围镶着一圈银边。

个头最大的是常绿蝇，而叉叶绿蝇干这行似乎更老练。四月二十三日，我碰巧撞见它在产房里，待在一只羊脖子的颈椎里，正把卵产在脊髓上。它在黑乎乎的洞里一动不动地待了一个多小时，把里面装满了卵。我隐约看见了它的红眼睛和银白色的面孔。它终于出来了，我把卵收集起来。因为卵全部产在脊髓上，收集起来很容易，只要抽出脊髓就行了，用不着碰那些卵。

> "穿着贵重衣服的清洁工"，这个比喻多么生动，在幽默的语言中，我们对绿蝇的形象以及它的工作有了初步了解。

我应该数数有多少卵，不过现在还没法数，密密麻麻的卵难以计数，我于是把这一家子养在广口瓶里，等它们在沙土里化成了蛹再来数。我找到了一百五十七个蛹，这显然只是一小部分，因为从后来的观察中我得知，叉叶绿蝇和其他绿蝇分多次产下一包一包的卵，这个超级家族将会成为一个庞

叉叶绿蝇

大的兵团。

我认为绿蝇分批产卵，以下的事实可以做证。一只经多日蒸晒、有些发软的鼹鼠平摊在沙土上，肚皮边缘有一处鼓胀起来，形成了一个穹隆。绿蝇和其他双翅目昆虫都不把卵产在裸露的表面，曝晒对脆弱的胚胎是有害的，必须把卵藏在阴暗的地方。死动物皮下是理想的场所，如果可以进入的话。

目前，唯一的入口就是肚皮下的那个皱褶。今天，在那个地方，也只有在那里才有产卵者在产卵，一共有八只绿蝇。这块开发物因质量上乘而闻名，绿蝇们一个一个潜入穹隆，或者好几只一起进去。进去的绿蝇要在里面停留一段时间，外面的必须耐心等待。等待者一次次飞到洞口去张望，看看里面进行得怎么样了，探听先进去的那批是否已经完事。里面那批终于出来了，停在死动物身上休息，等着下一轮再进去。产房里又换了新的一批产卵者，这批绿蝇也在里面待了好一阵，然后才让位给又一批产卵者，自己到外面去晒太阳。一个上午它们就这样不停地进进出出。

小小的苍蝇在产卵工作上的有序耐心与一丝不苟的态度值得我们思考。

由此我得知，产卵是阶段性进行的，中间穿插着几次休息。只要绿蝇感到成熟的卵还未进入产卵管，就会待在太阳底下，不时地突然飞起来盘旋一会儿，然后伏在尸体身上马马虎虎喝上几口汤。一旦卵子进入了产卵管，它们会尽快地到合适的地方卸下重负。因此，整个产卵过程分成了好几个阶段，看来要持续两天。

我小心翼翼地把那只身下正有苍蝇在产卵的动物掀起来，苍蝇照常继续产卵，它们是那样忙碌。它们用产卵管的尖头，犹豫不决地摸索，力图把卵依次排放在卵堆的更深处。在神情严肃的红眼睛产妇周围，有一些蚂蚁正忙于抢劫，许多蚂蚁离去时嘴里都咬着一枚绿蝇的卵。我还看见一些胆大妄为的家伙，公然到产卵管下去抢劫。产卵者并不理睬它们，由着它们去，一副无动于衷的样子。绿蝇心里清楚，自己肚子里还有的是卵，足以弥补这么一点小损失。

的确，幸免于蚂蚁抢劫的卵已足以保证绿蝇有一个兴旺的大家庭。过几天我回来，再掀开那具死尸看一看。在尸体下恶臭的脓血里涌动着虫浪，蛆虫的尖头冒出了浪尖，晃动了一下，又钻进浪谷，好似沸腾的海洋。尸体的中间部位被掀起来了，那情景真是恐怖至极。我得经受住考验，往后看到的景象将更加可怕。

我现在看到的是一条游蛇，它盘成涡旋状，占满了整个罐子。来了许多绿蝇，而且还不断有新来者加入它们的行列。这里看不到吵架拌嘴的情况，大家都自顾自地产卵。盘着的爬行动物那一圈圈缝隙里是最理想的产卵处，只有在这窄缝里才能躲避烈日。金色的苍蝇排成链，互相紧靠着；它们尽量把腹部和产卵管往缝隙里插，顾不得翅膀被揉皱翘到了头上，大事当前顾不得打扮了。它们心平气和，红红的眼睛凝视着外面，排成一条链子，链条时而会出现几处断裂，几个产卵者离开了位置，来到游蛇身边散步，等待下一批成熟的卵进入产卵管，然后重新加入这条链子，再次去产卵。

尽管时有中断，绿蝇产卵的速度还是相当快，仅一上午，螺旋状的缝隙里就密密麻麻地布了一层卵。我将卵层整块剥下来，上面一尘不染。我是用铲子，用纸做的小铲来采集卵。我采集了一大堆白色的卵，然后将它们搁在玻璃管、试管和广口瓶里，再放进一些必要的食物。

长度约一毫米的卵呈圆柱形，表面光滑，两头略圆，二十四小时内即可孵化。我想到的第一个问题是：绿蝇的幼虫将如何进食？我很清楚该喂它们什么，可是我不知道它们怎么吃。从"吃"这个词的严格定义来看，它们的吃法能称得上吃吗？我的怀疑是有道理的。

其实，我可以去观察那些相当肥胖的蛆虫。这些普通的蛆虫，头部尖，尾部平切，整体轮廓呈长锥形，尾部的皮肤表面有两个棕红色的点，那是气孔。按语言的引申义，被称作头的那个部位，不过是肠道的入口，我称它前部，那里装备着两个黑色的口针①，装在半透明的套子里，时而微微向外伸，时而收回去。是否该把它们看成是大颚呢？绝对不行，因为这两个口针不像真正的大颚那样上下对生，而是平行的，永远也碰不到一块。

这两个口针是活动器官，是移动的口针。口针能起支撑作用，它们反复地一伸一缩就能使蛆虫前进，蛆虫就是靠这个看似

---

① 口针：大颚特化的构造。

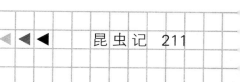

咀嚼器的器官行走。它的喉头好像有根登山拐杖。我把蛆虫搁到一块肉上，用放大镜观察，我看见它在散步，一会儿抬头、一会儿低头，每次都用口针去捣肉。它停下来时屁股不动，前部保持弯曲，探测四周，尖尖的头部探索着，前进，后退，黑色的口针一伸一缩，像无休止的活塞运动。尽管我观察得很认真，却没见过它的口器上沾过一小块撕下的肉，也没见它吞咽过一块肉。口针不停地在肉上敲击，却从未从上面咬下一口。

然而，蛆虫却在长大、变胖。这个特殊的消费者是用什么方法做到，没有嚼食却能吸收食物呢？如果它不吃，那么它是喝了，它的食谱是肉汤。既然肉是固体物质，自己不会液化，就必须用某种烹调方法使它变成能喝的液体。我尝试着尽力去揭开蛆虫的这个秘密。

我把一块核桃般大小的肉用吸水纸吸干水分，放在一个一头封闭的玻璃试管里，在肉上面放几坨从罐子里的游蛇身上取来的卵，大约有二百枚，然后用棉球塞住管口，将管子竖起来，放在实验室一个避光的角落里。另外一个玻璃管也同样处置，只是里面没有放卵，我把它放在一旁，作为参照物。

卵孵化后才两三天，结果已经非常惊人。那块用吸水纸吸干了水分的瘦肉已经变湿，蛆虫爬过的玻璃上留下了水迹，蠕动的蛆虫一次又一次经过的地方出现了一片水汽。而那个参照试管里却是干的，说明蛆虫活动的地方留下的液体，不是从肉里渗出来的。

对比论证在实验中具有极强的说服力。

此外，蛆虫的工作也可以明确地证实。有蛆虫的那块肉就像放在火炉边的冰块一点一点地融化，不久肉完全变成了液体。这已经不是肉了，而是李比希①提取液。假如我把试管倒过来，里面的液体会全部流光，一滴水也不会剩下。

千万别以为是腐烂导致了溶解，因为在对比项试管里，同样大小的一块肉，除了颜色和气味变了之外，看上去仍和原来一样，原来是一整块，现在仍然是一整块。而那块蛆虫加工过的肉，已经变得像融化的黄油一样稀。我看到的是蛆虫的化学功

---

① 李比希（1803—1873）：德国化学家，在无机化学、有机化学、生物化学等方面都做出了贡献。此处的李比希提取液是一种比喻。

能，其作用会使研究胃液作用的生理学家产生忌妒。

我还从熟蛋白实验中得到了更有力的证据。切成榛子一般大的熟蛋白，经过绿蝇蛆虫加工溶解成了无色的液体，我们的眼睛甚至会把这液体当成水呢。液体的流动性非常大，那些蛆虫失去了依托，淹死在汤里。蛆虫是因尾部被淹，窒息而死的。它尾部有张开的呼吸孔，如果在密度较大的液体中，呼吸孔可浮在水面上，但是在流动性很大的液体中就不行。我在另一个试管里也装进熟蛋白，但不放蛆虫，将它和那个发生了奇怪的液化现象的试管放在一起对照，结果对照组的熟蛋白保持着原状和硬度，久而久之，如果蛋白不被霉菌侵蚀，会变得坚硬。

其他那些装有四元化合物，装有谷蛋白、血纤维蛋白、酪蛋白和鹰嘴豆豆球蛋白的试管里，也发生了程度不同的类似变化。只要能避免在太稀的肉汤里淹死，蛆虫食用了这些蛋白长得非常好，生活在死尸上的蛆虫也不见得能长得更好。再说，蛆虫就是掉进这些蛋白液体里，也往往不必害怕，因为这些物质仅仅处于半液化状态，与其说是真正的液体，倒不如说是糊状流质。

即使已经将蛋白溶成了稀糊，绿蝇蛆虫还是想把食物变成液体。由于无法吃固体食物，蛆虫首先把食物变成流质，然后把头扎在流质里，长长地吸一口，它们在喝汤。蛆虫那种发挥相当于高等动物的胃液作用的溶液，无疑来自它们的口腔。像活塞一样连续运动的口针不断排出微量的溶液，所有被口针碰过的地方都留下了微量的蛋白酶，足以使那个地方很快地渗出水来。既然消化总的说来就是液化，我可以毫不违背事实地说，蛆虫是先消化食物，然后进食。

这些用试管所做的肮脏恶臭的实验，使我从中得到了乐趣。当斯帕朗扎尼神父[①]发现生肉块在沾了小嘴乌鸦胃液的海绵作用下变成流质时，想必也有和我一样的感受。他发现了消化的秘密，并成功地在试管里做了胃液作用的实验，那时胃液的作用还不为人知。我这个远方的信徒，又重见了曾经使那位意大利学者惊诧不已的现象，不过这次是以一种意想不到的面目出现的。蛆虫

①　斯帕朗扎尼神父：1783年，意大利科学家斯帕朗扎尼在实验中观察到鸟的胃液能使肉类分解消化。

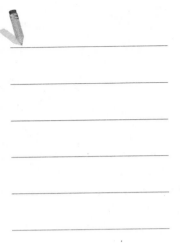

代替了小嘴乌鸦，它们破坏了肉、谷蛋白和熟蛋白，使这些物质变成了液体。我们的胃是在秘密状态下进行蒸馏，蛆虫却是在体外，在光天化日下完成。它先消化，然后才把消化物喝下去。

看见它们一头扎进尸体化成的汤液里，我不禁会自问：它们真的不会嚼食吗，哪怕是以更为直接的方式部分进食？为什么它们的皮肤那么光滑，简直可以说是举世无双，难道皮肤能够吸收食物吗？我见过金龟子和其他食粪虫的卵明显地变大，因而很自然地认为那是因为它们吸入了孵化室里油腻的空气。然而，我却找不到证据来说明绿蝇蛆虫就没有采用某种生长方式。我认为它们能靠全身的皮肤吸收食物，除了嘴吸食汤液之外，皮肤也协助吸收和过滤汤汁。也许这就是它们要预先把食物变成液体的原因。

我们再举最后一个例子，证明蛆虫预先将食物液化的事实。如果我将鼹鼠、游蛇，或者其他动物的尸体置于露天的沙罐里，套上金属纱罩以防双翅目昆虫入侵，那么尸体就会在烈日的暴晒下变干、变硬，而不会像预料的那样把下面的沙土浸湿。尸体肯定会渗出液体，任何一具尸体都像一块吸满了水的海绵，尽管水分的散发是那样缓慢，也会被干燥的空气和热气蒸发掉；因此尸体下面的沙土能保持干燥，或者说基本干燥。尸体变成了木乃伊，变得如同一张皮。

相反，如果不用纱罩，让双翅目昆虫随便进入，情形就不同了，三四天后在尸体的下面出现了脓液，大片沙土被浸润了，这是液化的开始。

我将会不断地看到那种曾令我震惊的实验结果。这次实验对象是一条非常棒的神医游蛇，长一点五米，有粗瓶颈那么粗，由于它比较庞大，超出了沙罐的容量，我把它盘成双层螺旋状。当这美味佳肴处于分解旺盛期时，沙罐成了沼泽，无数只绿蝇蛆虫和更为强大的液化器麻蝇蛆虫在沼泽里涌动。

容器里的沙土被浸湿了，变得泥泞不堪，仿佛是淋了一场大雨。液体从罐子底部那个盖着一块扁卵石的小孔滴下来，这是蒸馏釜①在运作，那条游蛇正在死尸蒸馏釜中蒸馏。一两周之后，液

---

① 蒸馏釜：一种化工生产中蒸馏所使用的釜。工作原理是根据馏分沸点的不同，通过加热时所要的馏分汽化，再通过冷凝收集，即可完成蒸馏。

体将消失，被泥土吸干，在黏糊糊的沙土上只会剩下一些鳞片和骨头。

总之，蛆虫是这个世界上的一种能量，它为了最大限度地将死者的遗骸归还给生命，将尸体进行蒸馏，分解成一种提取液，然后植物的乳母——大地汲取了它，变成了沃土。

（鲁京明　译）

精华点评

无论是绿蝇整齐而忙碌地产卵，还是蛆虫不断地液化尸体，它们的所做所为与人类的"入殓师"一样，都使生命在最大限度上返璞归真。它们勤劳奔走于人类认为最肮脏与可怕的腐尸之间，无所畏惧，使终结的生命在最大限度上复归乳母大地，然而它们得到的却是人类嫌弃的眼色与避而远之的距离。不被认可，使它们一直活在阴暗之中，但即便如此，它们依然坚持初心，温柔地对待死亡，日复一日融化消解。我想法布尔最后提到"蛆虫是这个世界上的一种能量"，这大概就是"向死而生"的能量吧。

延伸思考

我们应该如何对待像绿蝇、蛆虫一样，在不为人喜爱的岗位上勤恳工作的人们呢？

知识链接

正是蛆虫应对腐肉的这种特殊能力，使它不仅成为自然界的"入殓师"，还化身成人类"医生"。蛆虫清创疗法（maggot debridement therapy，MDT）又称幼虫清创（larval therapy，LT），是一种古老的清创方式，利用蛆虫以腐败组织为食物，不消化健康的人体组织，更对有血运的活体组织无任何影响的特点，清除创面的坏死组织。2004年1月，蛆虫成为第一个通过美国食品药品监督管理局（FDA）审批的作为医疗器械用于清创伤口的活体动物。当然，并非所有的蝇类幼虫都可以用来治疗伤口，有些也会引起严重的疾病，需要专业医生的甄别。

导 读 ▶ ▶ ▶

　　麻蝇与我们上一章的主角绿蝇可是一对好兄弟，通过麻蝇破蛹而出，我们就能明白这个庞大的蝇族是如何屹立不倒，又是如何化身为动物界出色的"入殓师"。

麻蝇

　　本篇将研究的苍蝇与绿蝇相比，穿着的服饰不同，但生活方式却差不多，仍然是与死尸打交道，同样具有迅速液化肉体的能力。这种炭灰色的双翅目昆虫，个头比绿蝇大，背部有褐色的条纹，腹部有银光点。瞧瞧它那一对眼睛，血红血红的，闪着肢解者凶残的目光。这是一种食肉蝇，学术语称它为麻蝇，俗称肉灰蝇。

　　不管这两种叫法多么正确，但愿别把我们引入歧途。麻蝇绝不是那种经常光顾我们住所，特别是秋季，在没看管好的肉上下蛆的胆大的腐烂物承包者。干这些坏事的罪魁是反吐丽蝇，它长得比较肥胖，呈深蓝色，它飞到玻璃窗上嗡嗡作响，狡诈地把食品柜团团围住，暗地里伺机利用我们放松警惕的时候下手。

反吐丽蝇

麻蝇常常与绿蝇合作。绿蝇从不到我们家里冒险旅行，而是在大太阳下劳动。麻蝇不像绿蝇那么胆小，如果在外面找不到东西吃，偶尔也会冒险到住宅里干坏事，干完坏事就赶紧溜掉，因为它在这里感到不自在。现在，我那间比露天实验场小得多的实验室，已经变得有点像藏肉室了。麻蝇来此造访，如果我在窗台上放一块肉，它就会飞来享用一番，然后离开。搁物架上用于收藏物品的那些广口瓶、茶杯、玻璃杯等各种容器都躲不过它。

鉴于研究的需要，我收集了一堆在地下蜂巢里窒息死亡的胡蜂幼虫。麻蝇悄悄地来了，发现了那一大堆胡蜂幼虫，认为是个了不起的新发现。这种食物也许是它的家人从来不曾享用过的，于是它把一部分卵安置在上面。我把一个煮熟的蛋先掰下几块蛋白来喂绿蝇的幼虫，剩下的大部分放在一个玻璃杯底部，麻蝇占有了剩余的这部分蛋，并在上面繁殖。它并不在意这是一种新东西，只要是蛋白质类的物质都合它的口味，哪怕是养蚕场的废物死蚕，甚至芸豆和鹰嘴豆的豆泥都行。

然而，最合它口味的还是死尸，从毛皮动物到禽鸟，从爬行动物到鱼类它都吃。有绿蝇做伴，麻蝇往那些沙罐里跑得很勤，它每天都来探望那些游蛇，用吸管品尝一下，看它们是否已烂透。它走了，又来，从容不迫①，最后才着手工作。然而，我并不准备在熙熙攘攘的来客中观察它们的行动，我将一块肉放在小桌前窗台上，既不致有碍观瞻，又便于我观察。常常来光顾那块腐肉的两种双翅目昆虫是常麻蝇和红尾粪麻蝇，后者的腹部末端有个红点，前者比后者略强壮些，在数量上也占优势，它承担着沙罐场里大部分工作，几乎总是单独飞向放在窗台上的诱饵。

它会突然间到来，起初还有些胆怯，可是很快便镇静下来，即使我靠近它，它也不想飞走，因为它很中意这块肉。它干起活儿来速度惊人，将腹部末端对着那块肉嚓嚓两下，就完成了任务。一群摆动着的蛆虫产了下来，迅速地四下散开，我根本来不及拿起放大镜来做精确的统计，我用眼睛估计约有一打。它们都跑到哪里去了？

它们好像一落地就钻进肉里，那么快就不见了。对于这些虚

---

① 从容不迫：形容态度镇静，不慌不忙，从容镇定。

麻蝇

弱的新生儿来说，以这样快的速度钻入有一定阻力的物质是不可能的。但是它们到哪里去了？我发现那块肉的褶皱里有一些麻蝇蛆虫，它们单独行动，已经开始用嘴搜索了。把它们聚拢来数数有多少是行不通的，因为我不想伤害它们。我只能用眼睛迅速地扫视一下，大约是十二只，几乎是在一瞬间一次性产下的。

麻蝇产下的是些活的蛆虫，而不是通常所见的卵，这些蛆虫早已为人们所熟悉。我因此知道了麻蝇不生蛋而是生孩子。它们有那么多事要做，任务太紧急！对于专门加工死亡物质的它们来说，一天就是一天，必须充分利用时间。绿蝇的卵最快也要二十四小时后才能孵化出蛆虫，麻蝇省下了这段时间，而是从卵巢里迅速输送出一批劳动者，蛆虫刚一降生就投入了劳动。这些勤劳而全面的卫生突击手，根本没有闲暇孵卵，它们一分钟也浪费不起。

> 看来麻蝇的时间观念要比绿蝇强上很多倍呢！

小分队的成员不多，可是它们的数量还能再增加不知多少倍呢！我们来看看雷沃米尔[①]对麻蝇那台奇妙的生育机器所做的描写：这是一条螺形的带子，天鹅绒般柔软的涡纹里满载着密密麻麻的蛆虫，每一条蛆虫都裹着一层膜，一个挨一个聚在一起，像一张羊毛皮。这位耐心的博物学家对这个军团成员的数量做了统计，据他说大约有两万只。面对这个解剖学的事实，你们一定会目瞪口呆。

麻蝇怎么会有时间去安置一大家子，尤其是必须一小包一小包地安置，就像它刚才在我的窗台上那样呢？在排空卵巢之前，它必须找多少死狗、死鼹鼠、死游蛇啊！它能找到吗？在野外有一定数量的死尸，但还没多到这种地步。好在什么样的尸体对它来说都是好的，它也将选择其他一些不起眼的尸体。如果猎物很丰富，明天、后天甚至几天后它还会再来。在繁殖季节里，它不断地将一包一包的蛆虫安放在各处，最终也许能把肚子里的孩子

---

① 雷沃米尔：1683年出生，法国科学家和著名昆虫学家。

都安顿好。但是，如果今后这些幼虫也将全部繁殖，那又该是怎样的拥挤啊！麻蝇一年要繁殖几代呢！它被催赶着，真该让这种过度繁殖刹刹车。

我们先了解一下麻蝇蛆虫的情况。这种健壮的蛆，从它那较大的体型，特别是尾部的形状，很容易和绿蝇蛆虫区别开来，它的尾部平切，有一个切得很深的槽，槽底有两个呼吸气孔，两个带琥珀色的唇状气孔。气孔边缘有十来条放射状、棱角分明的肉质月牙饰纹，像个冠冕，蛆虫可以随意地通过收缩和放松月牙饰纹使冠冕关闭或打开，当气孔淹没在稀糊中时就能得到保护，不至于被堵塞。如果尾部这两扇气窗被堵塞，会突然引起窒息。当蛆虫被液体淹没时，这顶带月牙边的帽子就会关闭，如同一朵收拢了花瓣的花朵，液体就进不到气孔里了。

随着蛆虫露出液面，尾部重新露出来；当尾部刚好与液体表面平齐时，冠冕重新打开，宛如一朵花冠上带白色月牙边、中间有两根鲜红色雄蕊的小花。当蛆虫挨挨挤挤地把头拱进臭烘烘的汤液时，形成了一片白洲。看着这些冠冕不停地一开一合，发出轻微的噗噗声，几乎让人忘记了可怕的恶臭，它们仿佛一片娇美的海葵。蛆虫自有蛆虫的丰韵。

显然，如果事物有一定逻辑，一只为防止溺水窒息而采取了严密预防措施的蛆虫，想必应该经常出没于沼泽地。它的尾部戴上帽子，不仅仅是为了张开时好看。麻蝇蛆虫的身上这个带放射状条纹的附器告诉我们，它所从事的是冒险的工作，开发死尸时它要冒着被淹死的危险。为什么这样说呢？请回想一下那些用熟蛋白养活的绿蝇蛆虫吧。食物很合它们的口味，可是在它们的胃蛋白酶作用下，食物变得那么稀，蛆虫很容易被淹死在食物化成的汤里。尾部和液面平齐的气孔，没有任何防护系统，当它们在液体中没有任何依托时就会完蛋。

尽管麻蝇蛆虫是无与伦比的液化装置，它们却不曾经历过这种危险，即使是在尸液的沼泽中。它那鼓突的尾部起着浮子的作用，能使气孔保持在液面上。如果需要潜入到更深的地方去搜索，尾部的海葵便会闭合起来保护气孔。麻蝇蛆虫具有潜水装备，因为它们是卓越的液化装置，随时都要为潜入水中做好准备。

"蛆虫自有蛆虫的丰韵。"即使是在臭烘烘的腐尸中爬行的蛆虫，也有属于自己的美丽。

在干燥的地方，为了便于观察，我把它们放在一片纸板上。它们刚被放上去，就活跃地爬动起来，玫瑰红色的气孔打开，口器抬起、落下，发挥支撑的作用。纸板就放在离窗子三步远的小桌上，这会儿只靠柔和的自然光照明，所有的虫子倾巢出动，全都背向窗户方向爬行，它们急匆匆地疯狂逃窜。

我把纸板掉了个头，没有碰触这些逃亡者，只是让蛆虫面朝窗口，可是它们马上停下来，犹豫一下转了个弯，又向背光的地方逃去。在它们爬出纸板前，我再次把纸板掉个头，蛆虫第二次转身往回爬。我反复多次把纸板掉转也是枉然，每一次这些蛆虫都转身，背朝窗户的方向逃跑，它们的执着挫败^①了我掉转纸板的诡计。

它们活动的范围不大，因为纸板只有三拃长。给它们一个更大的空间看看，我将它们放在房间的地板上，用镊子把它们的头转向窗口。然而，一旦获得自由，它们便马上掉转头躲开亮光，用双拐以最快的速度向前挺进。它们大步走过房间的方砖，还差六步远就要碰到墙壁了，这时有的向左爬，有的向右爬，总觉得离这个可恶的、光线充足的窗口不够远。

它们逃避的当然是光线，如果我用一块屏幕遮挡住光线后，再掉转纸板，它们就不会掉转头改变方向，而是乖乖地朝窗口爬，但是屏幕一拉开，它们马上就会掉头。

蛆虫一出生就生活在阴暗处，生活在死尸身下，逃避光线是很自然的。我感到奇怪的是，蛆虫能感知光。蛆虫是瞎子，在它那尖尖的、被称为头部都有些勉强的前部，绝无任何感光仪的痕迹，在身体的其他部位也没有，它浑身上下长着一样光滑的皮肤，白生生、滑溜溜的。

这个瞎子，没有靠任何视觉器官连接的神经网，却对光极其敏感。它全身的皮肤就像一层视网膜，不用说，它是看不见的，但能辨别明暗。蛆虫在灼热的阳光直射下所表现出的不安，就是个简单的证明。就拿我们自己来说吧，单凭我们那比蛆虫粗糙得多的皮肤，用不着眼睛帮忙也能分辨出日晒和阴凉。

现在，问题变得复杂了，我的那些被试者，仅仅接受了从实

---

① 挫败：使受挫折；击败。

验室窗口透进来的日光，这么柔和的光线也使它们不安，使它们惶恐；它们在逃避难以忍受的阳光，要不惜一切地逃走。

这些逃亡者感觉到了什么？它们是否被化学辐射刺痛了？是否受到了其他一些已知或未知射线的刺激？或许光还隐藏着许多不为我们所知的秘密。如果用光学仪器对蛆虫进行观察，也许能搜集到一些珍贵的资料。因此，如果手头有必需的设备，我倒很乐意对此做进一步的探索。但是我现在没有，过去自然是没有，将来一定也不会有帮助我从事研究的充足财力。这些财富只有把心思用在从事能获得高薪报酬，而不是探索美好真理的聪明人才能得到。尽管如此，我还是要在我那点微薄的收入许可的条件下，继续研究。

麻蝇蛆虫长足了身体就要钻进土里，在那里化成蛹。蛆虫埋进土里，显然是为了在变态时得到所需的安宁。钻进泥土还有一个目的，就是避免光线的干扰。蛆虫尽可能地离群索居，在蜷缩进小桶之前避开世上的喧嚣。

在通常情况下，即使土质疏松，它钻的深度也很少超过一掌宽，因为它考虑到自己羽化为成虫后，纤弱的苍蝇翅膀会给破土而出带来困难。在中等深度时，蛆虫可以适当地把自己封闭起来。四周起阻挡光线作用的泥土厚度不一，最厚的地方约一分米。这层屏障后面极度黑暗，那是隐藏者的乐园，现在它过得很安宁。如果人为地使周围土层保持在不能满足蛆虫需要的厚度时，会发生什么呢？这次我有解决的办法，我用一个两头开口的玻璃管来实验，管子长约一米，宽为二点五厘米。这根管子是我给孩子们上化学小实验课用的，它能使氢气燃烧的火焰歌唱。

我用软木塞把管子的一头塞起来，然后用筛子筛过的细干沙把管子装满，再把二十只用肉喂养的麻蝇蛆虫放在管子里的沙土上，管子垂直吊在实验室的一个角落里。我还用同样的方法在一个一拃宽的广口瓶里也装上细沙和麻蝇蛆虫。在两个不同容器里的蛆虫老熟时，将会钻到适合它们的深度，只要由着它们去就行了。

最后蛆虫埋进沙里化成了蛹。现在是检查这两个容器的时候，广口瓶里的结果和我在野外看到的结果相同，蛆虫在大约一分米左右的深度，找到了安静的住所，上面有它穿过的土层保护，瓶子里装满的沙正好在四周形成厚厚的保护层。找到了满意的场所后，它们便在那里安顿下来。

在管子里却是另一种情形，埋藏最浅的蛹在半米深处，其他的埋得更深，大部分甚至钻到了底部，碰到了软木塞这个无法穿越的障碍。显然，如果容器更深一些，它们还会钻得更深。没有一只蛆虫停留在通常所处的深度，全都钻到沙柱的下端，直到力气用尽为止。由于不安，它们才向一个无限的深度逃逸。

它们在逃避什么？光线。穿过的土层在上面形成的保护层，已超过了它需要的厚度；可是四周使它们感到不舒服。它们顺着中心轴往下钻，四周只有十二毫米的保护层，这个厚度使它们一直感到不舒服。为了摆脱这种恼人的感觉，蛆虫继续下行，希望在更下面能够找到一个在上面没能找到的栖息所，直到用尽力气或受到阻挡时，它们才停止前进。

然而，在柔和的光线里，哪些辐射能对这些喜好黑暗的虫子产生影响？这肯定不单单是光辐射的问题，因为一块用压实的沙土做成的一厘米多厚的屏障，是完全不透光的，应该还有其他已知或未知的辐射，这类辐射能够穿过普通辐射无法穿过的屏障，使蛆虫烦躁，提醒它离外面太近，促使它继续到深不可知的地方寻找隔离所。谁会知道对蛆虫体格的研究能引出多少发现呢？由于没有设备，我只能做一些猜测。

麻蝇蛆虫钻到了沙土一米深处，如果器皿够深，它们会钻得更深。这些特异现象是实验手段造成的，如果让它们凭自己的智慧行事，它们永远不会钻得那么深，钻一掌宽的深度就够了，甚至一掌宽还嫌太深了点。它们变态完成后，必须回到地面，这可是力气活儿，可以算是被埋藏的挖掘工的劳动。它要与塌下来逐渐占满那挖出来的一点点空间的沙土做斗争；也许它还必须在没有撬棒和镐头的情况下，在相当于凝灰岩的被大雨浇实的土里，为自己开一条巷道。

钻下去时，蛆虫靠的是口针，而钻出来时，苍蝇没有任何工具。刚出壳时，它的肉体还不硬实，相当柔弱。它是怎么出来的呢？我们观察一下装满沙土的试管底部的蛹就会知道。从麻蝇破土而出的方法，我们就能知道绿蝇和其他蝇类是怎么破土而出的，因为它们都采用相同的方法。

在蛹壳里，即将羽化的麻蝇首先要借助长在两眼之间的鼓包，使头部的体积扩大两三倍，让包裹在外面的那层壳爆裂，头部的这个鼓包会搏动，随着交替的充血和消退，鼓包一鼓一瘪，就像水压机的活塞吸压着泵筒的前部。

头部钻出来后，这个畸形的脑积水患者即使一动不动，额头的鼓包仍在运作。脱去蛹的紧身衣的细致工作，在蛹壳里已经完成，在这个过程中鼓包始终鼓得大大的。这个脑袋简直不像一只苍蝇的脑袋，而像一顶奇怪的巨型帽子，帽子底部鼓胀起来，形成两顶红色的无边圆帽，那是眼睛；头顶中央裂开，冒出一个鼓包，把两半球分别挤向左右两侧，靠鼓包的压力，苍蝇打通了小酒桶似的蛹壳底。这就是蝇类破蛹而出的奇特方式。

为什么打穿了小酒桶后，鼓包还长时间地鼓突着？我发现那是个杂物袋，麻蝇暂时把血储在里面，以便减小身体的体积，也便于更轻松地脱掉旧衣服，然后摆脱那个狭窄得像细颈瓶似的蛹壳。在整个羽化过程中，苍蝇尽可能地把大量液体排压出来，注入外面的鼓包中，随着鼓包膨胀起来直至变形，苍蝇的身体就会变小。这个艰苦的出蛹过程，需要两小时或更长的时间。

最终脱壳而出后，苍蝇那发育不全、十分节俭的翅膀，几乎够不着腹部中央，翅膀的外侧有一条深深的曲线，像小提琴的星月形缺口，这既减小了翅膀的面积又减小了长度，为苍蝇穿过泥土柱时减少摩擦提供了最佳条件。

脑积水患者变本加厉地使用它的鼓包。它使额头上的鼓包鼓起来，瘪下去，被顶起的沙土顺着它的身体往下滑。此时它的腿只起辅助作用，当活塞推动时，它把腿向后绷紧，一动不动用作支撑；当沙土滑下来时，它用足把沙土压实，并急速地把沙土往后推，然后腿又绷紧不动了，等着下一次泥沙滑下来。头部每次向前推进多少，就会有多少沙土去填补身后的空间。前额每鼓胀一次，苍蝇就前进一步。在干燥易流动的沙土里，进展比较顺利，只用一刻钟的时间苍蝇就推进了一点五分米的高度。

满是尘土的麻蝇一到达地面便开始梳妆打扮，它最后一次鼓起前额，用前足的跗节仔细地将鼓包刷净，在收起这个隆起的装置，把它变成一个不再裂开的额头以前，必须彻底地把它揩干净，以免把沙砾带进脑袋。翅膀被刷了一遍又一遍，翅膀上面那

个小提琴月牙缺口已经消失，翅膀变长了，伸开来。随后麻蝇一动不动地待在沙子的表面，麻蝇完全成熟了。给它们自由吧，它们将会到沙罐里的游蛇身上去与其他苍蝇会合。

阅读札记 ▶ ▶ ▷

精华点评

在这一章里，我们读到了法布尔的无奈与叹息，缺乏财力的支持，使得他无法对蛆虫做进一步研究，对于一个视昆虫如生命的人来说，这该是多么遗憾的事情！尽管如此，他还是竭尽所能帮助微小的生命绽放光彩。在这一点上，麻蝇与我们的昆虫先生法布尔倒是殊途同归。它们分秒必争、踽踽独行、涅槃重生，当最后一次鼓起前额，当冲出沙土的掩埋，当翅膀张开的那一瞬间，蔚蓝的天空承载自由之意志，它们开启生命的轮回。

延伸思考

麻蝇与绿蝇到底在哪些方面有所区别呢？

知识链接

麻蝇的血红眼睛，被作者认为是闪着"肢解者"凶残的目光，然而在读完文章后，我们非但不会害怕这位"肢解者"，甚至会对它怀着敬佩的心情，这就是欲扬先抑的手法。读完全文，作为读者的你是不是对麻蝇的崇敬之情更浓厚了？是不是对麻蝇的印象更深刻了？聪明的你不妨在写作中也尝试下这个方法。

导　读 ▶ ▶ ▶

我们会用"寄生虫"来形容一些仅靠父母给予，而没有凭自己努力去生活的人，反射出的是人类的懒惰。其实这个词源于昆虫界的"寄生理论"。然而，昆虫界的寄生虫却并非懒惰，而是凶狠无情，近乎强盗一般。

寄生①理论

　　毛足蜂根据它的本能，做它力所能及之事；我没有对它大加指责，只能这样说罢了。但是，有人说它既无用又偷懒，毁弃了它起初作为劳动者所拥有的劳动工具。它乐于无事可做，喜欢通过损人利己②来供养家室；逐渐地，它这个种族便视劳动为一种可怕的东西。收获的工具越来越少使用，就会像无用的器官那样退化、消失；这样整个种族就会异化，最终，毛足蜂从一开始的诚实的工匠，变成了懒惰的寄生虫。我现在说的是一种寄生理论，非常简单，很令人感兴趣，而且值得讨论，下面我就展开来说说吧。

　　某个母亲在劳动之后，急着产卵，就近发现了同类的巢，便

> 爱偷懒的毛足蜂最后竟异化了，偷懒真是一个坏习惯！

---

①　寄生：即两种生物在一起生活，一方受益，另一方受害，后者给前者提供营养物质和居住场所，这种生物的关系称为寄生。

②　损人利己：为了得到好处而损害别人的利益。

尖腹蜂

切叶蜂

把自己的卵托付在这里。对于办事拖拉的昆虫来说，没有时间筑巢和收获，强占别人的成果便成了一种需要，而这也是为了救它的家人。这样它就不必再耗费时间辛苦地劳动，只需专心致志地产卵，并且让后代也同样继承母亲的懒惰。随着世代繁衍，这种特性一代一代加强。因为生活的竞争需要用这样简捷的方式，为传宗接代的成功提供最好的条件。同时，劳动的器官既然不用，就会废弃、消失；而为了适应新的环境，身体形态和色彩的某些细节，都会多多少少有所变化。寄生一族便这样最终确定下来。

然而，如果将这个族系一直溯源上去，有些方面并没有人们想象中变化得那么多。寄生虫保存了不止一种祖辈劳动的特征，因此，拟熊蜂与熊蜂非常相似，前者便是后者的寄生虫和变种；暗蜂保持了祖先黄斑蜂的外貌特征，尖腹蜂也会让人想到切叶蜂。

进化论有许多例子，不仅有外观上的一致，而且在最细微特征上也相似。我和任何人都一样确信，这种相似没有大小之分，我更倾向于以最细微特征的相似作为理论的基础。我被说服了吗？不论有理没理，我的思维方式并不满足于结构上的细微相似，一条唇须不会激起我的热情，一簇毛也不会使我觉得是无可指摘的论据。我宁可直接向昆虫提问，让它们说说它们的爱好、生活方式和能力。听到它们的证词，我就会看到寄生理论会变成什么样子。

在让虫子说话之前，为什么我不说出萦绕在心头的话呢？首先我不喜欢"懒惰"的说法，这种所谓的对昆虫繁荣有利的懒惰。我过去始终相信，现在还坚持相信，只有劳动才能使现在强大，使未来得到保证，不论是动物还是人。劳动，才是生命；工作，才能前进。一个种族的能量与它们劳动的总和成正比。

勤劳能使一个人获得自己想要的生活，能使一个民族永葆生命力。

不，我一点也不喜欢科学上鼓吹的懒惰。我已经听到了许多动物学上的胡言乱语，比方说：人是猩猩变的，有责任心的人是蠢货，良心是对天真者的诱饵，天才是神经质，爱国是沙文主义，灵魂是细胞能量的产物，上帝则是童话中的人物。唱起战歌，拔出军刀，人只是为了互相残杀而存在；芝加哥贩卖腌猪肉商人的保险箱就是我们的理想！够了，这样的东西够多的了！进化论现在还不足以摧毁劳动这个神圣的法则，我自然不能让它对我们废弃的精神家园负责；它没有足够强健的肩膀来支撑这个即将坍塌的建筑，它只会尽力加速它的坍塌。

　　不，我再说一次，我不喜欢这种暴行，它把一切在我们可怜的生活中具有尊严的东西全部否定，将我们的生活笼罩在物质那令人窒息的丧钟下。啊！不要禁止我思考，即使这是一个梦想，我也要思考人性、良心、责任和劳动的尊严。假如动物为了它和它的种族，觉得什么也不做，剥削别人最好，为什么人类作为它们演化的后代，却显得最为谨慎？母亲为了后代的繁荣而懒惰的准则应当发人深省。我觉得自己已经说得够多，现在我让动物来说话，它们的话更加有说服力。

　　寄生习性的确是源于对懒惰的喜好吗？寄生虫变成现在这样，是因为它觉得什么都不做最好吗？休息对它是这么重要，它宁可放弃古老的习惯吗？自从我观察膜翅目昆虫用别人的财产来供养它的家庭以来，我还没有从它身上看出什么能表明它的懒惰。相反，寄生虫过着一种艰难的生活，比劳动者更为艰辛。

　　我跟随它来到一个暴晒在烈日下的斜坡，它是多么忙啊！它那么辛劳地在酷热的地面上奔走，无休止地寻找，而它的探察常常是无功而返！在遇到一个合适的巢之前，它要上百次钻进无价值的洞里，钻到还没有食物的通道里。然后，尽管寄主心甘情愿，寄生虫并不一定在寄宿处受到热烈欢迎。不，它的劳动并非一帆风顺。寻找产卵地需要耗时费力，与劳动者筑巢贮蜜比起来，力气花得只多不少。后者的劳动有规律，并且一直在持续进行，它的产卵有着最好的保证条件；而前者的劳动常常徒劳无功，指望运气，依靠一系列的偶然条件才能产下自己的卵。只要看看尖腹蜂，它在寻找切叶蜂的巢时，为了知道占据别人的巢会不会有困难，而显得犹豫万分，我们就能够理解它。如果它真想

暗蜂   高墙石蜂

让后代的生活更加方便，更加繁荣，它的确有些考虑欠周。它不要休息，而要艰难的劳动；它不要子孙满堂，却要一个不断缩减的家族。

对于这些模糊的概说，我再加上一些精确的事例。暗蜂是高墙石蜂的寄生虫。当石蜂筑完巢时，寄生虫便突然出现，长时间在蜂巢的外部挖掘。孱弱①的它，试图把卵殖入这个水泥城堡里。蜂巢关得严严实实，外层涂着一层粗灰泥浆，至少有一厘米厚，而且每个蜂房的入口还封了厚厚一层砂浆。它想钻探蜂房里的蜜，就要穿透和岩石一样厚的墙壁。

寄生虫勇敢地开始工作，懒王开始干起累活儿。它一小块一小块地钻探外壳，挖出一个恰好能让它通过的井来；它在蜂巢的外壳上，一下一下地啃噬，直到觊觎②的食物出现。挖掘是一种缓慢而艰难的工作，虚弱的暗蜂累得筋疲力尽；砂浆外壳几乎就像天然水泥一样坚硬，我用刀尖都只能费力地将它勉强切开，寄生虫用那小小的镊子，要多么耐心地工作才能成功啊！

我并不确切知道暗蜂挖通道所需的时间，因为我从来没有机会，或者说我从来没有耐心，从头到尾地看完它的工作；我只知道，高墙石蜂比起它的寄生虫，不知粗壮了多少倍，但我目睹它用了一个下午的时间，都毁坏不了一个前一天用砂浆封住的蜂房盖，我只好在白天快过去时，帮它一把，才使它达到了目标。石蜂筑巢用的砂浆，硬度可与一块石头相比。然而暗蜂不仅仅要穿透蜜库的盖子，还要穿透整个蜂巢的外壳。它需要多少时间才能完成这样的工作啊，对于劳动者来说，工程实在是太浩大了！

暗蜂的努力终于得到了回报，蜜露出来了。暗蜂溜进去，在

---

① 孱弱：瘦小虚弱；缺乏权威和能力。

② 觊觎：渴望得到不应该得到的东西。

食物的表面，在石蜂卵的旁边，产下自己数量不定的卵。对于所有的新生儿，包括外来的和石蜂自己的孩子，食物都是共同享用的。

被侵犯的房子不能就这样向外界的偷食者敞开，寄生虫还必须将挖开的通道堵死。于是，暗蜂从破坏者又变成了建设者。它在蜂巢的下方，采集了一点我们种植薰衣草和百里香的红土，这种红土来自多石子的高原。它用唾液将土混合成砂浆，准备好以后，它就像一个真正的泥水匠那样，非常细心地、有艺术性地把通道的入口堵住。不过，它做的封盖在石蜂的蜂巢上显得颇为突出。石蜂很少用蜂巢下的红土，它在附近的大道上寻找水泥，大道上的路面布满了碎石。显然，这种选择是考虑到其化学特征与建筑牢固性的关系。大道上的碎石与唾液混合之后，会具有红黏土达不到的硬度。由于材料的关系，石蜂的巢始终呈灰白色。在这个灰白色的底上，出现了一个红点，有几毫米宽，这明显是暗蜂探访后留下的痕迹。打开红点下的蜂房，我们便能发现无数的寄生虫。铁红色的斑点是石蜂的家遭到侵犯无可否认的标志，至少在我家附近是这样。

可以说暗蜂一开始是热诚的挖道工，它用大颚来迎击岩石；随后它又变成了黏土搅拌工和用砂浆修复天花板的泥水匠。它的职业也是非常艰辛的。然而，在做寄生虫之前，它又在干什么呢？根据它的体形，进化论使我们确信，它过去是黄斑蜂，从绒毛植物干枯的茎上采摘松软的茸絮加工成棉囊，然后用腹面的花粉刷将花上的花粉收集在囊里。或者，这个出身棉布工的家伙，就在一只死蜗牛的螺壳上建造几层树脂隔墙。这便是它们祖先的职业。

什么！为了避开耗时费力的工作、为了过舒适的日子、为了有空闲时间建造自己的家，古代的织布工或者说古代的树脂采集工，会来咬噬坚硬的水泥，舐花蜜的它会决定来啃凝灰岩！可怜的家伙在用大颚碰石头时，被这苦活儿弄得筋疲力尽。为了打开一个蜂房，它花的时间可比加工一个棉囊再装满花粉的时间要多得多。如果它是想进步，为它和它家人的利益着想，才放弃过去纤巧的工作，那么，它真是大错特错了。这种错误就像是碰惯了高级织物的手离开丝绒，到大路上敲打石头一样。

不，动物不会如此愚蠢，心甘情愿地加重生活的负担；如果按照懒惰的说法，它就不会去从事一种更为艰辛的工作；如果它弄错了一次，也不会让子孙后代继续执迷不悟地犯这种代价昂贵的错误。不，暗蜂不会放弃棉布工的精巧艺术，而去敲打墙壁，捣碎水泥。这种工作比起在花上采集的快乐，真是一点吸引力都没有。根据懒惰的理论，它就不会从黄斑蜂演变过来。它应该过去和现在一样，它过去就是这种特殊的有耐心的劳动者，固执地干苦活儿的工人。

你们会说，过去，忙着产卵的母亲，第一次闯入同类的巢里产下自己的卵，发现这种不正当的方法非常有利于种族的繁衍，因为这既省精力又省时间。新技术的烙印如此之深，不断开枝散叶的后代将其继承下来，最终使寄生成为习性。棚檐石蜂和三叉壁蜂将会告诉我们，应该如何对待这个假设。

我让一群石蜂定居在朝南的一个门廊的墙上。在大约一人高的地方，易于观察的位置，吊着冬天从附近屋顶搬过来的瓦，瓦片上聚积着庞大的蜂巢和蜂群。五六年来，一到五月，我就聚精会神地观看石蜂如何工作。在我所做的观察日记中，我选出了与主题有关的内容。

当我使石蜂背井离乡①，以此来研究它们重寻自己蜂巢的能力时，我发现，如果离开时间太久，它们回来后就会发现自己的蜂房已经门户紧闭。一些邻居将其利用，完成了建造和贮粮的工作以后，将自己的卵产在里面。丢弃的财富被别人利用了。看到自己的家被侵犯，远道归来的石蜂很快就恢复平静，在自家附近随便找一个蜂巢，开始破坏蜂巢的封口；而别的虫子也听之任之，它们也许忙于干手头的活儿，没有时间和破坏自己劳动成果的家伙打架。盖子打开了，带着一种以偷制偷的疯狂，石蜂开始筑一点巢、贮一点粮，仿佛要重寻中断了的工作脉络。它毁掉了里面的卵，将自己的卵放进去，并把蜂房关闭起来。这里倒是有值得深入研究的特殊习性。

上午十一点，石蜂的工作干得最为热火朝天。这时，我将十只石蜂分别涂上不同的颜色，以示区别。它们正忙着筑巢或

---

① 背井离乡：背，离开；井，古制八家为井，引申为乡里、家宅。指离开家乡到外地。

吐蜜，我把相对应的蜂房也同样标上标识。等到涂上颜色的记号一干，我便抓起那十只石蜂，将它们分开放在纸袋里。所有的石蜂都被关在盒子里直到第二天，二十四个小时的监禁之后，我把它们放了出来。它们不在的时候，它们的蜂房或者隐没在一层新建筑下；或者，如果依然存在，也被关闭起来，已被别人据为己有。

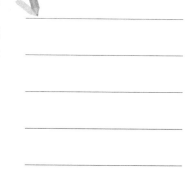

十只石蜂，除了一个例外，都很快回到了原来的瓦片处。尽管因禁给它们制造了麻烦，它们还是按照自己的记忆继续干下去。它们重新来到自己建造蜂房的地方，那个珍贵的蜂房现在已被侵占。它们小心地挖掘蜂房的外壳。如果原来的蜂房隐没在新建筑中，它便挖掘最邻近的一个。如果房子尚存，里面已经有了别的卵，而且大门被牢牢地关了起来，面对这种悲惨的命运，它们便以牙还牙地开始报复，以卵还卵、以屋还屋。你偷了我的住宅，我就偷你的。它并不多加犹豫，寻找一个中意的蜂房，强行打开它的盖子。如果原来的住宅还可以进去，那么它就回到自己的家里；但更常见的是，它将别人的住宅据为己有，有时这住宅离原来的家还很远。

它们耐心地咬噬砂浆外壳。只有当所有蜂房全部筑好后，石蜂才会涂上粗糙的灰泥层，因此，它们只需要毁坏蜂房的砂浆外壳。这是艰苦而缓慢的劳动，但与它们大颚的力量还算相称。它们弄碎了水泥大门，整个撬门工作是极为安静地完成的，它的邻居们没有一个会来干涉，来阻止这一目的可耻的行为，而且当中很可能就有当事人。石蜂是如此喜欢它现在的居所，它已经忘记了它昨天的家。对它来说，现在就是全部，过去不具有任何意义，未来就不用说了。瓦上的居民平静地任这个破门而入者为所欲为，没有谁会跑过来保卫本来很可能是它自己的家。啊！如果蜂房仍在建造中，事情又会是什么样子啊！但是，那已经属于昨天、前天，没有谁再想得起来。

好了，盖子被毁了，可以方便地进入了。有时，石蜂斜躺在蜂房上，头就像在沉思一样半耷拉着。它走了，然后又犹豫不决地回来。最终它打定了主意，抓住蜜上面的卵，抛到路上，一点礼貌都没有，石蜂容不得自己的窝有污点。我不止一次看到这种恶行，我承认，我甚至好多次引诱它这样去做。为了产自己的

卵，石蜂变成了一个没有同情心的恶棍。它不关心别人的卵，尽管那是它的同类的。

之后，我看见它们有的正在贮藏食物，在食粮已经装得满满的蜂房里吐出花蜜，刷落花粉；有的修补，用抹刀抹上一点砂浆，修补缺口。尽管食物和房子都已臻于完美，石蜂还是从二十四小时前中断工作的地方重新干起。最后，卵产了下来，开口也被填上。在那些囚徒当中，有一个不如别的有耐心，它等不及外壳缓慢地风干，便决定根据弱肉强食的法则来硬抢。它将一个储存了一半粮食的蜂房的房东赶出去，然后在房门口守了好长时间，当它自我感觉已成了房子的主人时，便开始贮藏食物。我一直盯着那个旧屋主，我看到它占据了一个关闭的蜂房，它的行为举止从各方面看，都像那些被长期关禁闭的石蜂。

我的这种经验实在太多，从这么多重复的事例中，想不得出一个结论都难。差不多每一年，我都会看到这个现象重演，而且总是成功。我只想补充一点，那些因我略施小计，而不得不去弥补流逝时光的石蜂，有的脾气非常好，我看见它们重新筑巢，仿佛什么异常的事都不曾发生过。有的没有那么大的决心，便去另一片瓦上定居，仿佛为了躲避强盗的世界；其他的则带着砂浆团，热情高涨地完成它们自家蜂房的盖子，尽管里面关着外人的卵；然而最常见的情况还是撬锁。

还有一个细节也有一些价值，不必亲自介入，只要把石蜂关起来一段时间，我就能看到我刚才描述的那种暴行。如果细心地观察石蜂的工作，有一个奇迹会让你省去许多麻烦。有一只石蜂突然出现，原因你并不知道，但它撬开一个门，并在抢占的蜂房里产卵。通过它的行为，我判断罪犯是个迟到者，因为有事远离了工地，或者被一阵风吹到了远处。等它回来时，因为缺席了一段时间，它发现自己的位置已经被占据，自己的房子已经被别人所用。它就像那些被关在纸袋里的石蜂一样，撬开别人的门来弥补自己的损失。

最后，我想知道的是，在强占了别人的家之后，石蜂如何行动呢？它们刚刚破门而入，粗暴地赶走里面的卵，用自己的卵取而代之。罩子已经重新罩上，一切又变得井然有序。石蜂会继续它的强盗行径，再用自己的卵取代别的卵吗？绝对不会。报复，

这种属于神祇独享的快乐，石蜂可能也有，但它把一个蜂房强行撬开之后便告中止。当自己操心的卵有地方安置，一切怒火都会熄灭。此后，那些囚徒，还有那些因故迟到者，和他人混杂在一起，重新开始正常的工作。它们老实地建房、贮粮，不再去想干坏事。不到新的灾难降临，过去都会被彻底地遗忘。

我再回过头来说说寄生虫吧。一位母亲偶然成为别的巢的主人，它利用旧巢来产自己的卵。这简捷的方法，对于母亲来说如此方便，对它的种族来说如此有利，影响如此深远，以致后代都接受了母亲的懒惰。一步步地，劳动者便成了寄生虫。

真是奇妙，说得如此头头是道，而且顺理成章，因为我们的设想只要写在纸上就可以了。但是，请参考一下事实，在论证可能性之前，请了解一下现实是什么。棚檐石蜂告诉了我们一些特例。撬开别人房屋的盖子，把卵扔出门去，并用自己的取而代之，是它们永远的习性。我没有必要通过介入来迫使它撬锁，它自己会在长时间缺席后那么干，它认为自己有权这样做。自从它的种族用水泥筑巢，它便了解一报还一报的法则。对于进化论来说，需要多少个世纪才能使它养成强取的积习。此外，强占对于母亲来说是无与伦比的方便，不必用大颚在坚硬的路上刮水泥，不必搅砂浆，不必砌墙，不必无数次地往返采集花粉。一切食宿都准备好了，再也没有比这更好的机会，可以让自己享享福了。没有人来反对，其他那些劳动者是那么善良，它们对蜂房被强占完全无动于衷。它也不必担心会有什么打斗和争吵，让自己耽于懒惰，再也没有比这更好的了。

于是后代的生长便会有最优越的条件，选择的地方是最温暖、最干净的，而且母亲可以将花在其他事上的时间，用来全心全意地照顾卵。如果强占别人财产的印象是如此强烈，可以代代遗传，那么石蜂干坏事的时候，那种印象是多么深刻啊！那些优越的条件在记忆中历历在目，母亲要做的只是为自己和后代找一种最好的安居方法。来吧，可怜的石蜂！放弃使你劳累不堪的工作，遵照进化论者的意见，既然你有办法，就变成寄生虫吧！

但是它们没有，小仇报完后，石蜂又重新开始筑巢，收获者重新以一种百折不挠的热情来劳动。它忘却了一时发怒犯下的罪过，防止给它的后代染上懒惰的恶习。它知道得很清楚，劳动才是生活，劳动是这个世上最大的快乐。为了摆脱疲劳，它筑巢以来，有无数的蜂房都没有去撬；它面对那么多的好机会，绝对的好机会，它都没有加以利用。什么都不能说服它，它生来就是为了工作，它会继续劳累的工作。

三叉壁蜂

它没有产生一个分支，衍生出破门而入的蜂房入侵者。暗蜂倒有点像这样，但谁敢承认它和石蜂之间有亲缘关系呢？两者之间没有任何相像之处。我需要一种棚檐石蜂的分支，它依靠撬开天花板的技艺维生。在看到它之前，那种古代的劳动者放弃自己的职业而变成懒惰的寄生虫的理论，只会让我付诸一笑。

由于同样的理由，我还要说一种三叉壁蜂的分支，也是会毁坏隔墙的变种。我在下面将要说明，我是以何种方式使一群三叉壁蜂在我的大桌上和玻璃管里筑巢的，我就是这样看到了偷盗者的工作。在三四个星期里，每只壁蜂都很谨慎地待在自己的管子里，管里布满了它辛辛苦苦用土质隔墙分开的卧室。胸部的不同颜色使我能将它们区分开来。每个水晶通道都只是一只壁蜂的财产，别人不可以进入，不可以筑巢，也不可以贮存食物。如果有个冒失鬼，在喧闹的蜂城里忘了自己的家，到邻居门前看一眼，房主马上会让它走开。这样的鲁莽行为是无法得到原谅的。居者有其屋，而且是每人一屋。

直到工作结束，一切都非常正常。这时，管口被一个厚土盖封上，差不多所有的蜂群都消失了。留在原地的还有二十来只衣衫褴褛者，由于一个月的辛苦工作，它们的毛掉了很多。这些落后者还没有产完卵。空着的管子还多的是，因为我特意拿掉了一部分筑满巢的管子，代之以新的空管子。只有很少的一部分壁蜂决定占据这些新家，尽管它们与原来的家根本没有不同；而且，它们只在那里建了少量的蜂房，常常只有一些隔墙的雏形。

它们需要别的东西，那就是别人的巢。它们来到那些住着邻居的管子边，钻探管口的软塞。撬盖子并没有多大的困难，软塞不像石蜂的水泥那样坚硬，只是一个干泥盖。打开入口后，房子连食物带卵都露了出来。壁蜂用粗壮的大颚抓起卵，将卵剖开，

就从爱劳动这一点上，可千万不能小瞧了石蜂。

把它扔到远处。更糟的是，它就在原地把卵给吃了。我必须看上好几次这种恐怖的场面，才能对此深信不疑。更令我惊讶的是，被吃的卵很可能就是罪犯自己的。一心一意想着现在这个家的需要，壁蜂已忘记了它以前的家。

杀子之后，恶棍开始贮粮。无论是什么样的蜂儿，都要退回到过去的活动中去，重新连接被中断的脉络。然后，它产下自己的卵，小心地重建毁掉的盖子。破坏可能还会更多，对于这些落后者来说，一个居所还不够，它需要两个、三个、四个。为了有最多的筑巢空间，壁蜂把所有挡在前面的房间都清除掉。隔墙被推倒，卵被吃掉或者扔掉，食物被清除到外面，甚至常常被搬到远处。壁蜂身上常常沾着房屋拆除后的灰泥、花粉和破碎的卵，它进行强盗行径时的模样令人难以辨认。霸占了一处地方之后，一切又恢复正常，食物被搬进来，以取代扔到路上的粮食；卵被产下来，每份食物上各有一枚；隔墙被重新建起来，将整个蜂巢出口堵塞的塞子也翻修一新。恶行发生得如此频繁，我不得不介入，确保我希望不受打扰的蜂巢的安全。

还没有什么能解释这种强盗行径，这种像精神传染病人、躁狂症患者的行为。如果场地匮缺也罢了，但管子就在旁边，空空的，非常适于产卵。壁蜂不想要它们，它宁愿做强盗。这是经过一段疲于奔命的活动，它开始变懒，开始讨厌工作了吗？不是，因为当它把一群蜂房扫除之后，它又重新开始正常的劳动。劳累并没有减轻，而是加重了。为了继续产卵，它最好是选一个空的管子。可是，壁蜂却有它自己的想法。它的行为动机令我不解。它身上有毁坏别人的财产这种坏品质吗？谁知道呢？人身上倒肯定是有的。

在天然的小房间里，我毫不怀疑，壁蜂的所作所为和在透明管子里一样。工作接近尾声的时候，它就抢夺别人的家。它如果就在第一个房间里，不清空而继续到下一个房间去，就可以利用现成的食物，并且省去最费时的那一部分工作。抢劫有大量的时间养成习惯，并且传到下一代身上。因此，我想壁蜂就会产生这样一个变种，吃它前辈的卵，来为自己的卵安家。

这个变种，我无法证明，但我可以说，它正在形成。通过我刚才说的那种抢劫，一种未来的寄生虫就要诞生了。进化论过去得到了确证，在未来也会得到确证，但它对现在说得最少。进化现象出现了，进化现象即将出现，最烦人的是它现在没有出现。在时间的三个阶段中，一个项失去了，而这个项是我们最直接关心的，也是唯一能超越虚构的荒诞的。进化论对现在的缄默①令我不快。

一些进化现象已经过去，另一些进化现象即将到来。为什么不给我们看看正在进行的进化呢？是否过去的真实和未来的真实，要排除现在的真实呢？我不明白。

这种石蜂和壁蜂的变种，它们自从种族起源开始，就满怀激情地抢劫同类，并且热情地制造一种寄生虫，一种喜欢什么也不做的寄生虫。它们的目的实现了吗？没有。未来将会实现吗？人们会证明这一点。至于现在，不行。今天的壁蜂和石蜂，与它们过去一样毁掉水泥或泥浆。那么，它们需要多少个世纪才能变成寄生虫呢？太长了，我怀疑，我不能不感到气馁。

七月，我劈开三齿壁蜂用来筑巢的树莓桩。在一连串的蜂房里，已经有了壁蜂的茧和刚刚吃完食物的幼虫，还有一些附着壁蜂卵、仍原封未动的食物。卵是两端呈圆形的圆柱体，白色，透明，长约零点四毫米至零点五毫米。卵斜躺着，一端靠着食物，另一端竖起来离蜜有一段距离。当我频繁地造访后，我有了十来次有意思的发现。在壁蜂卵自由的那一端，固定着另一枚卵。那枚卵与壁蜂卵一样白色透明，但形状完全不同，比壁蜂卵要小得多，细得多，一端较钝，另一端像锥子，长两毫米，宽零点五毫米。毫无疑问，这是一枚寄生虫的卵，它那奇特的安家方式使我不得不注意它。

它比壁蜂卵要早孵化。刚一出生，小小的幼虫就开始使对手的卵干枯，它占据着蜂房的高处，远离蜂蜜。消灭工作是非常迅速的，我看到壁蜂的卵开始有了麻烦，它失去了光彩，变得松软而皱缩。二十四小时内，它就只剩下个空壳，一张皱皮。此时，一切竞争都排除了，寄生虫成了此处的主人。毁掉了卵的小寄生虫很活跃，它挖掘一样危险的东西，希望尽快摆脱它；它抬起头选择并增加攻击点；现在，它平躺在蜜的表面，不再移动；但随

① 缄默：闭口不言，沉默寡言。

寡毛土蜂

着消化管道的回流，它吃掉了壁蜂贮存的粮食。两个星期之内，食物便吃光了，而茧也织起来了。茧呈卵形相当坚实，像树脂一样呈深褐色，很容易与壁蜂灰白的圆柱体茧区别开来。这种茧里的蛹羽化期是在四月和五月。谜最终解开了，壁蜂的寄生虫是寡毛土蜂。

然而，这个所谓的膜翅目昆虫应该归于哪一类呢？它实际上是真正的寄生虫，是以他人的食物维生的消费者。它的外观和结构使它成为暗蜂的近邻，即使是在对昆虫学没有什么研究的人眼里也是如此。此外，对于特征的比较如此谨慎的分类学学者，也都同意把寡毛土蜂放到土蜂的后面、蚁蜂的前面。土蜂以猎物为食，蚁蜂也是。而壁蜂的寄生虫，如果它真的是从一个祖先进化而来的，那么它原来应该是个食肉者，而它现在却变成了食蜜者。狼变成了羊，它成了吃蜜的虫子。从橡树的橡栎里不会长出苹果树来，富兰克林①曾经说过。在这里，对甜食的兴趣却是从对肉的喜爱演化而来的。如此错误论断的理论，应该找不到一个能支撑的平衡点。

如果我愿意继续说出我的怀疑，我可以写出一卷书来，现在就说这么多吧。人这个永不知足的提问者，将寻根溯源②的习性代代相传，答案也接踵而至③，今天说是真的，明天说是假的，而伊西丝神④始终蒙着面纱。

（方颂华　译）

---

① 富兰克林（1706—1790）：美国18世纪名列华盛顿后的最著名人物，参与起草《独立宣言》。

② 寻根溯源：指追溯事物发生的根源。

③ 接踵而至：指人们前脚跟着后脚，接连不断地来。形容来者很多，络绎不绝。

④ 伊西丝神：古埃及主要女神之一，词义为众王之母，主司众生之事，也是丧仪主神，能治病，能起死回生。

精华点评

关于寄生理论，法布尔在开篇就提出反对寄生源于懒惰这种说法，接下来他细心观察、不轻言弃，依次列举暗蜂、石蜂、壁蜂、土蜂，一路见招拆招，最后却无法拨开这环环相扣的迷雾（他称其为"伊西丝神的面纱"）。但读完这一章的我却并不失望，因为我跟随法布尔的脚步，得以近距离观察这昆虫界的"面纱"——热诚工作的暗蜂、珍视当下的石蜂、患躁狂症的壁蜂……这张"面纱"的美是以人类不断追求真理作为保证，一旦我们选择简单得出局限于当下的结论，我想"面纱"就会崩坏。

延伸思考

在你的经历中，有没有类似掀起"面纱"的时刻？你的心情是怎样的？

知识链接

"恶棍""懒王""以卵还卵，以屋还屋""狂躁症患者"……一篇本以为会枯燥的理论解读，却在昆虫先生法布尔的笔下，变得精彩生动、令人捧腹。一方面是他对于世界的细致观察，另一方面则是他一贯幽默的文风。遣词造句的技巧，拟人手法的使用，都对这种幽默起到推波助澜的作用。那么，善于观察生活的你学会了吗？

　　不像数学老师在黑板上摆弄尺子画出完美的六边形，昆虫界有这样一群能工巧匠，它们徒手铸陶罐，用自制材料吹起气球城堡，以最划算的成本建造六边形的育婴室，在建筑技艺上简直出神入化！不信，你瞧……

昆虫的几何学

　　昆虫的技艺，尤其是膜翅目昆虫的技艺，充满了小奇迹。黄斑蜂用各种绒毛植物提供的棉花建造的巢，真是精美绝伦，形状周正，颜色像雪一样白，看上去优美，摸上去比天鹅绒更柔软。蜂鸟的巢像个酒杯，几乎有半个杏大，外观像一顶粗毡帽。

　　蜂鸟那尽善尽美的杰作是在很短的时间内完成的。艺术家苦于没有必要的空间，它的工场是一个聚会的场所，一个不可改变的长廊，只能按本来的样子来使用。它织的棉袋排成行，互相挤压变了形；相邻的棉袋首尾相接粘连在一起，好似被浇铸焊接在住宅里的一根柱子。由于缺少空间，织布工只能按照本能的简洁明了的标准继续纺织。它的绳条形建筑毫无艺术价值，远不如黄斑蜂用一个个小蜂房粘连而成的巧妙之作。

　　卵石石蜂在卵石上筑巢时，先建一座完美的几何形小塔。它们从夯实的路面上最坚硬的地方，刮下粉末拌上唾液制成砂浆。为了使建筑物更加牢固，也为节省采集和制作都耗时费力的水泥，它们在砂浆凝固之前，将一些细小的砾石镶嵌在建筑物的表面，这个建筑物的最初模样像一个美丽的石子棱堡。

能自如运用抹刀的泥水工筑巢蜂，刚刚按照自己的艺术风格筑了一个巢，一个装饰着马赛克的圆柱。但它还得继续造其他的蜂房，至少还要建几间，因此遵循一些规则，建造第一间小房时不受规则的制约，而随后建造的蜂房则应受制于已经建好的部分。

为了使整体牢固，必须把所有的小塔合在一块，使它们相互连接；为节省材料就得让相邻的两间蜂房共用一堵墙。按照建筑常规，这两个条件是不相容的：组合在一起的圆柱只在一条线上相接，不是在大范围内共用隔墙；圆柱之间留有空隙将使整体的平衡受到威胁。那么，建筑师是如何克服这两个弊端的呢？

它放弃了正常的圆形轮廓线，根据现有的空间进行修改。它改变圆柱体的形状而不改变容积，内部始终保持圆形，以满足未来的房客幼虫的生活便利之需。它改变的是外形，使圆形变成不规则的多边形，多边形的角填满了柱子间的空隙。

已建成的第一座小塔所展现出的优美的几何形，随着层叠的蜂房组成的建筑物的形成而被破坏，失去了原来的形状。不规则代替了规则，这一特点在建筑物完工时表现得更加明显。为了使房屋更坚固，使它不受恶劣气候的侵袭，泥水匠给它涂抹了厚厚的一层灰浆。马赛克镶嵌，加盖的圆形出口，圆柱棱堡全都不见了，已被外部的防护装饰所掩盖。从外表看，这个建筑不过是一个风干的泥团。

圆形中最简单的圆柱体，我们可以在长腹蜂堆放蜘蛛的食品罐头上看到。捕食蜘蛛的猎手从沼泽边取来泥土先筑起一座小塔，上面镶着螺圈。建筑群的第一座小塔，周围没有障碍限制，完美地表现了建筑师过人的天才。小塔酷似一截螺旋形的柱子，但是随后建成的蜂房背靠背，互相挤压变了形。这都是为了一个目的：节省材料并使整体牢固。起初美观的布局没有了；堆积导致了不规则，厚厚的一层涂料完全改变了建筑物的本来面目。

斑点黑珠蜂

a. 阿美德黑胡蜂的巢

b. 点形黑胡蜂的巢

现在我们再看看黑蛛蜂，它是猎手和陶艺师长腹蜂的竞争对手。它把为幼虫准备的口粮——唯一的一只蜘蛛，关在一个仅有樱桃核大的黏土壳里，外部装饰着结节状扎花绳边，这个小小的陶土杰作是一个被截去一头的椭圆形，单个看显得非常规则。

但是陶艺师并不满足于把餐具做成这种形状。朝阳的墙缝隐蔽处将是它全家安身的理想场所。其他存放食物的坛子造好了，有时排成行，有时组合在一块。尽管新的陶器是按照固定的椭圆形式样来做的，但或多或少地与理想的模型之间存在着偏差，坛底连着坛底，原先平缓的椭圆形丘峰消失了，取而代之的是刀切般平坦的小酒桶底，坛子相互挤靠，凸肚被挤平了。它们无序地堆在一起，几乎已经认不出原来的模样了。然而，由于黑蛛蜂的做法不同于长腹蜂，它从不在集装罐外面加任何装饰，因此产品较好地保留了它们的特征。艺术家知道应该在作品上印上商标。

黑胡蜂制造的陶制品更加高级，为圆拱突肚形，类似东方的亭子和莫斯克维耶那大教堂。圆拱顶的顶端有个像双耳尖底瓮那样的开口，给幼虫吃的食物就从这个开口送进去。当粮食装满后，黑胡蜂将一枚卵用一根线悬挂在穹隆上，再在蜂房的喇叭口塞上一块黏土。

阿美德黑胡蜂一般是在一块大卵石上筑巢，它把多棱角的砾石一半嵌入泥浆来装饰圆屋顶，在封口的黏土上放一小块扁平的石头，或者是一个最小的蜗牛壳。这个胶泥暗堡，经太阳充分烤晒后，显得特别高雅。

可是，这个优美的建筑物将要消失。黑胡蜂要在圆拱顶的周围建造其他的圆拱屋，已经造好的这间圆拱屋的墙壁被用作隔墙，从此精确的圆形不再实用。为了占满凹角，新造的蜂房变得有棱有角，形状成了模糊的多面体，只有建筑群的四周和顶部保留着原设计的轮廓。蜂巢的表面像起伏的丘陵，每个丘陵就是一个小间。那个像双耳尖底瓮开口似的颈口部分因为制作时不受任何束缚，没有变形，总还能辨认出来。如果没有这个原始的证据，人们恐怕很难想象这个丑陋的臃肿物是圆顶屋艺术家的作品。

有爪黑胡蜂的蜂巢更糟。它在一块大石头上建造了一组蜂房，从形状看，镶嵌装饰和喇叭口形的颈口都可以与阿美德黑胡蜂的蜂房相媲美。但是，后来它把整个房子的外表抹上了一层砂浆。为了家庭安全，它效仿石蜂和长腹蜂，用粗笨的堡垒代替了艺术的精巧。由于受到人人都追求美的本能的启迪，两者起初都注重美观，而后又无法摆脱对危险的恐惧，最后终于采用了丑陋的外观。

其他体形较小的黑胡蜂却与众不同，它们建造的蜂房总是孤零零的，往往是以小灌木的枝条做支撑。它们建造的圆顶屋与前面描述的那些圆顶屋相似，并且也有一个雅致的开口，但是没有砾石镶嵌，小巧如樱桃般大的房间没有那种粗俗的装饰，陶艺师用黏土核替代砾石，散乱地点缀其间。

阿美德黑胡蜂把蜂房组建在一起，必须根据先建好的蜂房所留出的空隙大小，改变正在建的房子的形状；由于环境所限，它们便用讨厌的断开的线条，取代了最初设计的漂亮曲线。点形黑胡蜂分开建造每一个圆拱屋，则避免了造成类似的不精确。根据安置幼虫所需，它在一根灌木枝上建造的蜂房，从第一间到最后一间全都一个样，好像是从一个模子里铸出来的。因为规则的实行没有受到任何阻碍，秩序才得以恢复，才使一系列产品自始至终都一样完美。

黑胡蜂才是技艺高超的"陶艺师"。

假如昆虫建造一个大隐藏处，其中每只幼虫都单独占有一小间，那么这一大家子共同居住的房子会是什么样的呢？当然，只要不受任何妨碍，这个建筑总是规则的几何形，形状根据建筑者的特长而有所变化。请看下面按实物的大小所画的图。这是气球吗？是孩子们引以为荣的玩具盒吗？在童话王国里，也不见得有比这更美丽的气球。不，这是胡蜂的巢。送给我这个奇妙玩意儿的人，是在一扇百叶窗的窗台底下发现的，这扇窗一年的大部分时间都忘记关闭。

除了粘连点以外，往其他各个方向的行动都是自由的，胡蜂应该能够不受阻碍地遵循自己的艺术准则，用自己生产的纸张吹起了一个弧度平缓的椭圆形加锥体的气球。胡蜂生产的纸张的柔软性和韧性，堪与中国或日本产的丝绵纸相媲美。类似这种不同形状的艺术性搭配，在圣甲虫的梨形巢上也能见到。苗条的胡蜂和笨重的食粪虫用不同的工具和材料，按照同一个图样来建造房屋。

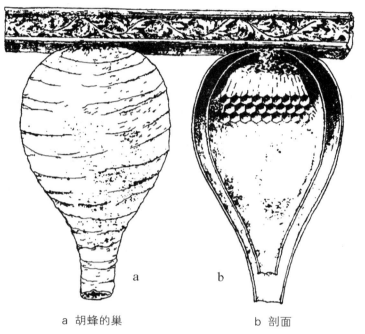

a 胡蜂的巢   b 剖面

气球上隐约可见的螺旋形网格，说明了胡蜂是如何制造气球的。胡蜂用大颚含着一团纸浆，沿着织好的网的边缘向下旋转，所经之处便留下了一条用软软的、浸透着唾液的物质拉成的带子。工作时断时续，历经成百上千次。因为纸浆消耗得很快，它必须到附近的植物上，用大颚刮下一些经潮湿空气浸湿，并被太阳晒得发白的木质茎，还得把里面的纤维抽出、劈开，分成丝缕，揉成塑性黏团。换好了新的纸浆，它们便赶紧回去接上带子的断头。

有时甚至好几只胡蜂同心协力一起建设家园，蜂城的缔造者母亲，最初只是单枪匹马，而且被家务事耗去很多精力，它只能粗粗地搭一个屋顶；但是，随后它的孩子们来了，一群工蜂热情相助，从此它们承担起了继续扩大居所的任务，为唯一的蜂后提供足够的蜂房，以便安置它产下的全部的卵。这个造纸组的成

员，一会儿这个来帮忙，一会儿那个来帮忙，或者好几只不约而同地在工地上的不同地点工作，但丝毫也没产生混乱，筑起的巢非常规则。随着角度的变化，编织到圆顶时直径在减小，宽敞的椭圆形顶端缩成了锥形，最后形成一个优美的出口。工蜂们各自为政，几乎是独立施工，却能建成一个和谐的整体。

这些昆虫建筑师生来就具有几何学知识，对建筑程序无师自通。建筑程序在同一个集团中是固定不变的，在不同的集团中则有所变化。它们对结构的安排也无师自通，甚至表现得更为突出。这种按照一定的规矩建筑房屋的癖好，构成了冠以各类昆虫名称的行会特点，如卵石石蜂行会被称为小土塔行会，长腹蜂行会被称为黏土绳形线条行会，黄斑蜂行会被称为棉袋行会，黑胡蜂行会被称为细颈圆罐行会，胡蜂行会被称作纸气球行会，以及其他诸如此类的行会。每个行会都有自己的技艺。

我们的建筑师在开工前先要设计、计算；昆虫则免去了这些前期的准备工作，它们初操此业时就不曾有过犹豫，从砌第一块方石起，就已经无师自通。像软体动物把自己的壳盘成螺旋塔那样，它也能以同样的精确度，凭着同样的直觉筑巢；如果没有任何东西妨碍它，它总是能做出精美的作品而且能巧妙地节省材料。但是当几座房间相互妨碍时，规定的方案虽然没有被抛弃，却由于缺少空间的缘故，需要进行修改，拥挤导致了不规则。对我们人类也是一样，自由形成秩序，束缚产生混乱。

现在我打开胡蜂的巢，出人意料的是，它不止一层外壳，而是有两层，一层套一层，两层之间间隔很小。假如那个性急的人不是在这个杰作完全建好前就拿来给我，它甚至还应该有更多层的，可能会是三层或四层。只建了一层的蜂房说明，这个蜂巢是不完整的，圆满完成的蜂巢应该有好几层蜂房。

不过不要紧，即使像现在这个样子，这个作品也让人明白了，怕冷的胡蜂比我们更早知道保暖的方法。物理学告诉我们，两块隔板间静止不动的气垫，犹如屏障能有效地保温。根据物理原理，我们在冬季用双层窗来保持室内的温度。可早在人类科学产生之前，喜欢温暖的小胡蜂就知道了多层套子之间的空气层能保温的秘密，它那悬挂在阳光下的有三四层套子包裹的蜂巢想必是个恒温箱。

太可爱了，每个昆虫都有自己的"小社团"！

这些纸围墙只是起防护作用的，已经建好了的其余部分才是真正的蜂城；它占据圆顶屋的上部。目前这个蜂巢里只有一层开口朝下的六边形蜂房。随后，还应该出现另外几层蜂房，一层层向下发展，每一层都靠纸做的小圆柱与上面一层相连接。把每一层蜂房或者巢脾全部加起来，一个蜂巢应该有将近一百间蜂房，房数和幼虫一样多。

胡蜂的养育方式迫使它们遵守不为另一些建筑工所知的规矩。后者把蜜或猎物按幼虫的需要分成一份一份，存放在每个房间里。产下卵后，它们就关上蜂房，其余的事不再过问。因禁在里面的幼虫在身边就能找到吃的东西，并且不需要别人帮忙就会一天天长大。房间的组合不规则并不要紧，甚至杂乱无章也可以容忍，只要整个蜂巢安全就行，必要时可以涂抹一层保护层。粮食充裕，居所安静，没有一个隐修士期望得到任何来自外界的东西。

在胡蜂家族里，则完全是另一回事。幼虫从出生一直到长大之前都不能够自理，它们像鸟巢里的雏鸟一样，需要别人一口一口地喂食，像摇篮里的婴儿似的，需要不断地呵护。负责家务事的工蜂在凹室之间不停地往返穿梭，它们唤醒睡熟的幼虫，用舌头替它揩一下脸，然后口对口地给幼虫喂饭。只要幼虫还没长大，嗷嗷待哺的婴儿和刚从田间归来胃里装满了粥的保育员之间，这种口对口的喂养方式就不会结束。

在各种胡蜂家中，像这样有成千上万个摇篮的哺乳室则要求便于监视，护理敏捷，因此必须建立井然的秩序。如果说石蜂、黑胡蜂和长腹蜂不必在乎把那些一旦填满粮食、关闭后就不能再进去的房间，组装得十分精确，对于胡蜂来说，把蜂房安排得井井有条是很重要的，否则一大家子会变得乱哄哄的，而且不便喂养。

> 难以想象成百上千只嗷嗷待哺的胡蜂新生儿，在工蜂的照料下能够如此井然有序。

为了安置蜂后不断产下的卵，工蜂就必须盖房子，利用有限的空间尽可能多盖几间屋。房间的数量是由幼虫的总数确定的。因此，它们必须最大限度地节省空间，不能白白浪费空间，而且也不允许有威胁建筑物整体坚固的空隙存在。

还不止这些呢，商人心里想着"时间就是金钱"，并不比商人清闲的胡蜂想的却是，"时间就是纸张，有了纸张就有了更宽敞的房子和更多的人口，我们不能浪费材料，相邻的两个房间必须共用一堵隔墙"。

那么胡蜂是如何解决难题的呢？首先它放弃了圆形。圆柱形、罐子形、杯子形、球形、葫芦形，以及其他通常采用的造型所组合成的整体，都不可能同时做到不留空隙，并共用隔墙。按照一定的规则修改的滚刨面才能节省空间和材料，因此它们建造棱柱体蜂房，长度则根据幼虫的体长计算。

那么，棱柱体的底面应该用哪种多边形呢？首先，这个多边形当然应该是规则的，因为房间的容积应该是固定的，合在一起时不能存在空隙，如果采用不规则多边形，形状就会变化，而且使得房间的大小不一。因此在无数的多边形中，只有三种可以连续拼在一起而中间不留空隙，那就是等边三角形、正方形和六边形。选哪一种呢？

应该选择最接近圆形，最适合幼虫圆柱体身材的那种形状；选择周长相同面积最大的那种，这是幼虫自由生长的必要条件。在几何学推荐的这三种合在一起不留空隙的规则多边形中，胡蜂所选的正是六边形这种几何图形，蜂房是六面体的。

任何高度和谐的事物总是遭到诡计多端者的极力破坏。关于六边形房子，特别是关于胡蜂那个带双层套、从底部向上重叠的蜂房，还有什么没有说到呢？为了既节省蜡又节省空间，要求基部采用由三个菱形构成的金字塔形，菱形的角度起着决定性的作用。我们可以精确地计算出这些角度的度、分、秒，用量角器测量胡蜂的杰作，可以发现其计算值精确到了度、分、秒，昆虫的计算结果与几何学最准确的计算结果完全相符。

至于蜂房的壮观，不属于要介绍的范围，我们还是专门介绍胡蜂吧！有人说："把干豌豆装在一个瓶子里，加进一些水，豌豆泡涨了，相互挤压成了多面体。胡蜂的蜂房也是采用同样的原理，一群建筑工各自随心所欲地盖房子，把自己的房子靠在别人的上面，相邻的房子相互挤压就形成了六边形。"

如果好好用眼睛观察一下，他恐怕就不敢做出这种荒唐的解释。善良的人们，好好地了解一下胡蜂最初的活动吧。观察在露天的篱笆上筑巢的长脚胡蜂是很容易的。春天，蜂后独自在修建蜂巢，此时它周围没有勤勉的合作者在隔壁建房子。它建起了

仔细观察也可以检验真理！

第一座棱柱体，没有东西阻碍，也没有任何东西迫使它采用这种形状而不是另一种形状；最初建造的这个棱柱体任何一面都不受阻碍，可以自由发挥，可是它却和将要建成的其他六面体一样完美。从一开始，完美的几何形就显示出来了。

你再看看由长脚胡蜂或其他任何一种胡蜂等许多建筑工参与建造的进度不一的蜂巢。大部分还没完工的蜂房，四周大部分地方是空着的，这部分和先造好的那排房子没有任何接触，也不受任何限制，然而六边形轮廓像其他地方一样清晰可见。抛弃所谓相互挤压的理论吧，我只要稍加仔细观察，就足以断然否定这种解释。

另一些人以一种更科学的方式，即更不易理解的方式鼓吹他们的理论。他们以相交的球体在一种盲目的机械作用下发生碰撞，从而产生了蜜蜂优美的建筑的理论，取代膨胀的豌豆相互碰撞的理论。秩序是关注一切的智慧产物，这是一种幼稚的假说，万物之谜只能用潜在的偶然性来解释。那些貌似深刻的哲学家否认几何支配着形状，就让他们去解决蜗牛的问题吧。

一个微不足道的软体动物，按照著名的对数螺线的曲线定律，把它的甲壳盘卷起来，与这种超级曲线相比，六边形实在太简单。几何学家苦思冥想，对具有非凡特性的超级曲线的研究津津乐道。

蜗牛是怎样把曲线定律作为建造螺旋坡道的向导的呢？是不是由球体相交或是由其他相互交错的形状的组合联想到的呢？这样愚蠢的念头不值得我们伤神。对蜗牛而言，没有合作者之间的冲突，不存在相邻的相同形状的建筑相互交错的问题，它是单独的，完全孤立的，不相互冲突的，什么也不必考虑，它用充满钙质的黏性物质，完成了超级曲线坡道的建设工程。

这条巧妙的曲线是不是它自己发明的呢？不，因为所有带螺形硬壳的软体动物，不论是海里的、淡水里的，还是陆地上的，都遵循同样的定律，只是纹路随圆锥体的变化而有所变化。今天的建筑工是不是在创世早期不太精确的轮廓基础上逐步完善，才达到这么完美的？不，自从地球诞生以来，蕴含着高深科学的螺线就主宰着贝壳的盘旋。齿菊石、菊石和其他早在陆地出现以前就已存在的软体动物，都是像小溪里的扁卷螺那样盘卷螺壳的。

软体动物运用对数螺线的历史与地球的存在一样悠久。对数螺线来自统治世界的几何王国，它关系到胡蜂的房子，也同样关系到蜗牛壳。柏拉图在他的著作里说"创造力总是化为几何"，这才是对胡蜂问题的真正解释。

（鲁京明　译）

阅 读 札 记 ▶ ▶ ▶

精华点评

当看到一只忙碌的胡蜂从你眼前匆匆飞过，跟上它，也许可以发现气球城堡！自制建筑材料、独立建造六边形居室、灵活调控城堡的冷暖、精确计算时间的开销，这一切都是既不会用尺子，也看不懂数学定律的胡蜂所为。小小的膜翅目昆虫用它无与伦比的创造力建造了世上最精美的城堡，这不得不使我们深思。虫儿飞，飞过布满星辰的天空，将创造力化为夜空中最闪亮的星，去启发人类的智慧。

延伸思考

在昆虫界里，还有哪些昆虫也在践行着它们的几何学？

知识链接

今有法布尔赞胡蜂精美绝伦的建筑技艺，古有吴承恩的《咏蜂》："穿花度柳飞如箭，粘絮寻香似落星。小小微躯能负重，器器薄翅会乘风。"可见这小小的膜翅目昆虫真是美名享誉海内外！